CONTENTS 日本自衛隊戰鬥聖經
JSDF COMBAT BIBLE
上田 信

自衛隊戰鬥聖經RETURNS篇

《月刊Arms MAGAZINE》2022年7月號～2024年2月號 刊載

004	災害派遣與國際貢獻任務	044	陸上自衛隊的裝甲車
008	防衛出動	048	陸上自衛隊的輪型裝甲車
012	陸上自衛隊的組織與編成	052	陸上自衛隊的輪型車輛
016	AAV7	056	陸上自衛隊的海外進口車輛
020	16式機動戰鬥車	060	自走迫擊砲與摩托車
024	V-22魚鷹式	064	恐怖的NBC武器
028	運輸直升機	068	反特殊武器戰
032	攻擊直升機	072	反特殊武器戰II
036	航空科的裝備	076	9mm手槍SFP9
040	陸上自衛隊的裝甲戰鬥車	080	20式5.56mm步槍

自衛隊戰鬥聖經篇

「菁英部隊陸上自衛隊篇〔Part1〕」（2005年）　「菁英部隊陸上自衛隊篇〔Part2〕」（2006年）
「菁英部隊陸上自衛隊篇〔Part3〕」（2008年）「MIL SPEC MAGAZINE Vol.2 陸上自衛隊篇」（2009年）
刊載

084	9mm手槍	146	反裝甲武器
091	64式7.62mm步槍	153	衝鋒槍
098	89式5.56mm步槍	160	自衛隊的歷史①
105	射擊基礎	166	自衛隊的歷史②
112	射擊預習訓練	173	陸上自衛隊的行動
119	12.7mm重機槍	180	補充
126	62式7.62mm機槍	182	城鎮戰鬥
133	5.56mm機槍MINIMI	195	對人狙擊槍
139	手榴彈	203	野戰構工

前言

本書重新編排、集結原本連載於月刊《Arms MAGAZINE》（2022年7月號～2024年2月號）「自衛隊戰鬥聖經RETURNS」與「菁英部隊陸上自衛隊篇」（2005～2009年）等的「自衛隊戰鬥聖經」部分。

本篇登場的部隊與裝備基於刊更，或今後有可能變更。另外

災害派遣與國際貢獻任務

注意!!
「自衛隊戰鬥聖經」居然又再度重現江湖！咱們陸上自衛隊也進化了不少的說。

齊藤班長已經屆齡退伍。

唉，沒辦法，只能世代交替了。

嘖──！老兵不死，只是逐漸凋零啦～

※ 啊啦!!

如此這般，接下來就由我丹羽3等陸佐接下棒子，請多指教。

既然是重出江湖，就要從舊版之後陸上自衛隊執行過的任務開始介紹。首先是「災害派遣」。東日本大震災等大規模災害連續發生後，國民對自衛隊的救災活動賦予了高度期待。

關於災害派遣，以前的體制必須先由都道府縣知事等地方首長提出要求，接著才能出動，但在阪神／淡路大震災之後，若判斷情況特別緊急，來不及等待要求時，自衛隊也能自主出動。如此一來，只要靠近災區的部隊能當機立斷，便有辦法迅速應對。

■近年的災害派遣

大規模災害發生時，自衛隊的災害派遣行動最值得期待的，就是能夠迅速投入各種車輛、器材、技術，以及大量人員。此外，針對救助人員、搜索失蹤者方面的能力，以及配發清水、食物等方面也都能發揮威力。
自衛隊平常皆有勤訓精練，因此充當救援隊時也相當可靠，不論是災民或地方政府都對他們讚譽有加。根據輿論調查，災害派遣行動也是自衛隊最被民眾期待的功能。

主要災害派遣

阪神／淡路大震災	1995年1月
地下鐵沙林毒氣事件	1995年3月
豐濱隧道崩塌事故	1996年2月
納霍德卡號重油流出事故	1997年1月
東海村JCO臨界事故	1999年9月
有珠山噴火	2000年3月
三宅島噴火	2000年6月
東海豪雨	2000年9月
愛媛丸事件	2001年2月
十勝近海地震	2003年9月
福岡縣西方近海地震	2005年3月
能登半島地震	2007年3月
新潟縣中越近海地震	2007年7月
岩手／宮城內陸地震	2008年6月
東日本大震災	2011年3月
廣島土石流災害	2014年8月

自衛隊戰鬥聖經RETURNS篇

■災害派遣　東日本大震災

2011年3月11日發生的東日本大震災，
讓東北沿岸地區遭受毀滅性損害。
防衛省／自衛隊在地震發生後，
立刻於14時50分成立災害對策本部，
隨即派出航空器蒐集情報。同日18時
下達大規模震災災害派遣命令，
菅總理大臣（當時）指示建立10萬人態勢，
並以陸上自衛隊東北方面總監為指揮官，
編成自衛隊史上最大規模的聯合任務部隊。
尖峰時期，陸海空自衛隊合計動員
人員107,000員、
航空器541架及艦艇59艘。

主要災害派遣

伴隨東日本大震災，東京電力的
福島第一核能發電廠也發生事故，
自1999年《核能災害對策特別措置法》
成立以來，自衛隊首次依該法出動。
陸自派遣中央特殊武器防護隊等400員、
海自約10員、空自約40員（高峰時），
於汙染地區執行偵察、消除等任務。
另外，為了冷卻核子反應爐，
自衛隊也實施供水與噴水作業，
參加消防車達44輛，噴水量總共332t。

自衛隊受災

被海嘯侵襲的航空自衛隊松島基地，共有
18架F-2B戰鬥機、4架T-4教練機、2架U-125A
搜索救難機，以及4架UH-60J救難直升機遭到淹沒。
另外有3名自衛官死亡（包括2名派遣隊員），
及4名核能災害派遣隊員受傷
（所幸並無體內輻射暴露）。

友誼作戰

駐日美軍在東日本大震災之際，
實施了大規模且長期的支援活動
「友誼作戰」，自衛隊也配合
展開日美共同作戰。

美軍組織了聯合支援部隊（JSF），
陸海空軍與陸戰隊共派出多達20,000員以上，
包含隆納·雷根號航艦在內
約20艘艦艇及160架航空器。

除此之外，其他國家的軍隊也有提供支援，
包括澳洲與南韓的救援隊，
以及用運輸機運送物資等。

■活動

在這場大震災當中，
自衛隊從事的活動包括
以航空器蒐集情報、救難、運送傷患、
運送醫療團隊與物資、提供飲水與食物、
醫療支援、道路整備、清除瓦礫、收容遺體、
向官邸與報導機關提供資訊、
開放自衛隊設施收容避難民眾，
以及派音樂隊演出慰問演奏等，
可說是相當廣泛。

真是一場讓
自衛隊發揮全力的
災害派遣，地震與
之後的海嘯災害
實在是太可怕了。

實績

救援人數：19,286人
遺體收容數：9,408具
供水支援：31,228t
食物支援：3,866,898份
入浴支援：624,933人次

派遣部隊

陸上：人員約70,000員、航空器105架
海上：人員約15,100員、
　　　艦艇53艘、航空器200架
航空：人員約21,300員、航空器236架
預備自衛官：2,178員（成立以來首次召集）

■自衛隊海外派遣

1992年6月
成立《國際平和協力法》
（PKO法）之後，
自衛隊的海外派遣
便從附帶任務轉為
主要任務。

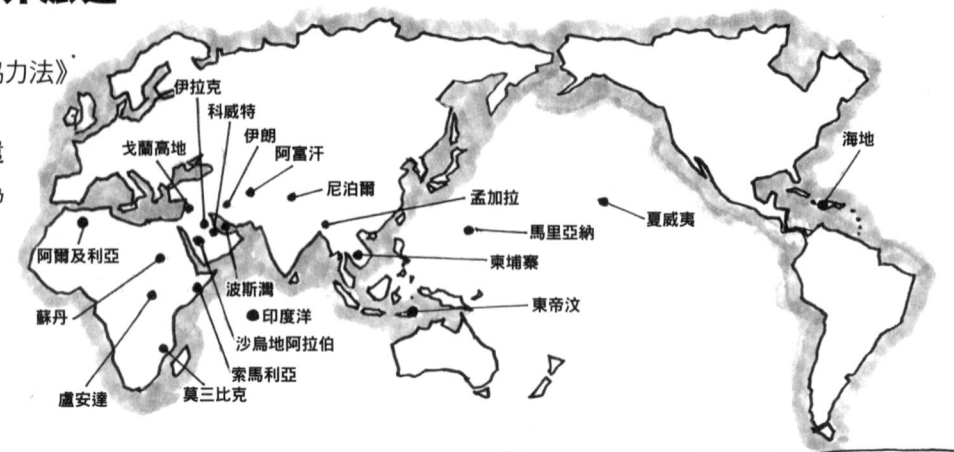

近年自衛隊的活動，除了災害派遣之外，也因為多次海外派遣而備受矚目。首次海外派遣是1965年的馬里亞納海域漁船集團遇難事件（災害派遣）。1991年的波灣戰爭期間，對於積極需要國際協助的波斯灣，日本派遣掃海部隊，開始更正式的活動，讓日本在協助國際和平方面獲得頗高評價。

實績
■後勤支援／復興

●波斯灣派遣
1991年4月～9月
海上自衛隊派遣掃海部隊至波斯灣，於波斯灣（公海與伊拉克、伊朗、科威特、沙烏地阿拉伯領海）執行水雷掃除任務。

●印度洋派遣
2001年11月～2007年11月（舊法《反恐特措法》）
2008年1月～2010年1月（新法《新反恐特措法》）
在阿富汗衝突時，為美國海軍等各國艦艇提供後勤支援。

●伊拉克派遣
2004年1月～2008年12月（陸上自衛隊至2006年7月為止）
派出陸自隊員約550員擔任伊拉克復興支援部隊，駐紮於伊拉克的薩瑪沃。

■聯合國維和活動（PKO）

●柬埔寨過渡時期聯合國權力機構（UNTAC）
1992年9月～1993年9月

日本終於也開始參加PKO，陸上自衛隊派出
16員停戰監視員，以及1,200員設施部隊（工兵）。
部隊編成：3隊設施中隊＋1隊資材中隊＋1隊運輸中隊，
主要任務為道路建設與修復橋梁等。

PKO大致可分為
攜帶輕兵器
在遠離敵對兵力的
非武裝地帶擔任
警戒的維和部隊（PKF），
以及確認停戰狀況等的
軍事監視團。

●聯合國莫三比克活動（ONUMOZ）
1993年5月～1995年1月
日本第3次參加PKO。
以陸上自衛隊為主，共派
遣指揮部人員10員，以及
運輸調度部隊144員，
負責在機場及港灣接運人員與物資。

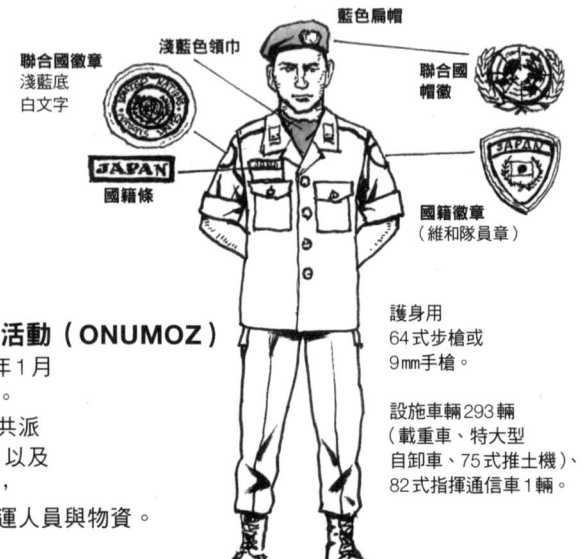

自衛隊戰鬥聖經 RETURNS 篇

●聯合國脫離接觸觀察員部隊（UNDOF）
1996年2月～2013年1月
在以色列與敘利亞接壤的戈蘭高地，監視兩國停戰與兵力脫離接觸履行狀況。派遣38員指揮部人員及1,463員運輸部隊，主要裝備為手槍、步槍、機槍、巴士及載重車等。因敘利亞內戰日益激烈而撤收。

●聯合國東帝汶綜合特派團（UNTAET）與
　聯合國東帝汶支援團（UNMISET）
2002年2月～2004年6月
依聯合國支援東帝汶獨立，派遣17員司令部人員、2,287員設施部隊（道路修復等），主要裝備為手槍、步槍、機槍、高機動車、載重車及推土機等。

●聯合國尼泊爾政治任務（UNIMIN）
2007年3月～2011年1月
監視尼泊爾國軍與毛澤東主義派之間的停戰，派遣24員軍事監視員。

●聯合國蘇丹任務（UNMIS）
2008年10月～2011年9月
派遣12員指揮部人員。

●聯合國東帝汶聯合任務（UNMIT）
2010年10月～2012年9月
派遣8員軍事聯絡員。

●聯合國海地穩定特派團（MINUSTAH）
2010年2月～2013年2月
政情持續不穩的海地於2010年1月發生大地震，派遣12員指揮部人員及2,184員設施部隊支援復興等。

■現正進行中的聯合國PKO活動
●聯合國南蘇丹共和國任務（UNMISS）
2011年11月～
為支援南蘇丹獨立後的環境構築等，派遣37員指揮部人員及3,912員設施部隊。

●西奈半島國際和平協助業務（國際合作和平安全活動）
2019年4月～
基於埃及／以色列和平條約與議定書，對多國部隊／監視團（MFO）派遣2員指揮部人員。

●烏克蘭災民救援國際和平協助業務
2022年5月～
應UNHCR請求，派遣航空自衛隊的C-2運輸機等，將備儲於杜拜的人道救援物資空運至烏克蘭周邊國家（波蘭、羅馬尼亞）。

武器為9mm手槍、89式步槍、9mm衝鋒槍、MINIMI、84mm無後座力砲與110mm戰防彈等。

各種工兵器材、輕裝甲機動車與96式輪型裝甲車等。

伊拉克派遣部隊裝備
由於是派遣至可能發生戰鬥的地區，因此備有戰鬥防彈背心2型等當時最新裝備。89式步槍的射擊選擇器改成從左側也能操作。

■難民救援（以空運部隊為主）

盧安達衝突（1994年）／東帝汶衝突（1999年～2000年）／伊拉克戰爭（2003年）

■國際緊急救援隊

宏都拉斯颶風（1998年）／土耳其西北部地震（1999年）／印度西部地震（2001年）／伊朗、巴姆地震（2003年）／泰國、蘇門答臘島近海地震（2005年）／堪察加半島國際緊急救援活動、深海救難（2005年）／巴基斯坦地震（2005年）／印尼爪哇島西南近海地震（2006年）／海地地震（2010年）／巴基斯坦洪災（2010年）／菲律賓颱風30號（2013年）／馬來西亞航空空難（2014年）／印尼亞洲航空空難（2014年）／迦納伊波拉出血熱國際緊急救援活動（2014年）／尼泊爾地震（2015年）／紐西蘭、凱庫拉地震（2016年）／印尼蘇拉威西島地震（2018年）／吉布地洪災（2019年）／澳洲森林大火（2019年～2020年）／東加火山爆發（2022年）

■在外僑民運輸

伊拉克人質事件（2004年）／阿爾及利亞人質事件（2013年）／孟加拉達卡襲擊事件（2016年）／蘇丹內戰（2016年）／阿富汗撤僑（2021年）

■**海盜應處**　派遣海自與陸自對抗索馬利亞海盜（2009年～）
■**災害派遣**　馬里亞納海域漁船集團遇難事件（1965年）／夏威夷愛媛丸事故（2001年）
■**遺棄化學武器處理**　挖掘、回收關東軍遺棄的化學武器（2000年～2007年）
■**情報蒐集**　在中東地區蒐集與確保日本相關船舶安全的必要情報，主要由護衛艦進行（2020年）
■**能力建構支援（Capacity Building）**　對東帝汶、柬埔寨傳授人道支援、災害救助與地雷處理等知識（2012年～）

防衛出動

這回要講的是自衛隊的本業「防衛出動」。之前是依據25大綱※構築「聯合機動防衛力」，但為因應近年日本周遭安全保障環境的變化，在新制定的30大綱裡，著重的是構築起「多次元聯合防衛力」。

具體來說，這是有機融合了陸、海、空以及太空、網路、電磁頻譜等領域，藉由相輔相成的效果增進整體能力，並著重於跨領域（Cross Domain）作戰，以及隨時持續執行具彈性及戰略性的活動、強化日美同盟與推動安全保障合作關係，藉此強化嚇阻力。如此一來，在有事之際才能有效發揮戰力。

■多次元聯合防衛力

- **強化在網路領域、電磁頻譜領域的能力**
  - 新編網路部隊（強化網路能力）
  - 新編電磁波作戰部隊（活用NEWS網路電子戰系統，強化電磁頻譜領域能力）

- **不論平時或戰時，皆持續活動以強化嚇阻力與應處能力**

- **改編為機動師團／旅團等**

- **強化水陸機動團**

- **強化遠程遙攻防衛能力**
  - 新編島嶼防衛用高速滑空彈部隊

- **強化南西地區島嶼部隊**
  - 警備部隊
  - 地對空飛彈部隊
  - 地對艦飛彈部隊

地圖標示：北部方面隊、東北方面隊、中部方面隊、東部方面隊、西部方面隊、陸上總隊、水陸機動團 機動師團／旅團、機動師團／旅團等、地域配備師團／旅團、警備隊等、奄美大島、沖繩、宮古島、石垣島、與那國島、南西諸島

那麼，接著就來介紹自衛隊的基本作戰當中，以陸自為中心的作戰。首先，是以「即應機動連隊」為中心施展聯合機動防衛，應處對島嶼的攻擊。

※「大綱」是關於日本安全保障與防衛的政策「防衛計畫大綱」。25大綱為平成26年度（2014年）以降的防衛計畫大綱（平成25年12月閣議決定），30大綱為平成31年度（2019年）以降的防衛計畫大綱（平成30年12月閣議決定）。

■島嶼遭受攻擊的應處

為了加以應處，事前配置能夠應對戰略性狀況的部隊相當重要。為此，南西諸島的與那國島便於2016年3月新編了沿岸監視隊，

同屬南西諸島的宮古島與奄美大島也於2019年3月新編警備隊。同時，奄美大島配置了第5地對艦飛彈連隊與第3高射特科群等部分單位。

此外，還會透過內閣衛星情報中心運用情報蒐集衛星、空自的高空無人機及預警管制機、海自的護衛艦持續執行情報、監控活動，以及早察覺入侵徵兆。

陸海空自衛隊一體同心，透過聯合行動，搶先敵軍之前讓友軍部隊先展開部屬，阻絕並擊退敵軍部隊入侵。

基本作戰流程：
第1空降團等輕裝備部隊搭乘直升機或傾轉旋翼機自空路展開。接著為本隊的1次展開，空運包含裝甲車輛的「即應機動連隊」※。
2次展開則透過海上運輸調來配備戰車等重裝備的機動師團等，以完成防備。

■島嶼奪還作戰
陸海空3自衛隊密切合作施展聯合作戰。

若島嶼遭到入侵，會先以空自飛機執行對地攻擊、海自艦艇執行艦砲射擊等制壓敵部隊。

海自的掃海部隊會清除岸際水雷等障礙物。陸上總隊直轄的水陸機動團搭乘兩棲突擊車搶灘。

陸自第1空降團搭乘空自運輸機或陸自的傾轉旋翼機、直升機執行機降或傘降，在迫擊砲與航空器的火力支援下，殲滅敵部隊並規復島嶼。

※「即應機動連隊」是以配備輪型裝甲車等載具的機械化普通科（步兵）部隊為主，搭配機動戰鬥車與迫擊砲部隊等，除了陸路移動，還可透過空運與海運迅速展開。

■應處游擊隊或特種部隊等的攻擊

應處游擊隊或特種部隊的攻擊簡稱反游擊／特攻，應處武裝滲透人員等的不法行為則稱為「治安出動」，兩者皆是自衛隊的任務之一。

具體舉例，若核能發電廠等重要設施遭到游擊／特攻襲擊，必須防備設施，並確立搜索、掃蕩入侵者的態勢。

為了加以應對，必須具備包括機動戰鬥車、NBC偵察車等車輛，以及直升機、傾轉旋翼機等機動性較高的裝備。

游擊／特攻部隊的攻擊方法包括自偽裝漁船或潛水艦等處出發，以橡皮艇登岸，然後破壞重要設施，或是暗殺重要人物。為了防範襲擊，必須強化水上及水下監控，並與各地方政府警察合作，以鞏固防備。

為了對付神出鬼沒、輕手輕腳的游擊／特攻人員，必須具備強大的緊急展開能力。

運輸機（直升機）
傾轉旋翼機
輕裝甲機動車
輪型裝甲車
NBC偵察車
無人偵察機
於山區搜索／擊潰
機動戰鬥車
NBC攻擊
營救人質
於城鎮區搜索／擊潰

一旦發現敵蹤，便要讓直升機部隊等初動部隊迅速出動，並接續展開主力部隊。針對遁入山區或建築物內的敵部隊，則由該責任區的陸自部隊展開包圍，最後投入陸上總隊直轄的特殊作戰群等具備反恐作戰能力的部隊，將敵軍殲滅。

反恐部隊基本上屬於輕步兵部隊，並不需要戰車，但仍然有火力需求，因此機動戰鬥車可說是最恰當的裝備。

■應處大規模登陸進攻

最後是應處重裝備大部隊的大規模登陸進攻作戰，這主要是以冷戰時1980年代的蘇聯為想定對手。以此為題材的假想戰記也曾蔚為流行。近年主要改以中國為對象，但俄羅斯入侵烏克蘭後，其威脅程度仍然不減。

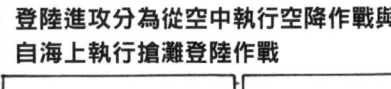

登陸進攻分為從空中執行空降作戰與自海上執行搶灘登陸作戰

一般空降作戰有酬載量限制，因此自飛機跳傘的部隊裝備會比較輕，規模也相當有限。

有鑑於此，應處大規模登陸進攻時，主要是對付來自海上的搶灘登陸作戰。

為迎擊搶灘登陸的敵軍部隊，陸自各部隊會分為「阻絕部隊」與「機動打擊部隊」。

②若敵軍仍成功登陸，阻絕部隊便會後退至構築於內陸的阻絕陣地，迎擊敵登陸部隊。特科部隊（砲兵）的火力會集中覆蓋敵軍部隊，阻礙其前進準備。

③針對進一步推進的敵部隊，會以阻絕陣地迎擊，並盡可能施予打擊，為友軍機動打擊部隊爭取集結時間。

①阻絕部隊以長程反艦飛彈攻擊水面敵艦隊，針對迫近水際的登陸舟艇等，則以榴彈砲、迫擊砲與反舟艇飛彈等擊潰。

航空部隊　戰鬥直升機　偵察直升機　反戰車直升機　水際地雷　阻絕陣地

地對空飛彈　（短程）　反戰車飛彈　（近程）　戰車　偵察警戒車　（中程）　指揮通信車　迫擊砲　裝甲戰鬥車　自走高射機砲　多目的飛彈　阻絕部隊　輪型裝甲車　機動打擊部隊　自走榴彈砲　多管火箭系統　自走榴彈砲　榴彈砲　地對艦飛彈　後方支援部隊

④以各方面隊直轄的戰車隊等增強的機甲部隊，會作為主幹編成部隊，由戰車部隊打頭陣繞至敵軍側背以殲滅敵軍。最後規復遭敵占領之地。

陸上自衛隊的組織與編成

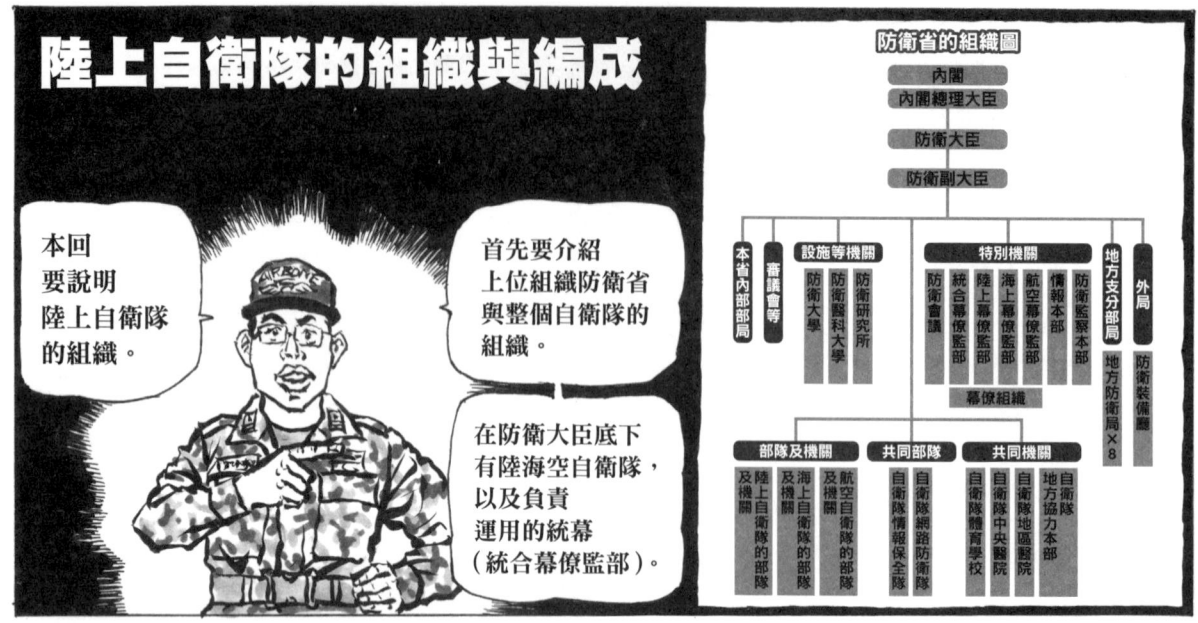

本回要說明陸上自衛隊的組織。

首先要介紹上位組織防衛省與整個自衛隊的組織。

在防衛大臣底下有陸海空自衛隊，以及負責運用的統幕（統合幕僚監部）。

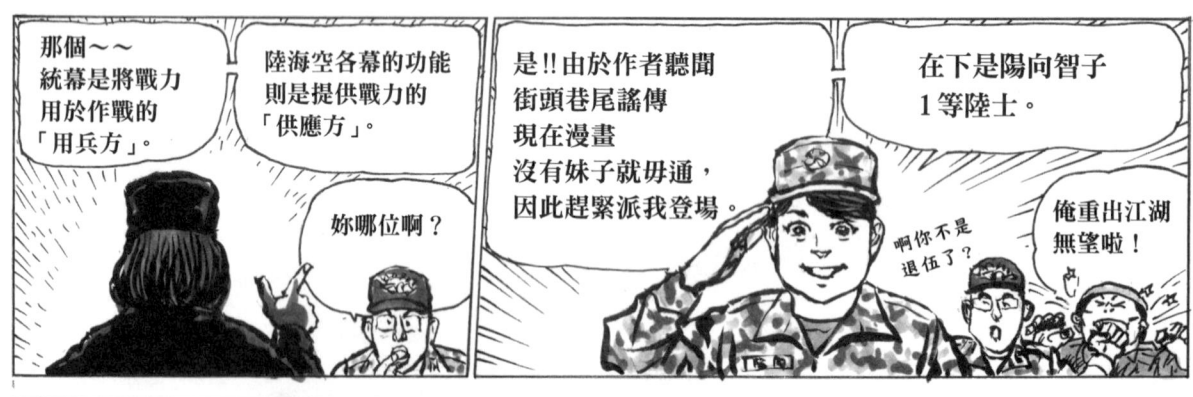

那個～～統幕是將戰力用於作戰的「用兵方」。

陸海空各幕的功能則是提供戰力的「供應方」。

是!!由於作者聽聞街頭巷尾謠傳現在漫畫沒有妹子就毋通，因此趕緊派我登場。

在下是陽向智子1等陸士。

妳哪位啊？

啊你不是退伍了？

俺重出江湖無望啦！

嗯，既然這樣，那妳就來當我的助手吧，智子陸士。

請多多指教。

嗯～軍事業界也開始流行偶像了，作者似乎也在練習畫萌臉。

我的MC寶座看來要不保了。

換我出場嗎？

現在的陸上自衛隊將全國分為5個地區，分別設置各方面隊，且為了發揮多次元聯合防衛力，於2018年新設陸上總隊。陸上總隊麾下擁有直轄部隊，可供全國規模的機動運用。

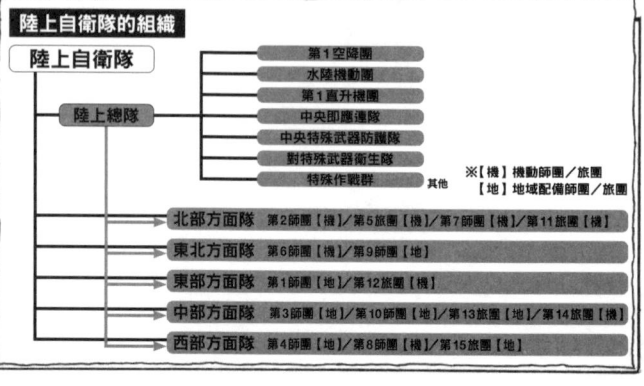

■5個方面隊與陸上總隊

陸自的主力為各方面隊，包括：
北部方面隊（北海道）
東北方面隊（東北）
東部方面隊（關東甲信越、靜岡）
中部方面隊（除靜岡外的東海、北陸、近畿、中國、四國）
西部方面隊（九州、沖繩）

5個方面隊各有2～4個師團／旅團，
負責該地區的防衛、警備與災害派遣任務。

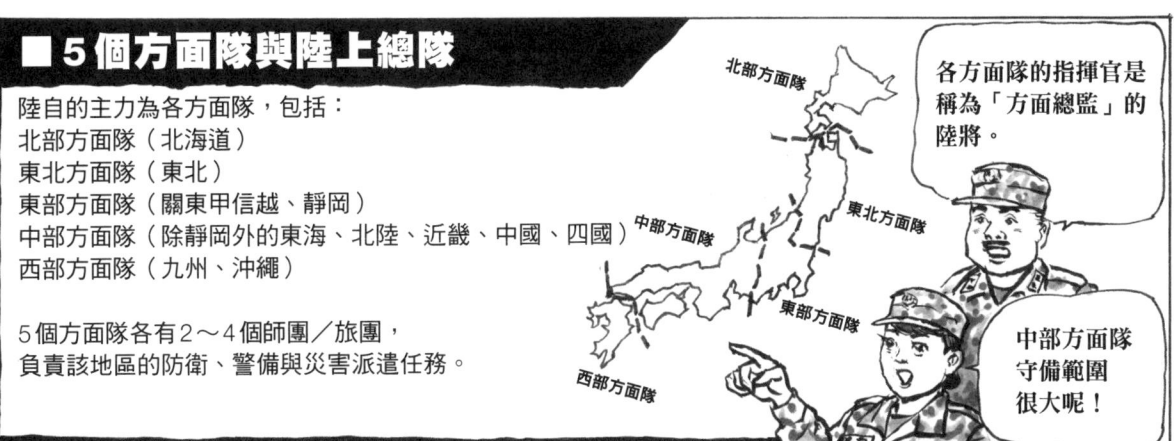

各方面隊的指揮官是稱為「方面總監」的陸將。

中部方面隊守備範圍很大呢！

總隊直轄部隊都是精銳單位，且都配備最新裝備呢！

陸上總隊是能一體化運用方面隊與陸海空自衛隊的指揮系統，麾下有第1空降團、水陸機動團、中央即應連隊、第1直升機團，以及特殊作戰群等直轄機動運用部隊。附帶一提，陸上總隊的司令官是具有方面總監經歷的陸將，地位僅次於陸上幕僚長。關於陸上總隊，會在下一頁詳細說明。

■機動師團／旅團與地域配備師團／旅團

配置於各方面隊的各2～4個師團／旅團為了在有事之際能夠機動運用，最近有進行改編。特別是機動師團／旅團，它們是以跨區增援、緊急展開作為想定所編成的。至於戰車部隊與特科部隊則有部分廢除，將之集約成為各方面隊的直轄部隊。

取而代之的是在機動師團／旅團新編緊急展開能力較強的即應機動連隊，地域配備師團／旅團則新編警戒、監視能力較高的偵察戰鬥大隊。

師團與職種部隊範例

師團司令部
- 普通科連隊 — 普通科
- 後方支援連隊
- 戰車大隊 — 機甲科　逐漸廢除
- 特科連隊／大隊 — 野戰特科
- 高射特科大隊 — 高射特科
- 設施大隊 — 設施科
- 通信大隊 — 通信科

- 偵察隊 — 機甲科
- 飛行隊 — 航空科
- 特殊武器防護隊／化學防護隊 — 化學科
- 音樂隊 — 音樂科

在多次元聯合防衛力之下，為了有效活用各師團／旅團的有限戰力，必須提高機動力以強化嚇阻力。此外，也必須強化在網路領域與電磁頻譜領域的能力，藉此發揮跨領域戰力，阻止敵軍入侵。

■陸上總隊

2018年3月27日成立的陸上總隊是直屬防衛大臣的部隊，麾下轄有可以機動運用的各種部隊。
另外，它除了負責協調與統合幕僚監部、自衛艦隊司令部、航空總隊司令部及美軍的運用之外，也會依據需求執掌各方面隊的指揮。

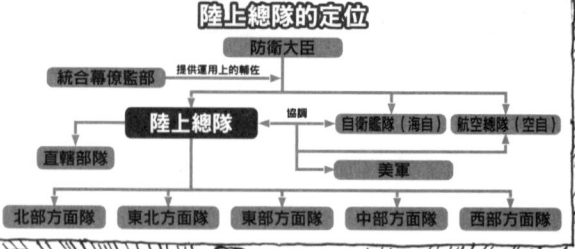

它可說是所有陸上部隊的最高司令部呢！

陸上總隊直轄部隊

「水陸機動團」負責兩棲作戰。

就是日本版的陸戰隊啦！

蠢蛋!!是海軍陸戰隊啦～

陸自唯一的空降部隊「第1空降團」。說起空降部隊，一直都是最強單位呢！

班長又跑出來了，看我好好修理你！

哇～居然有這麼多。

「第1直升機團」配備大型直升機，讓空降部隊等能夠機動運用。

應處敵游擊／特攻部隊的「特殊作戰群」是最精銳的特種部隊。

「中央特殊武器防護隊」負責應處化學、生物、放射性物質、核子（CBRN）等特殊武器。

「中央即應連隊」可迅速應對有事之際、災害派遣與國際任務，「國際活動教育隊」負責國際維和活動的教育等事項。這兩個單位預定在「31中期防」期間整合。

「系統通信團」負責陸幕與陸上總隊司令部的通信等業務。

「對特殊武器衛生隊」負責診斷、治療特種武器造成之傷病。

「31中期防」會新編「電子作戰隊」。

「中央情報隊」處理作戰所需之各種情報。

AAV 7

本回要介紹水陸機動團的
主力裝備
兩棲突擊車AAV 7。
光是外表
就很有主角的架式。

哇!!
在陸上與水上
都能自由行動的
裝甲車耶,
真讚!!

兩棲車輛的進化

1935年 
● 「滾動鱷魚式」
為了在佛羅里達州的大溼原上執行救難活動而研製的車輛。

1940年 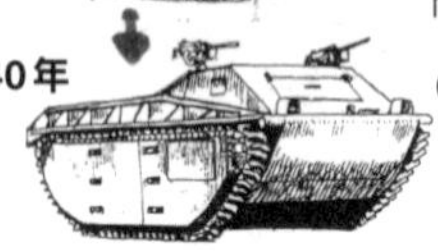
● LVT 1「鱷魚式」
陸戰隊改良「滾動鱷魚式」後,用於瓜達康納爾戰役。

1942年 
● LVT 2「水牛式」
依據LVT 1的教訓改良,強化裝甲與火力,從運輸車型進化為戰鬥車型。

1943年 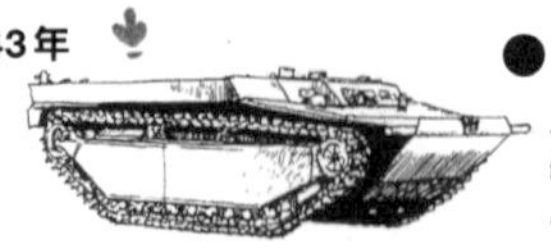
● LVT 4「水牛式」
比照LVT 3於後端設置跳板艙門,是LVT數量最多的量產型,於塞班島戰役首次上陣。

1943年 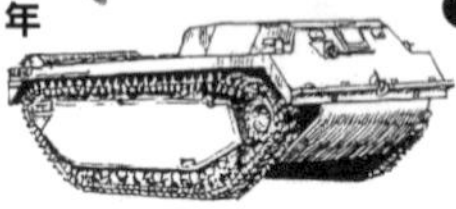
● LVT 3「巨蝮式」
擴大貨艙空間,於後端設置跳板艙門,投入沖繩戰役,也曾用於韓戰。

1954年 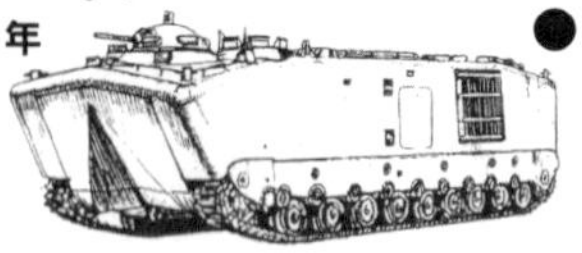
● LVTP 5「水鴨子」
韓戰後的標準型,曾用於越戰。

1954年 
● LVTH 6（雖然體積龐大,但防護力卻很弱,實戰評價甚差。）
配備105mm榴彈砲的LVTP 5火力支援型。

1970年 ● LVTP 7 
1980年 ● LVTP 7 A 1 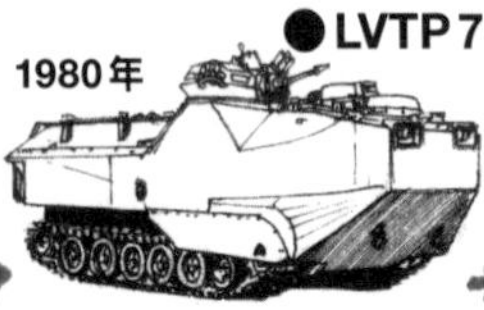
1985年 ● AAV 7 A 1

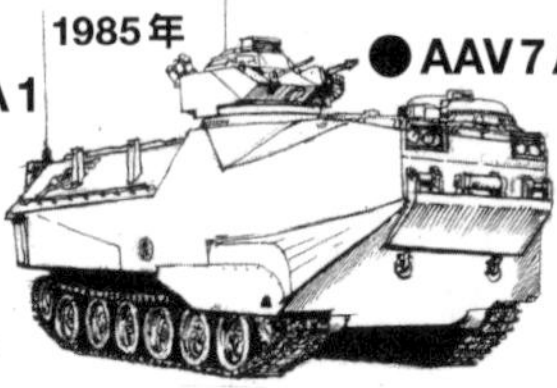

日美開戰時,
為了供陸戰隊
奪取
太平洋
島嶼
而研製。

火力支援車型

1942年
● LVT（A）1
配備37mm砲。

● LVT（A）4
1944年 配備75mm榴彈砲。

來看看兩棲車輛的正式名稱吧!

這個嘛～
LVT是
履帶登陸車
（Landing Vehicle Tracked）。

LVTA是
履帶登陸裝甲車
（Landing Vehicle Tracked Armored）。

LVTH是
履帶登陸榴彈砲車
（Landing Vehicle Tracked Howitzer）。

LVTP是
履帶登陸運兵車
（Landing Vehicle Tracked Personnel）。

嗯?
用AV
取名
不好嗎?

至於AAV則是兩棲突擊車
（Assault Amphibious Vehicle）。
以上,叫AV
（Amphibious Vehicle）
好像有點母通?

LVTP 5的後繼車型是LVTP 7,經改良之後,於1985年將型號改成AAV 7,目前仍持續改良,繼續現役使用。

這也是由於後繼車型EFV的成本過高而停止研發所致。
EFV:遠征戰鬥車（Expeditionary Fighting Vehicle）。

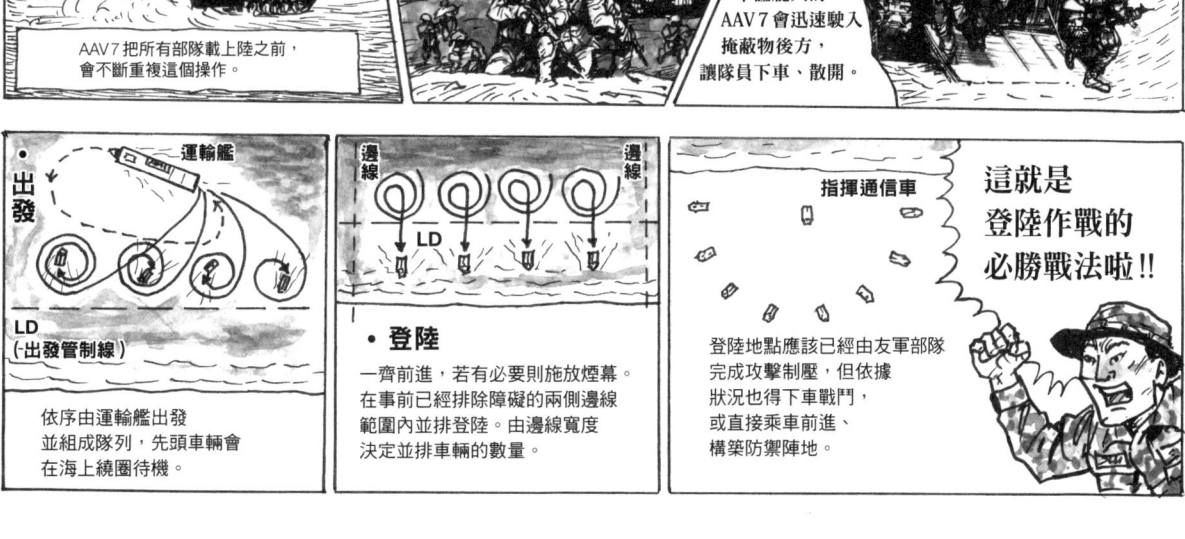

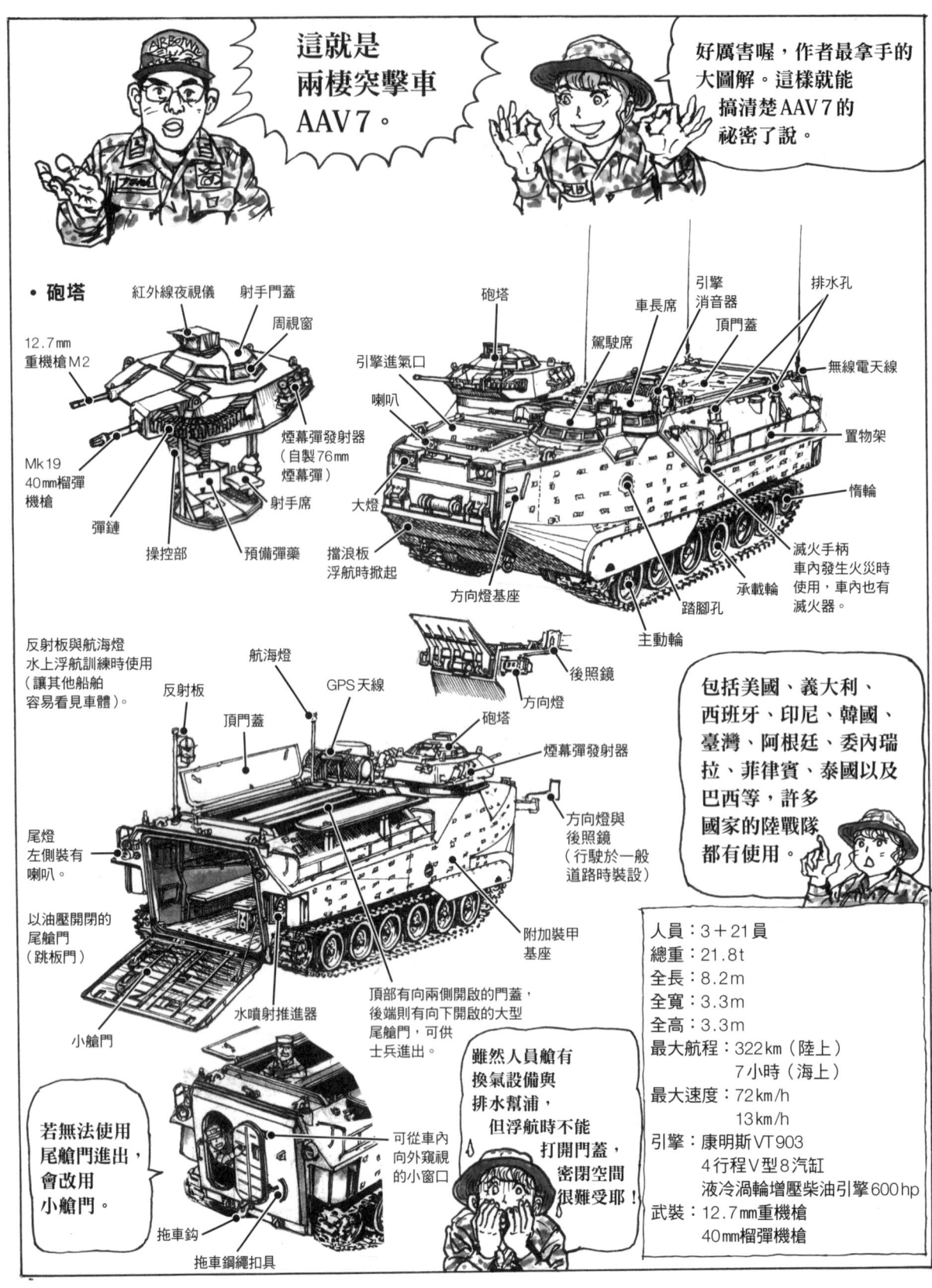

車內人員配置 （※與美國陸戰隊不同）

- 車長，兼任射手（美：射手）
- 駕駛手
- 2017年修訂《自衛隊法》後，不再列入小型船舶。
- 分隊長（美：車長）
- 分隊副官
- 陸自會搭載1個分隊（8～9員）與裝備，稍微比較寬鬆。
- 艙門手
- 人員艙：最多21員（美：最多25員）
- 貨物酬載量4.5t

車體後方的人員艙會搭乘21人。

既看不見外面，照明也只有1顆燈泡，在登陸之前真是忐忑不安。

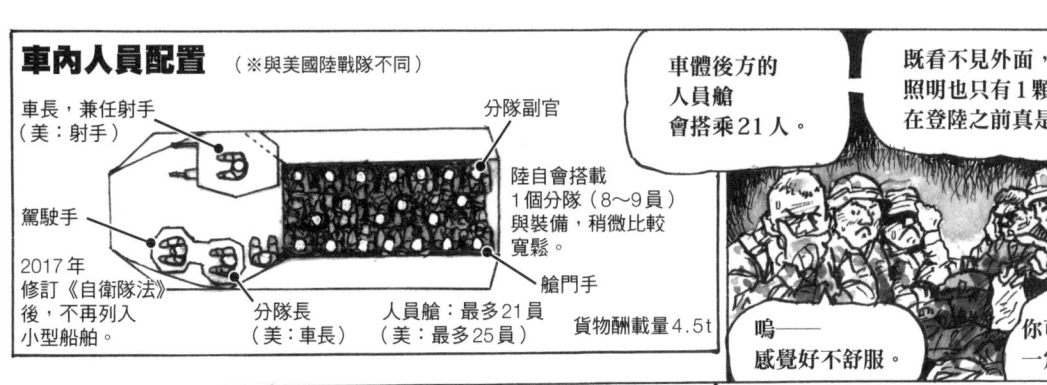

嗚——感覺好不舒服。

你可別吐啊，一定要準備袋子。

基本裝甲為鋁合金材質，可抵擋輕機槍與砲彈破片。

但防護力仍然不足，因此會加掛以色列研製的強化型附加裝甲套件EAAK。

頂門蓋向左右開啟，行駛於地面時，士兵可自頂門觀察或射擊。

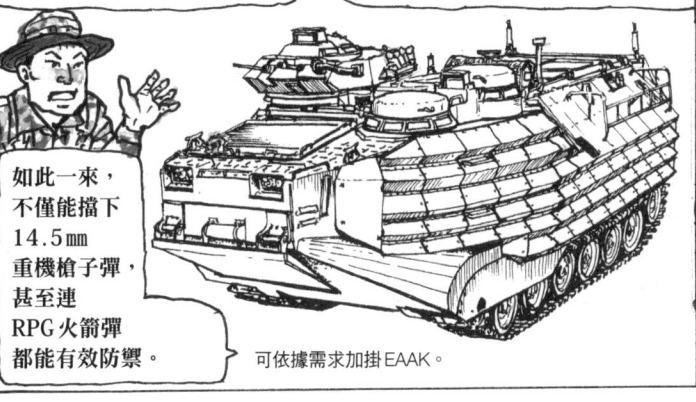

如此一來，不僅能擋下14.5mm重機槍子彈，甚至連RPG火箭彈都能有效防禦。

可依據需求加掛EAAK。

中央板凳是拆卸式，左右板凳則為摺疊式。

■衍生型
●指揮通信車

- 有至少8根無線電天線還裝有衛星通信天線。
- 配備強大通信設備，搭乘通信手、幕僚等12員。
- 吊臂為伸縮式，吊掛能力4.3t。
- 操作手席
- 滑輪
- 絞盤
- 因受損或故障動彈不得的AAV7，能靠絞盤與吊臂拖救回收。

●救濟型

絞盤牽引能力為22t。

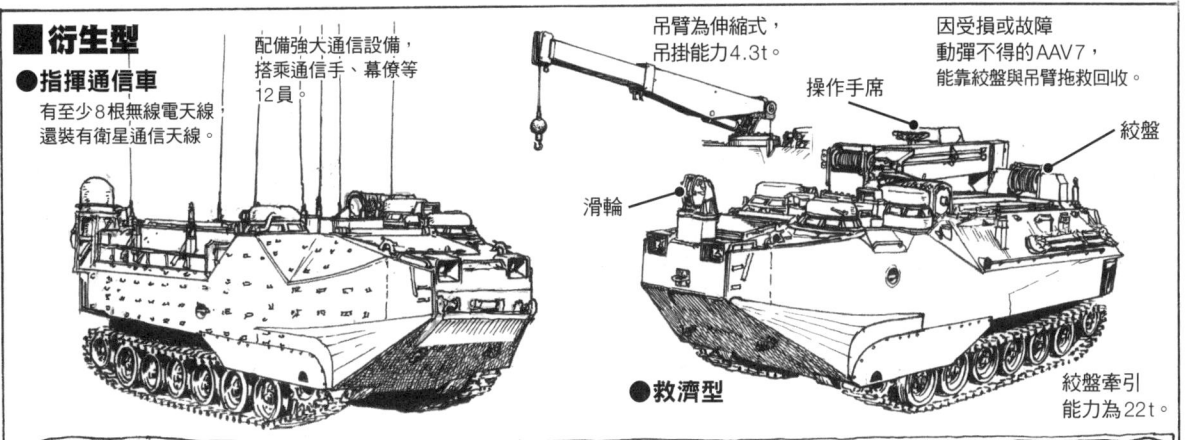

根據中期防衛力整備計畫（26中期防），在2018年（平成30年）之前會採購人員運輸型（通稱P7）、指揮通信型（通稱C7）及救濟型（通稱R7）總共58輛。

■對手

目前世界上與AAV7相同的車種，只有中國的05式兩棲裝步戰車。

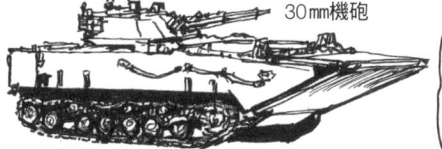

30mm機砲

戰鬥重量：26t　乘員：3＋8員
最大速度：65km/h，水上浮航20km/h
配備105mm砲的05式火力支援型

■16式機動戰鬥車的作戰方式

機動戰是陸自前所未見的車型，雖然越野機動能力不如履帶車型，但輪型設計卻有利於長途高速移動，且重量比戰車輕，可以透過飛機空運，機動展開能力較強。

目前陸自大幅縮減戰車編制數量，各師團、旅團的戰車部隊正依序廢除。取而代之的則是陸續換裝機動戰。

C-2運輸機
最大航程5,700 km

可從東京直飛新加坡、吉隆坡。每架能搭載1輛機動戰，若要空運部隊最小單位的小隊，則須動用4機C-2。

若由海上運輸，會先以「大隅」型運輸艦送至島嶼近海，再由該艦搭載的2艘LCAC將其送上岸。要讓4輛同時登陸必須動用2艘「大隅」型。

雖然戰車也能海運，但空運就沒轍了。

○即應機動連隊

- 連隊本部（82式CCV）
  - 本部管理中隊
    - 反戰車小隊（MMPM）
    - 高射小隊（近SAM）
  - 第1～3普通科中隊
    （96式WAPC、高機動車）
  - **機動戰鬥車隊**
    - 隊本部／本部附隊（16式MCV）
    - 第1～2機動戰鬥車中隊
      （16式MCV、96式WAPC、LAV）
  - 火力支援中隊
    （高機動車、120 mm迫擊砲）

機動戰主要配備於新設的即應機動連隊麾下的機動戰鬥車中隊，該連隊是師團的常設戰鬥部隊，會與普通科部隊緊密協同。

高機動車　　96式輪型裝甲車

○偵察戰鬥大隊

- 大隊本部
  - 本部管理中隊
    （82式CCV、16式MCV）
  - 偵察中隊
    （87式RCV、LAV、偵察摩托車）
  - 戰鬥中隊
    （16式MCV、96式WAPC、LAV）

105 mm砲的火力很強大。

該部隊的任務為威力偵察，之前配備的是裝有25 mm機砲的87式偵察警戒車，但在換裝配備105 mm砲的機動戰之後，除了威力偵察之外，也能執行戰鬥任務。

偵察摩托車是川崎的。

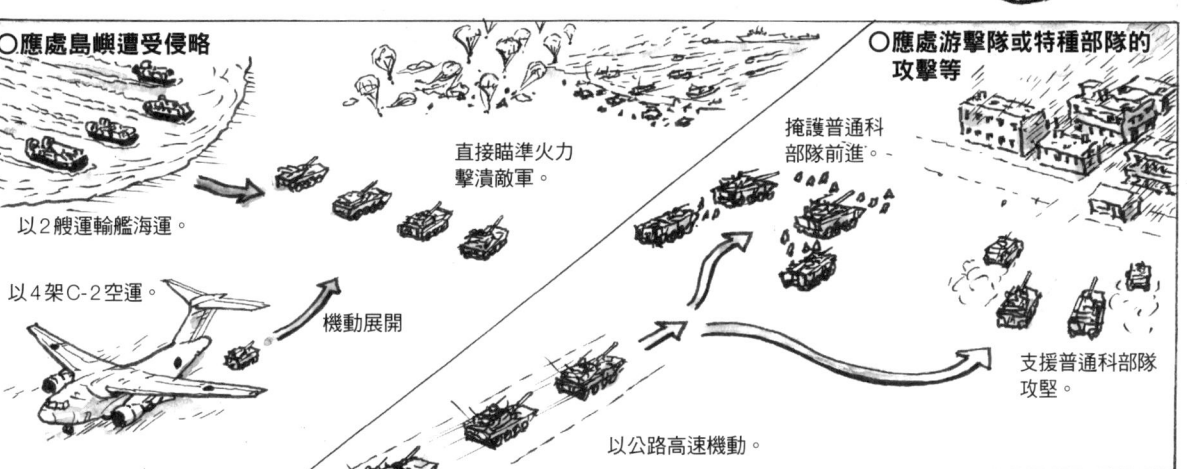

○應處島嶼遭受侵略

以2艘運輸艦海運。

以4架C-2空運。

機動展開

直接瞄準火力擊潰敵軍。

以公路高速機動。

○應處游擊隊或特種部隊的攻擊等

掩護普通科部隊前進。

支援普通科部隊攻堅。

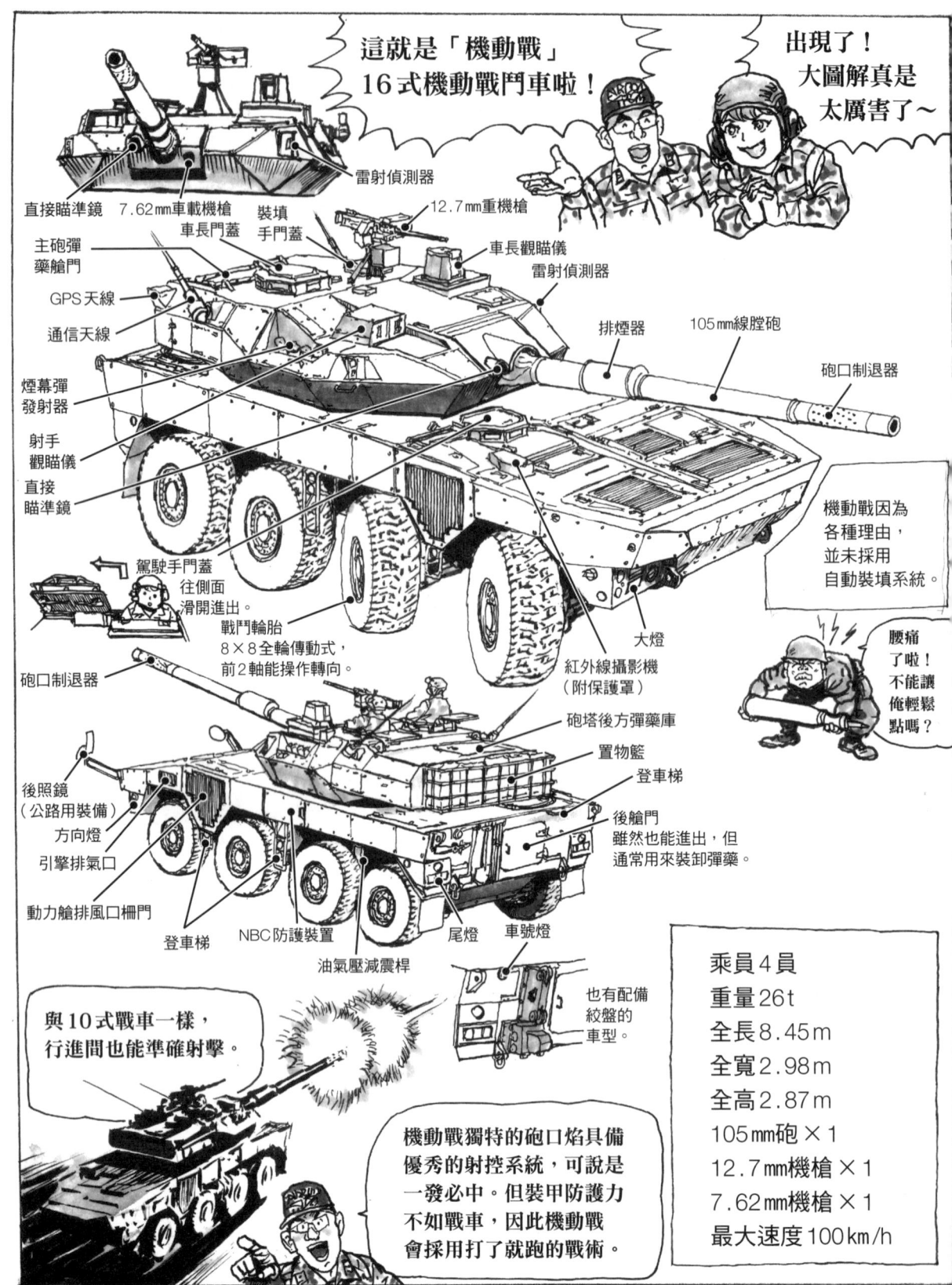

■世界的輪型戰車驅逐車

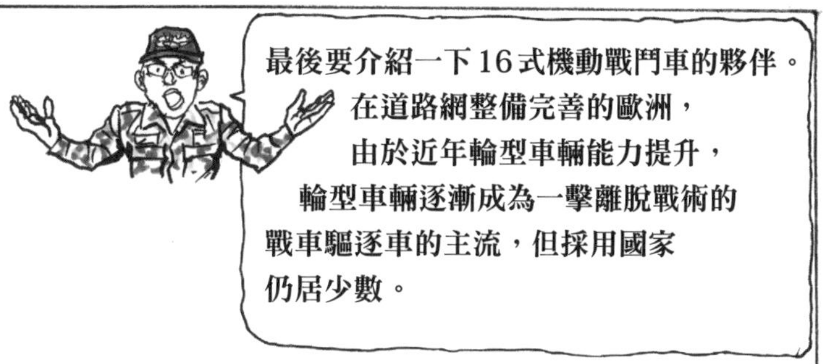

最後要介紹一下16式機動戰鬥車的夥伴。在道路網整備完善的歐洲，由於近年輪型車輛能力提升，輪型車輛逐漸成為一擊離脫戰術的戰車驅逐車的主流，但採用國家仍居少數。

○半人馬2（義大利）2020年
1991年採用的半人馬擴大改良型，配備120mm砲作為快速機動火力支援車，採用自動裝填系統。

○史崔克MGS（美國）2007年
105mm砲

美軍快速反應部隊史崔克旅的火力支援車輛。曾於伊拉克等處投入實戰，但因自動裝填系統常出問題，因此已開始除役。

○派翠亞AMV（芬蘭）2019年
搭載附自動裝填系統的105mm砲，陸自也有引進測試，2021年時尚無國家採用。

○AMX10RC（法國）1978年
雖為6×6偵察裝甲車，卻搭載105mm砲。

摩洛哥、卡達也有使用，並於烏克蘭投入實戰。

○11式（中國）2015年
解放軍快速反應部隊用的戰車驅逐車，配備105mm砲，能以螺旋槳在水上浮航。

○俾斯麥（南非）1982年
南非獰貓式偵察裝甲車的火力增強型，配備105mm砲，僅試製便告終。沿用同時期研製的象式戰車砲塔。

快速反應機動展開後，就是搶先敵方登陸部隊、空降部隊並展開我方阻絕部隊，以16式機動戰鬥車發揚火力迎戰敵先鋒部隊。

接連成為105mm砲供品的某登陸車輛

V-22魚鷹式

魚鷹式是自衛隊首款傾轉旋翼機，最大特徵在於能比照定翼機高速長途飛行，又能像旋翼機（直升機）那樣不靠跑道垂直起降，還可在空中懸停。

哦——好猛喔！

這人是誰啊？

魚鷹式能更有效地執行以往運輸機、直升機的任務，還能完成過去不可能做到的任務，就「機型」而言備受「期待」。

哇!!這真是太讚啦！但知道小川羅莎這個動作的大概也只有俺了吧？

既然魚鷹式是航空器，就讓我空自隊員石井空士長來說明吧！

真可惜，魚鷹式是由陸自運用的。有鑑於此，還是由我智子陸士來為大家說明。

這可真是激烈的主角之爭啊～

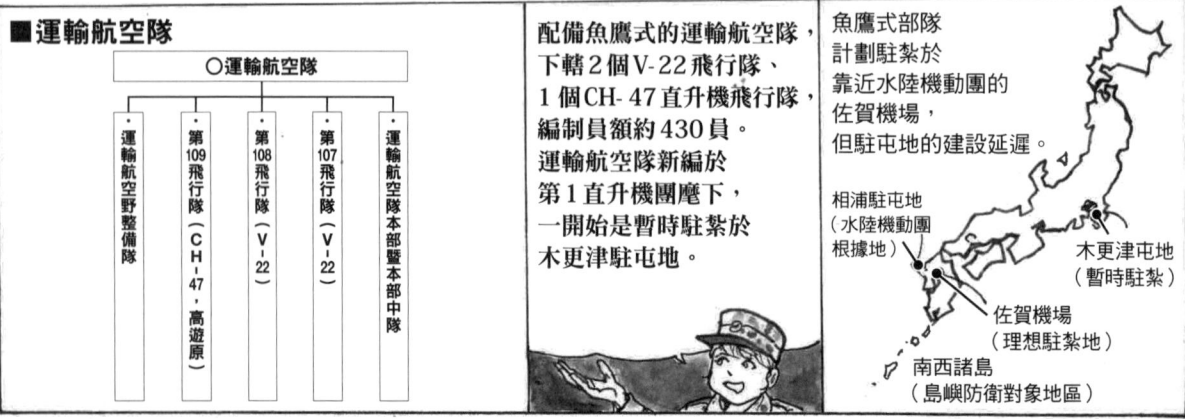

■運輸航空隊

○運輸航空隊
- 運輸航空隊本部暨本部中隊
- 第107飛行隊（V-22）
- 第108飛行隊（V-22）
- 第109飛行隊（CH-47，高遊原）
- 運輸航空野整備隊

配備魚鷹式的運輸航空隊，下轄2個V-22飛行隊、1個CH-47直升機飛行隊，編制員額約430員。運輸航空隊新編於第1直升機團麾下，一開始是暫時駐紮於木更津駐屯地。

魚鷹式部隊計劃駐紮於靠近水陸機動團的佐賀機場，但駐屯地的建設延遲。

- 相浦駐屯地（水陸機動團根據地）
- 木更津屯地（暫時駐紮）
- 佐賀機場（理想駐紮地）
- 南西諸島（島嶼防衛對象地區）

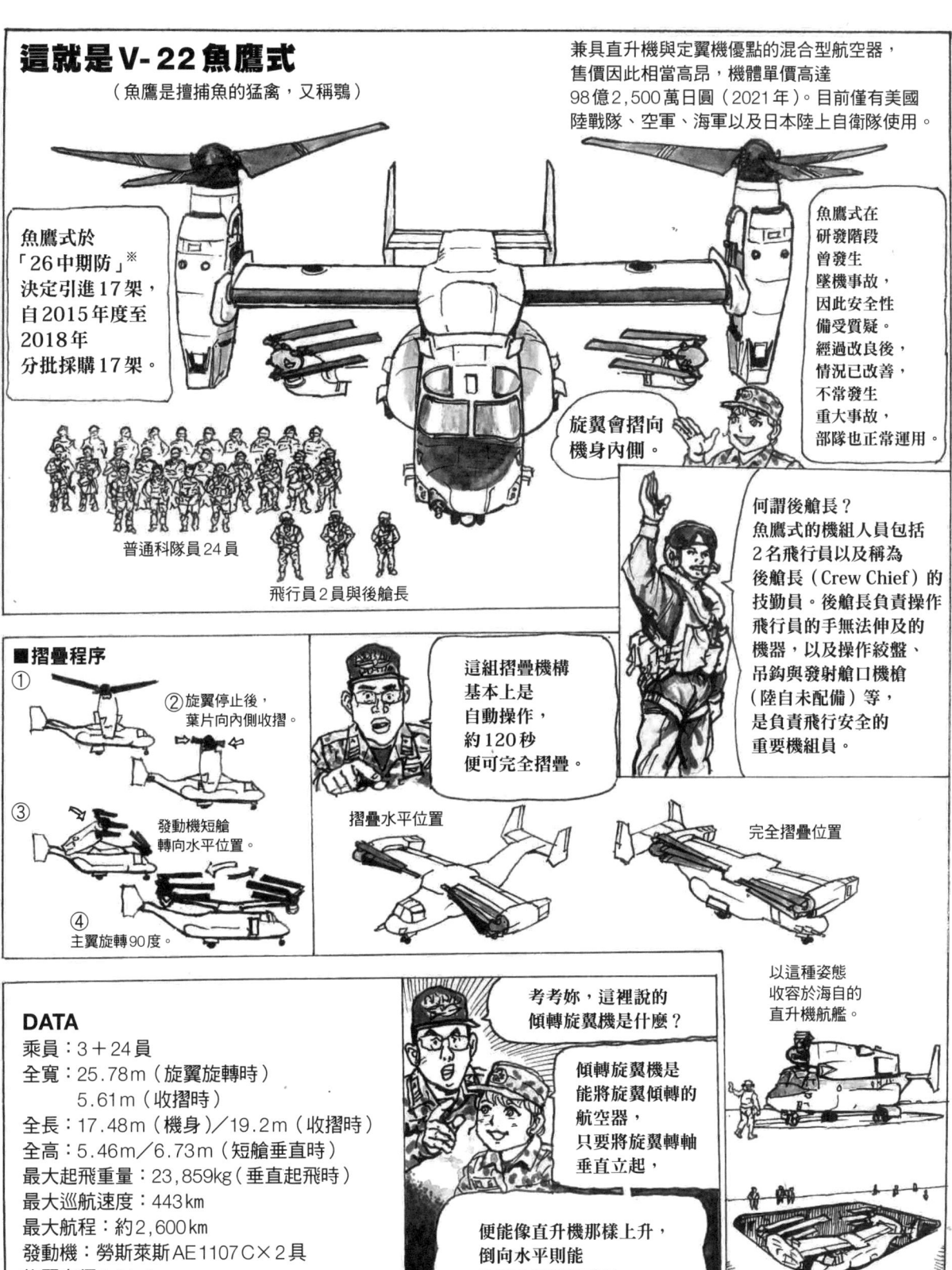

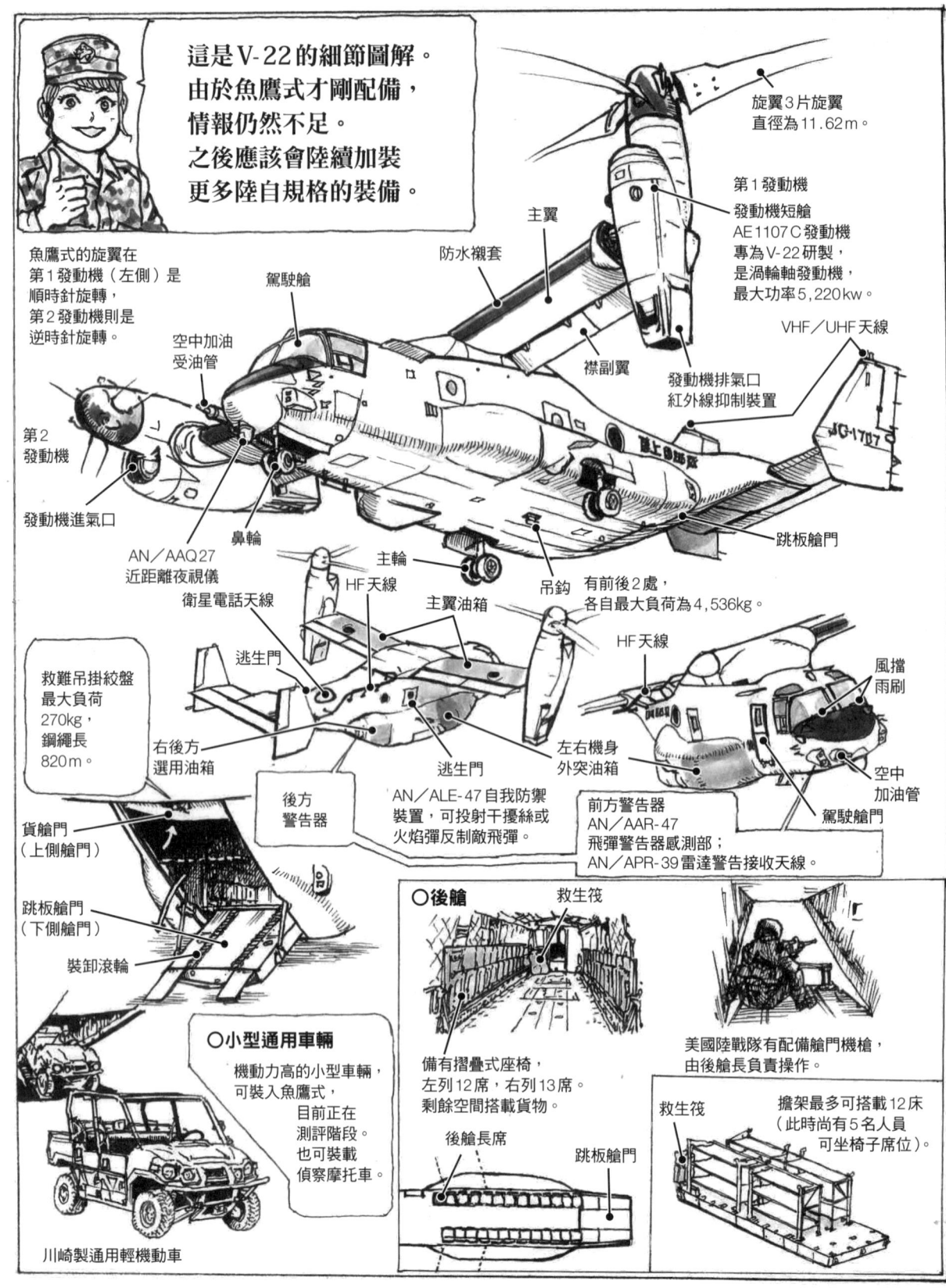

■魚鷹式的任務

○島嶼防衛
魚鷹式的首要任務是在南西諸島等離島遭受侵略之際，載運水陸機動團迅速前往現場執行規復作戰。

魚鷹式的速度比直升機快，且能長途飛行，若與空自戰鬥機配合，便能將機降部隊送至前線。

魚鷹式的武裝較弱，因此最好能有戰鬥機提供密接支援。

○急患運送
運送離島等處的急患時，能直接將患者高速送抵醫院的直升機停機坪。

○災害派遣
執行自衛隊的災害派遣任務時，能比照直升機在沒有機場的地方執行救難與物資運送等任務，相當值得期待。

○特種作戰
可投入各種作戰，例如人質營救作戰或入侵作戰。

可迅速投入、回收少數特種作戰部隊，這種任務最適合魚鷹式。

除了運送人員與物資，還能讓士兵跳傘或機降，執行搜索救難等多種任務。

採浮錨式空中加油，魚鷹式得以延伸其最大航程。

KC-130H

以2處吊鉤在機外吊掛運輸大型物資。

高機動車

①最大巡航速度
②最大航程
③最大飛行高度
④乘員＋載運人員
⑤酬載重量

○LR-2聯絡偵察機
①約540km/h
②約2,800km
③約10,700m
④2＋8員

V-22與陸自既有機型的性能比較：與運輸能力相彷的CH-47相比，速度約為2倍，續航能力約達3倍以上。

○V-22
①約465km/h
②約2,600km
③約7,620m
④3＋24員
⑤約9.1t（內部）／約6.8t（外部）

○CH-47JA
①約260km/h ②約1,040km
③約2,700m ④3＋35員 ⑤約9.1t（內部）／約12.9t（外部）

○UH-60JA
①約240km/h
②約470km
③約4,500m
④2＋12員
⑤約1.3tt（內部）／約4.1t（外部）

○UH-1J
①約216km/h
②約370km
③約5,330m
④2＋11員

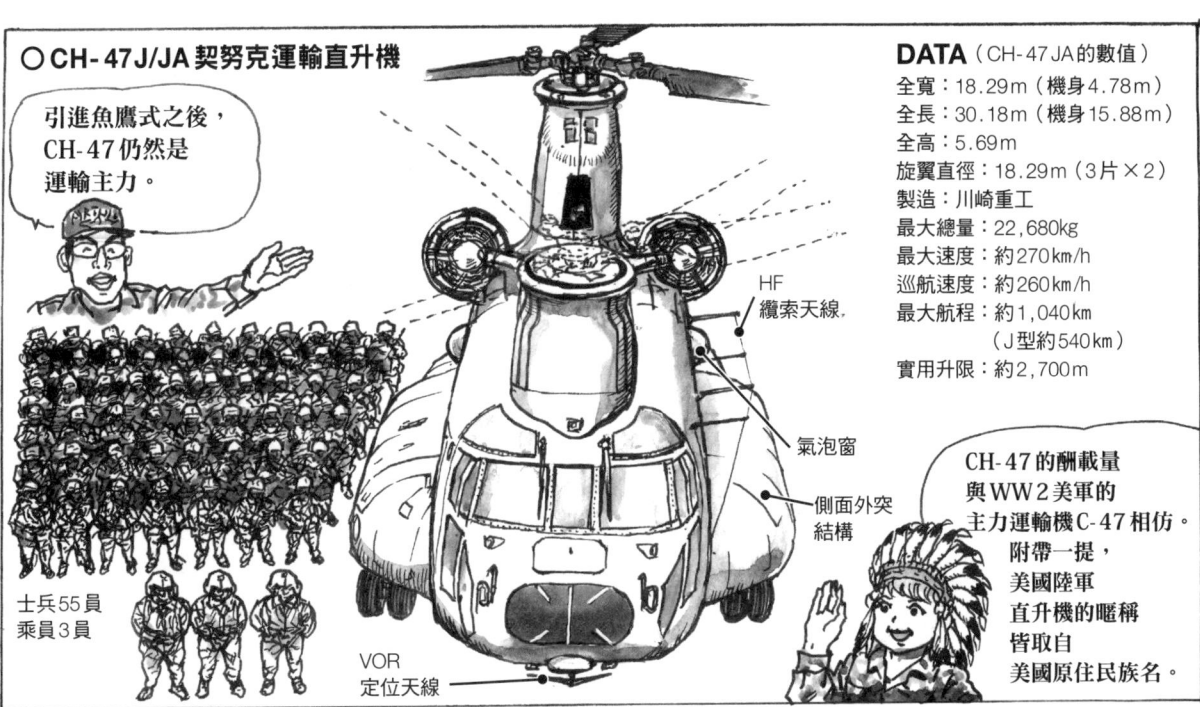

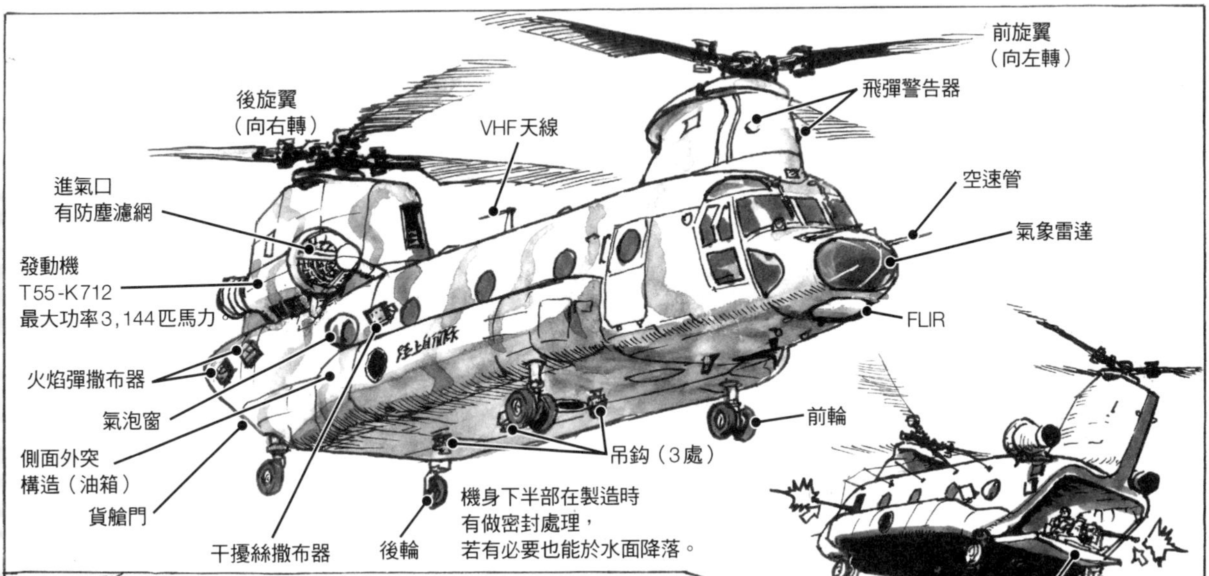

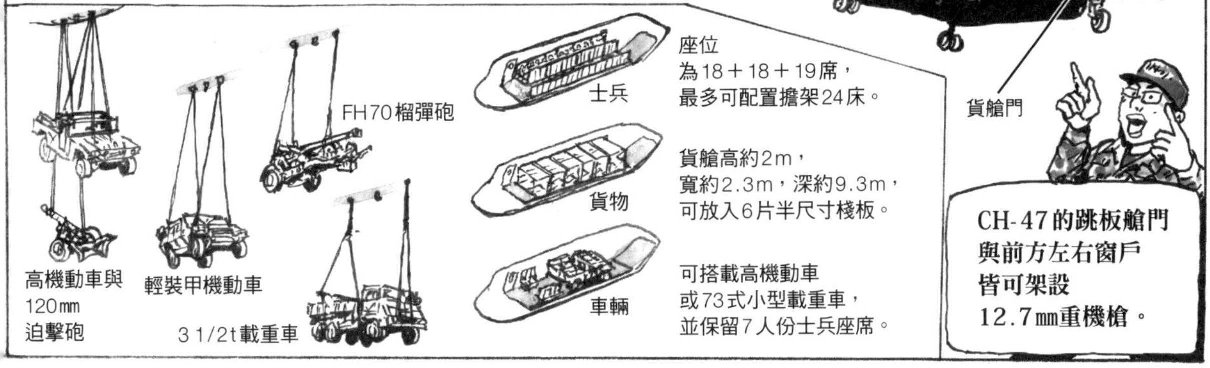

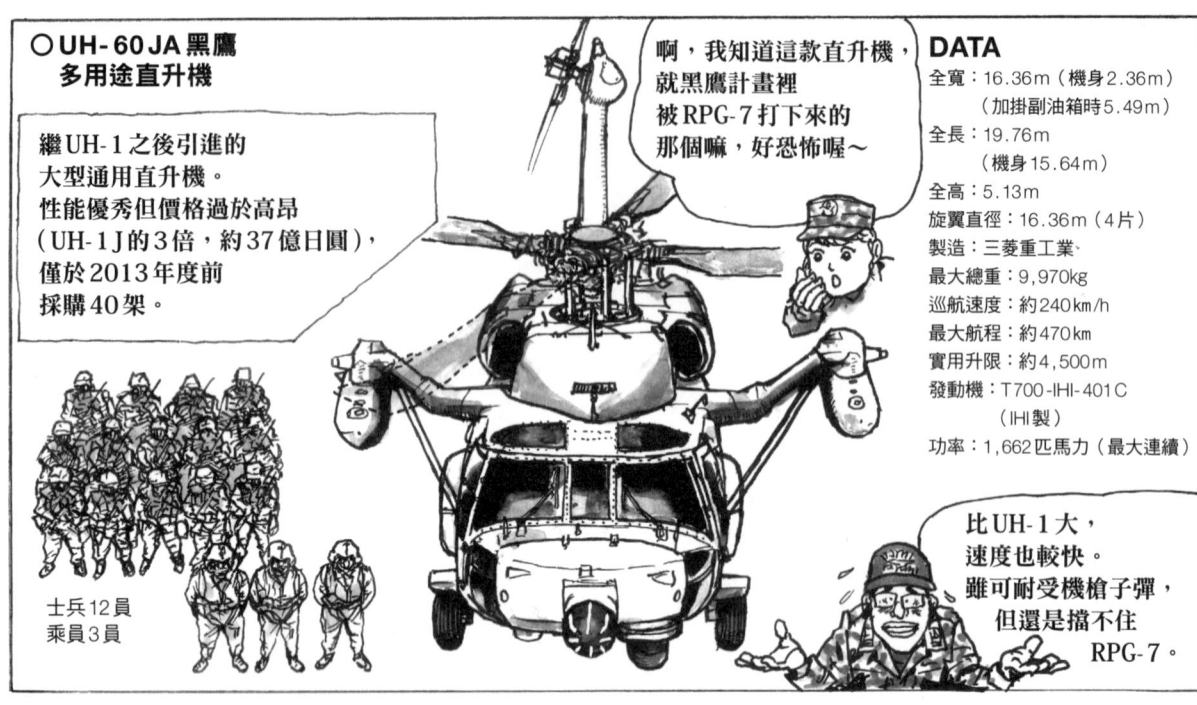

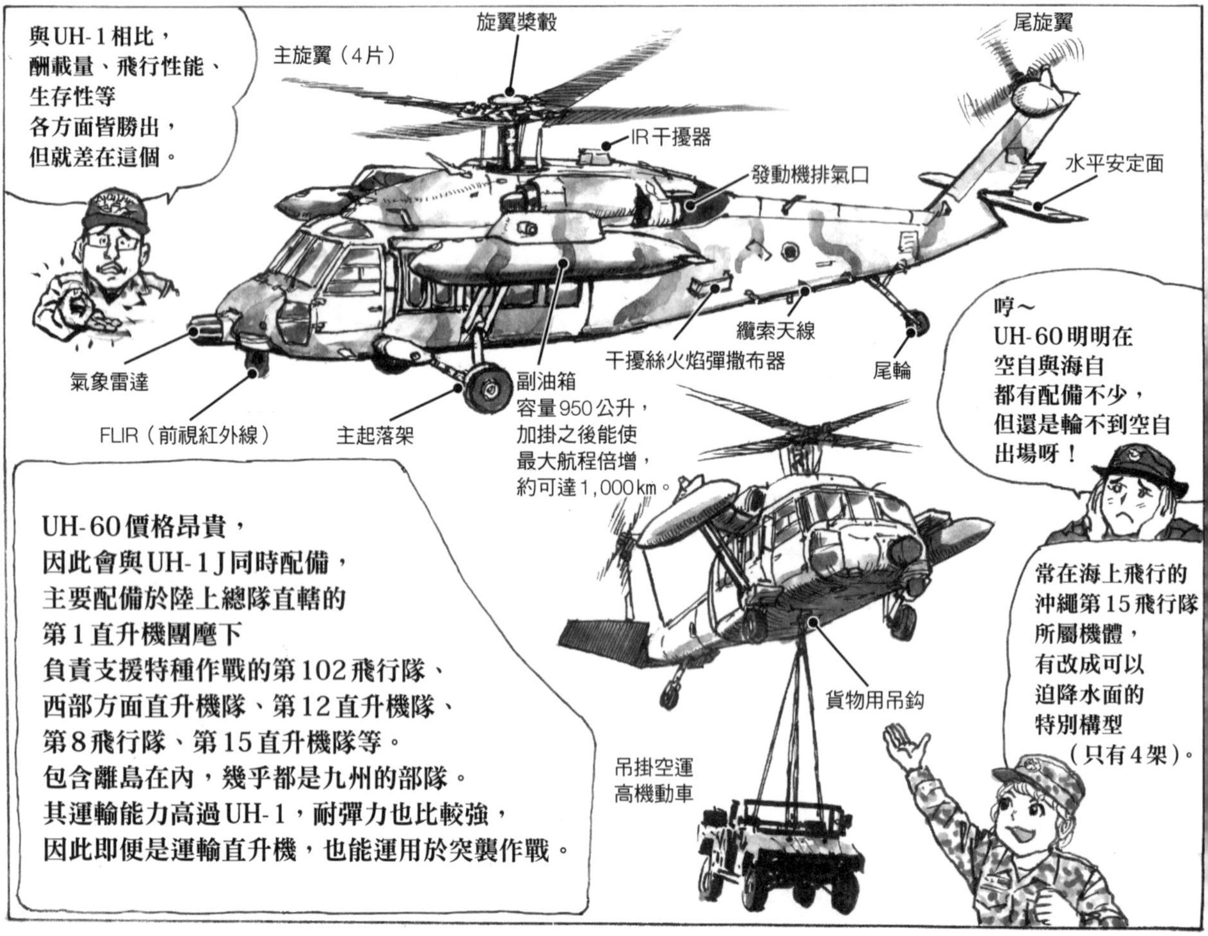

自衛隊戰鬥聖經 RETURNS 篇

○UH-1J 易洛魁 通用直升機

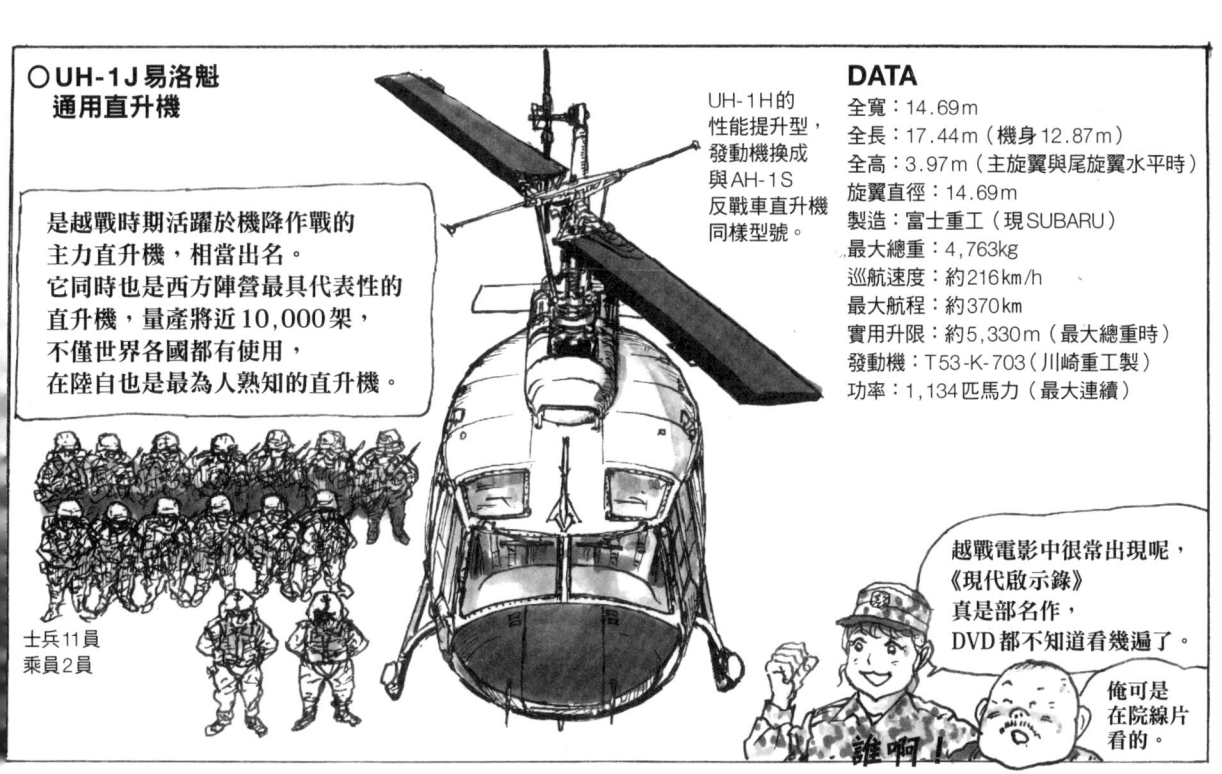

是越戰時期活躍於機降作戰的主力直升機，相當出名。
它同時也是西方陣營最具代表性的直升機，量產將近10,000架，不僅世界各國都有使用，在陸自也是最為人熟知的直升機。

士兵11員
乘員2員

UH-1H的性能提升型，發動機換成與AH-1S反戰車直升機同樣型號。

DATA
全寬：14.69m
全長：17.44m（機身12.87m）
全高：3.97m（主旋翼與尾旋翼水平時）
旋翼直徑：14.69m
製造：富士重工（現SUBARU）
最大總重：4,763kg
巡航速度：約216km/h
最大航程：約370km
實用升限：約5,330m（最大總重時）
發動機：T53-K-703（川崎重工製）
功率：1,134匹馬力（最大連續）

越戰電影中很常出現呢，《現代啟示錄》真是部名作，DVD都不知道看幾遍了。

俺可是在院線片看的。

誰啊！

日本也於1962年開始授權生產，除UH-1B、UH-1H之外，也推出了改良型。自1991年開始改為生產UH-1J，截至2012年總共採購130架，完全取代H型。

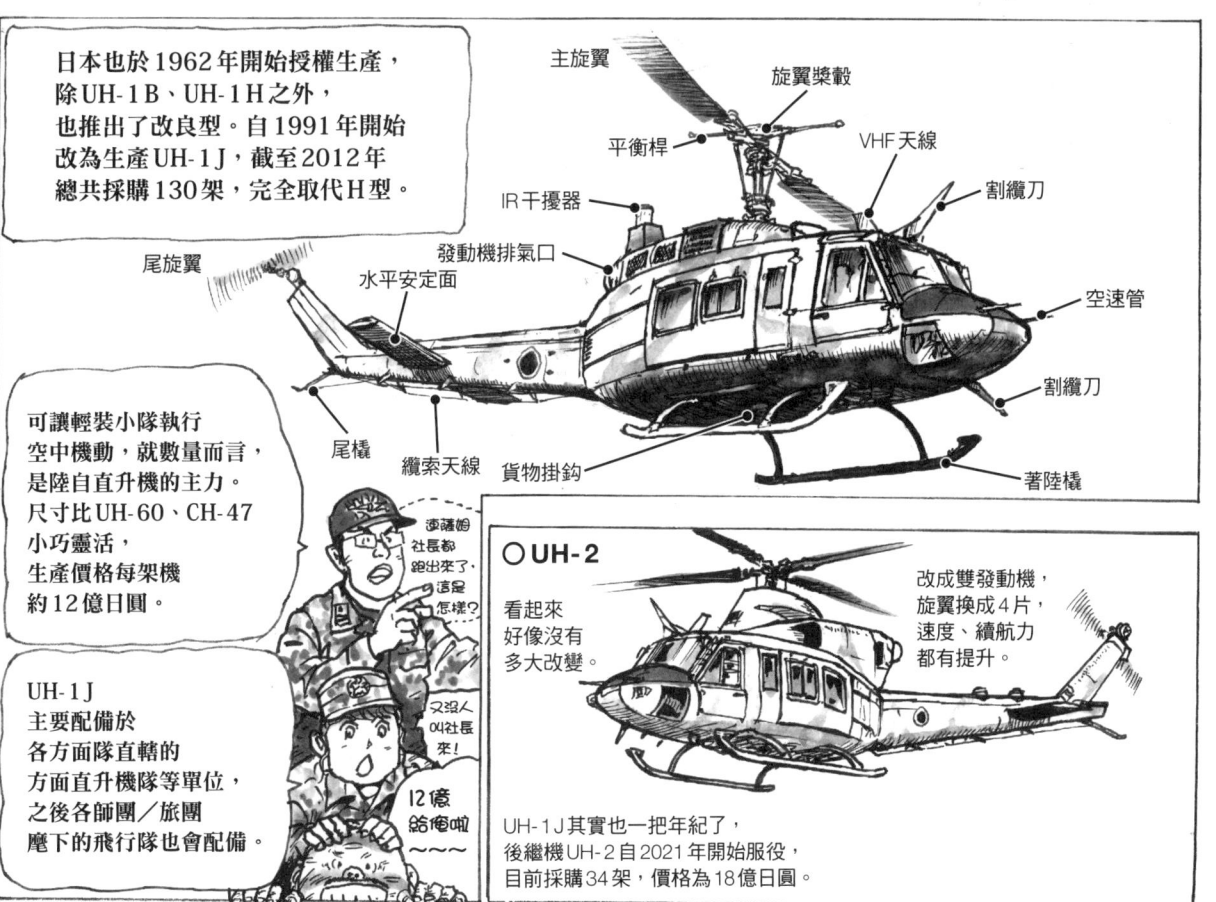

零件標示： 主旋翼、旋翼槳轂、平衡桿、VHF天線、IR干擾器、割纜刀、發動機排氣口、空速管、尾旋翼、水平安定面、割纜刀、尾橇、纜索天線、貨物掛鉤、著陸橇

可讓輕裝小隊執行空中機動，就數量而言，是陸自直升機的主力。
尺寸比UH-60、CH-47小巧靈活，生產價格每架機約12億日圓。

UH-1J主要配備於各方面隊直轄的方面直升機隊等單位，之後各師團／旅團麾下的飛行隊也會配備。

湊葉姆社長都跑出來了，這是怎樣？

又沒人叫社長來！

12億給俺啦～～

○UH-2

看起來好像沒有多大改變。

改成雙發動機，旋翼換成4片，速度、續航力都有提升。

UH-1J其實也一把年紀了，後繼機UH-2自2021年開始服役，目前採購34架，價格為18億日圓。

31

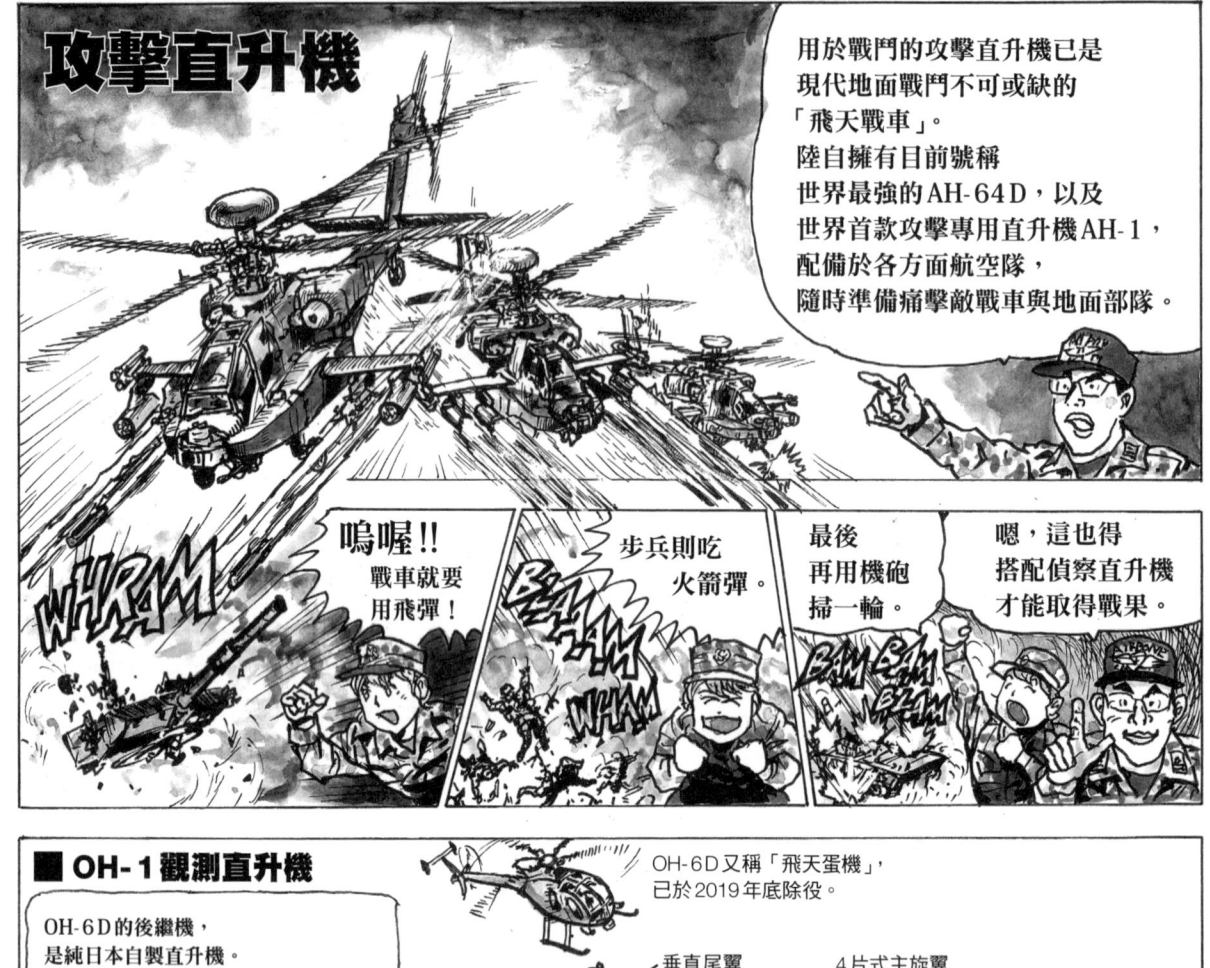

攻擊直升機

用於戰鬥的攻擊直升機已是現代地面戰鬥不可或缺的「飛天戰車」。
陸自擁有目前號稱世界最強的AH-64D，以及世界首款攻擊專用直升機AH-1，配備於各方面航空隊，隨時準備痛擊敵戰車與地面部隊。

嗚喔!!戰車就要用飛彈！

步兵則吃火箭彈。

最後再用機砲掃一輪。

嗯，這也得搭配偵察直升機才能取得戰果。

■ OH-1觀測直升機

OH-6D的後繼機，是純日本自製直升機。
1992年開始研製，1999年獲得採用，2010年度之前採購34架。
機動性能頗佳，可操作觔斗或滾轉，也能在森林上空匍匐飛行（於低空迴避觸碰樹木等），或是躲在掩蔽物後方懸停偵察。
正式暱稱為「忍者」，但現場多稱其為「奧米伽」。

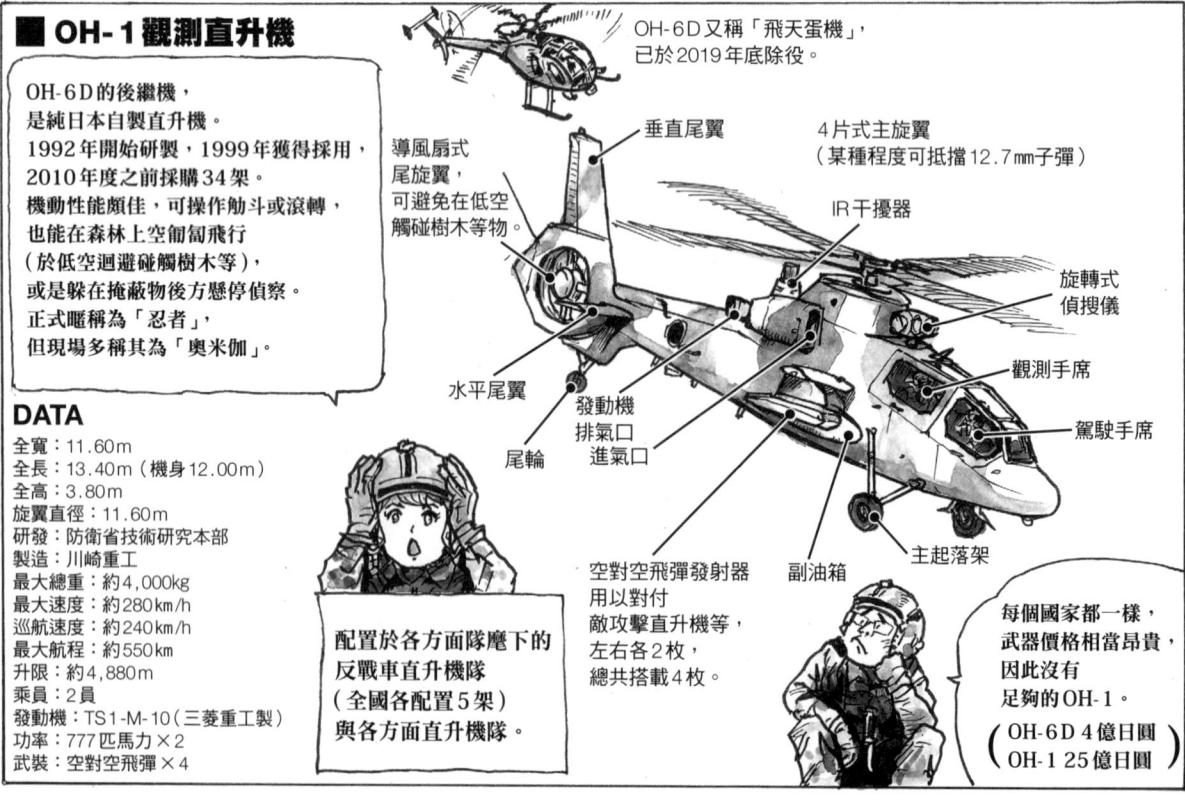

OH-6D又稱「飛天蛋機」，已於2019年底除役。

垂直尾翼
導風扇式尾旋翼，可避免在低空觸碰樹木等物。
4片式主旋翼（某種程度可抵擋12.7mm子彈）
IR干擾器
旋轉式偵搜儀
觀測手席
駕駛手席
水平尾翼
發動機排氣口進氣口
尾輪
空對空飛彈發射器用以對付敵攻擊直升機等，左右各2枚，總共搭載4枚。
副油箱
主起落架

DATA
全寬：11.60m
全長：13.40m（機身12.00m）
全高：3.80m
旋翼直徑：11.60m
研發：防衛省技術研究本部
製造：川崎重工
最大總重：約4,000kg
最大速度：約280km/h
巡航速度：約240km/h
最大航程：約550km
升限：約4,880m
乘員：2員
發動機：TS1-M-10（三菱重工製）
功率：777匹馬力×2
武裝：空對空飛彈×4

配置於各方面隊麾下的反戰車直升機隊（全國各配置5架）與各方面直升機隊。

每個國家都一樣，武器價格相當昂貴，因此沒有足夠的OH-1。
（OH-6D 4億日圓
OH-1 25億日圓）

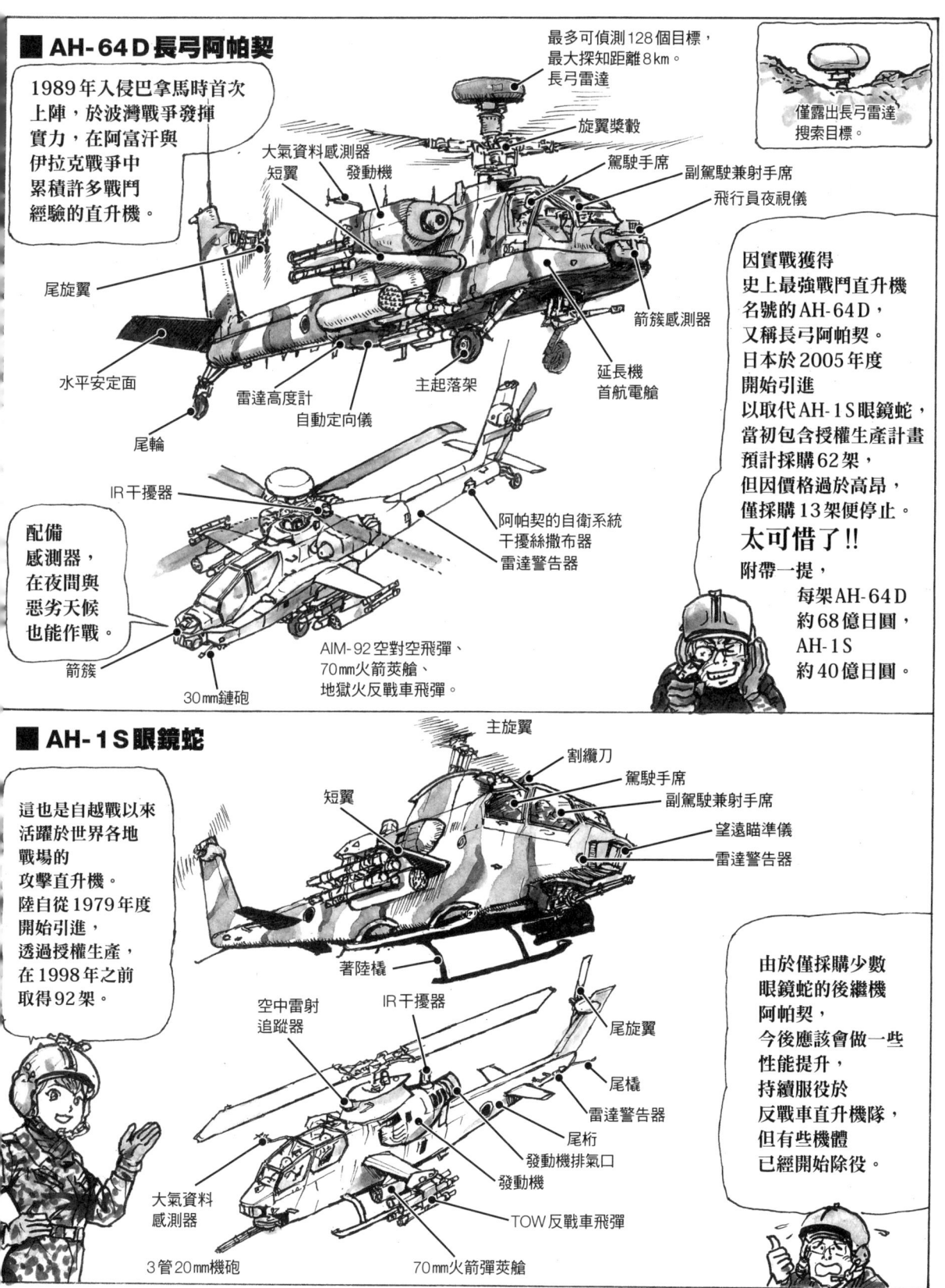

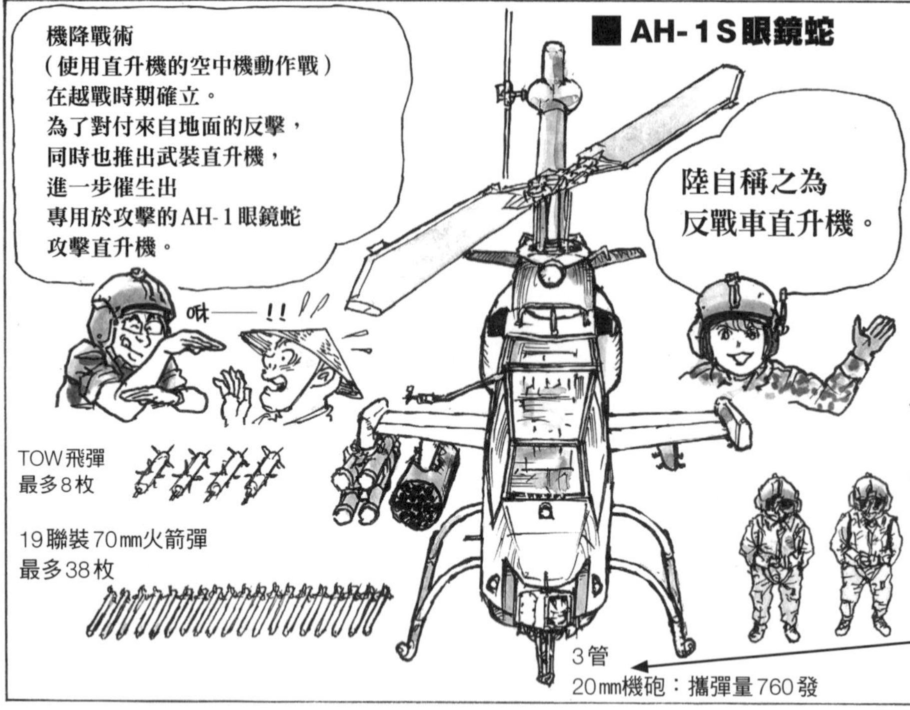

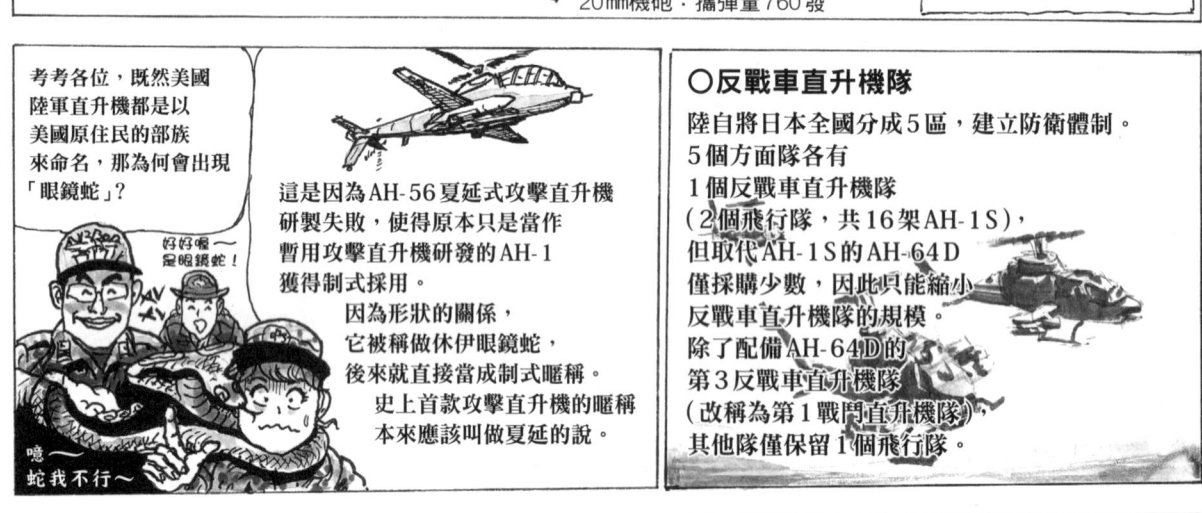
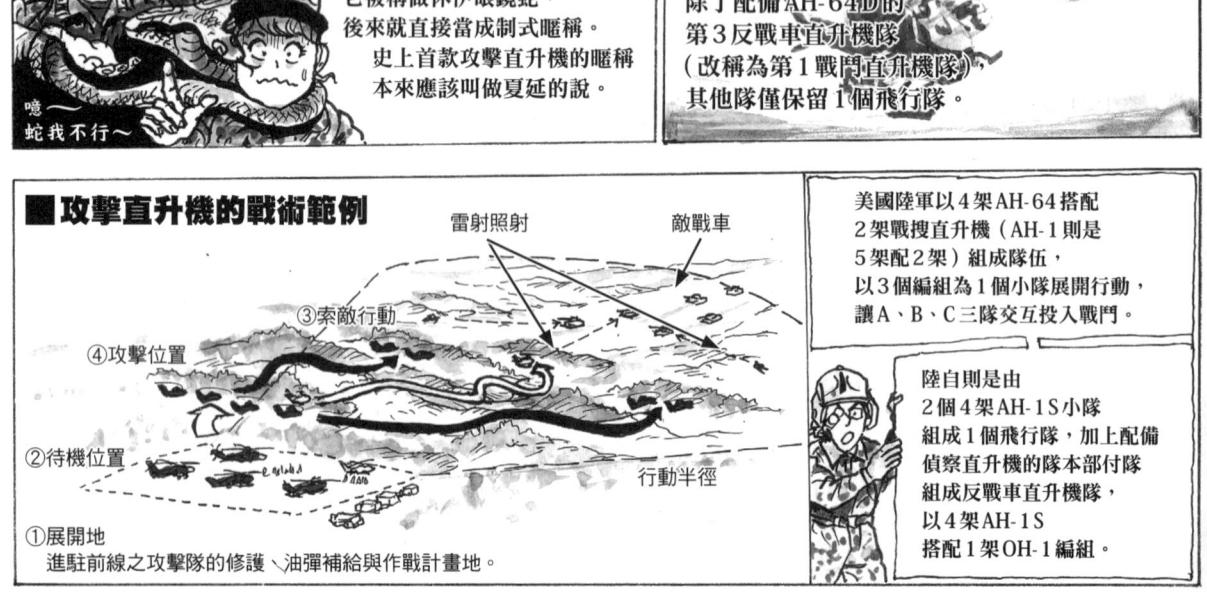

■AH-64D長弓阿帕契

DATA
- 全寬：14.63m（掛載刺針飛彈發射器時5.70m）
- 全長：17.73m（機身長14.96m）
- 全高：4.9m
- 旋翼直徑：14.63m
- 製造：富士重工業（SUBARU）
- 最大總重：10,400kg
- 最大速度：約270km/h
- 乘員：2員
- 發動機：T700-IHI-701C（IHI製）
- 功率：1,662匹馬力×2

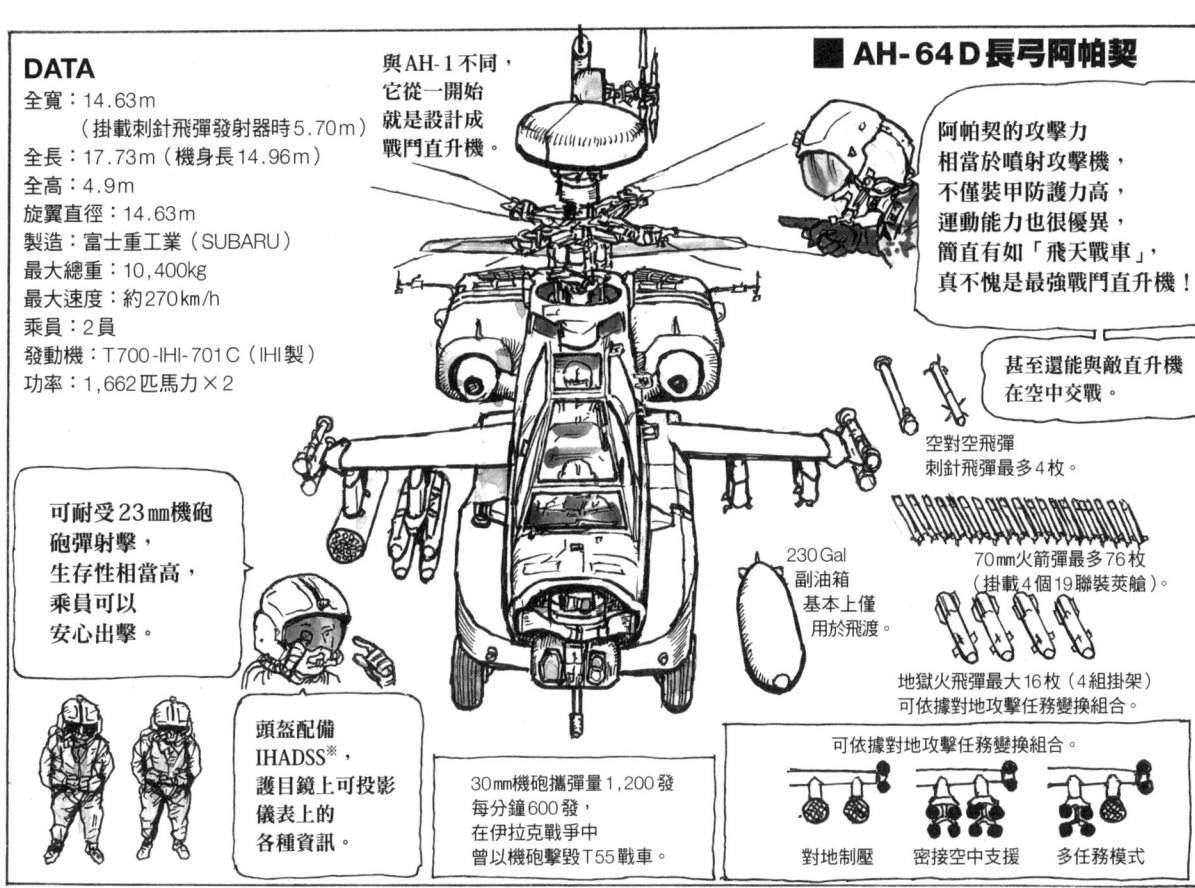

與AH-1不同，它從一開始就是設計成戰鬥直升機。

阿帕契的攻擊力相當於噴射攻擊機，不僅裝甲防護力高，運動能力也很優異，簡直有如「飛天戰車」，真不愧是最強戰鬥直升機！

甚至還能與敵直升機在空中交戰。

空對空飛彈刺針飛彈最多4枚。

70mm火箭彈最多76枚（掛載4個19聯裝莢艙）。

230Gal副油箱基本上僅用於飛渡。

地獄火飛彈最大16枚（4組掛架）可依據對地攻擊任務變換組合。

可耐受23mm機砲砲彈射擊，生存性相當高，乘員可以安心出擊。

頭盔配備IHADSS※，護目鏡上可投影儀表上的各種資訊。

30mm機砲攜彈量1,200發，每分鐘600發，在伊拉克戰爭中曾以機砲擊毀T55戰車。

可依據對地攻擊任務變換組合。
對地制壓　密接空中支援　多任務模式

■反戰車飛彈

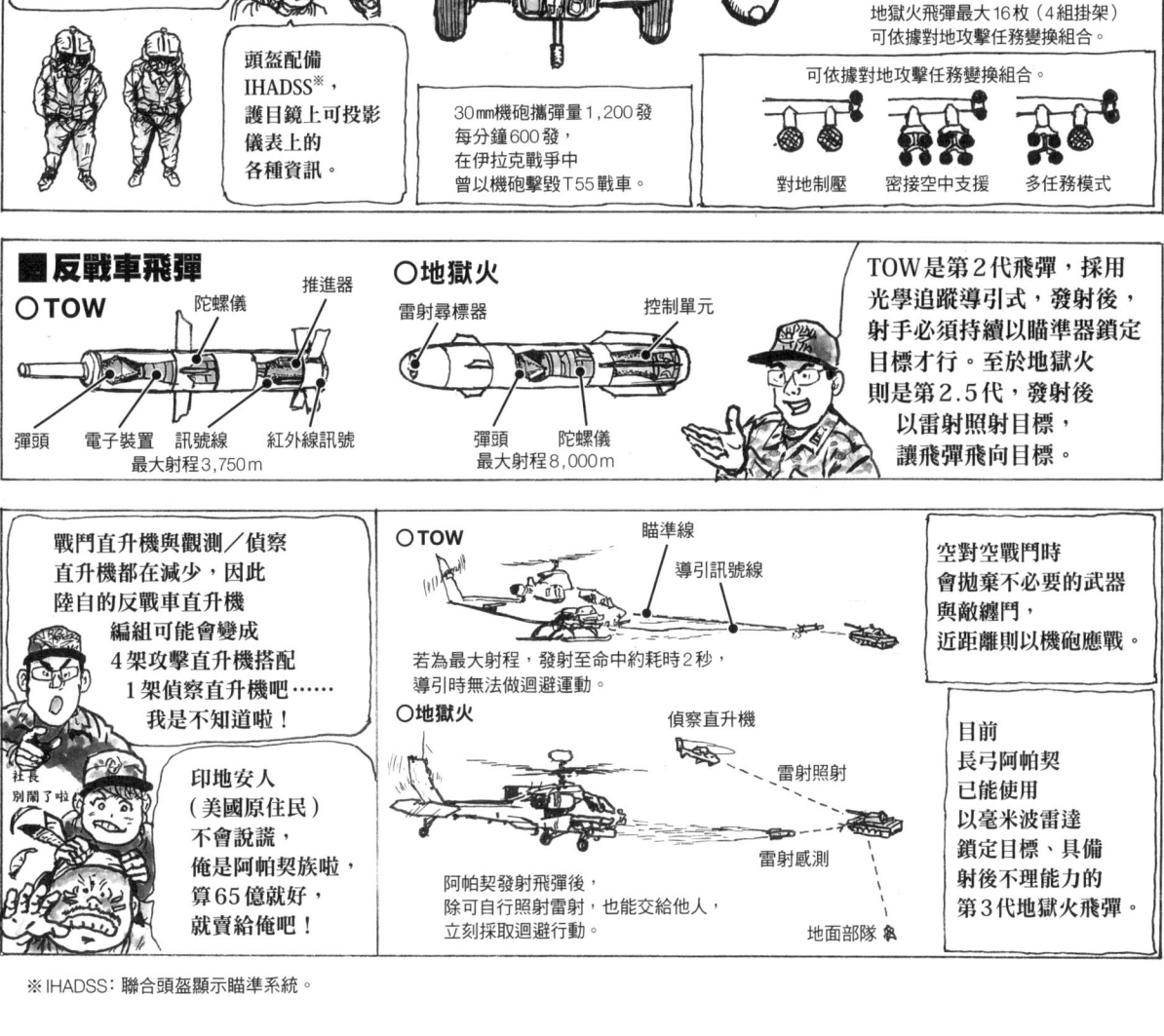

○TOW
彈頭、電子裝置、陀螺儀、訊號線、推進器、紅外線訊號
最大射程3,750m

○地獄火
雷射尋標器、彈頭、陀螺儀、控制單元
最大射程8,000m

TOW是第2代飛彈，採用光學追蹤導引式，發射後，射手必須持續以瞄準器鎖定目標才行。至於地獄火則是第2.5代，發射後以雷射照射目標，讓飛彈飛向目標。

戰鬥直升機與觀測／偵察直升機都在減少，因此陸自的反戰車直升機編組可能會變成4架攻擊直升機搭配1架偵察直升機吧……我是不知道啦！

印地安人（美國原住民）不會說謊，俺是阿帕契族啦，算65億就好，就賣給俺吧！

○TOW
瞄準線、導引訊號線
若為最大射程，發射至命中約耗時2秒，導引時無法做迴避運動。

○地獄火
偵察直升機、雷射照射、雷射感測、地面部隊
阿帕契發射飛彈後，除可自行照射雷射，也能交給他人，立刻採取迴避行動。

空對空戰鬥時會拋棄不必要的武器與敵纏鬥，近距離則以機砲應戰。

目前長弓阿帕契已能使用以毫米波雷達鎖定目標、具備射後不理能力的第3代地獄火飛彈。

※IHADSS：聯合頭盔顯示瞄準系統。

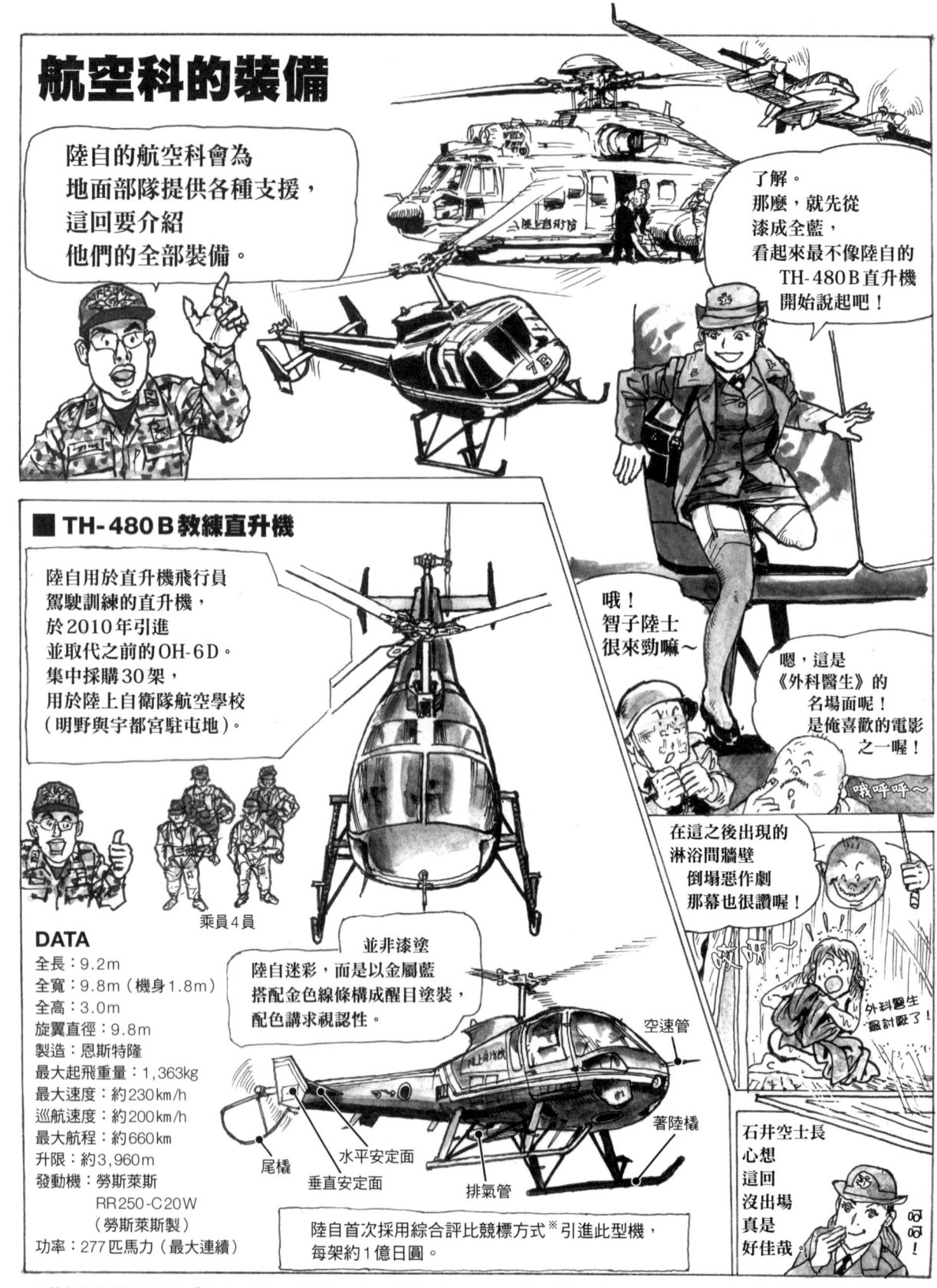

■UH-2通用直升機

正式介紹2021年開始配賦部隊的UH-2。它是考量到島嶼防衛，能提升海上飛行能力的通用直升機，以貝爾412EPI為基礎，由SUBARU共同研製的機型。

UH-2的懸停性能據稱與UH-60JA相當，即便在惡劣天候也能發揮救難實力。

DATA
全長：17.13m（機身12.91m）
全高：4.54m
主旋翼直徑：14.02m
最大起飛重量：約5.5t
最大速度：約260km/h
最大航程：約670km
實用升限：約4,800m

儀表類全部改成觸控面板式。
發動機排氣口
士兵14員
乘員2員

接替UH-1的UH-X研製計畫於2012年因防衛省與相關企業暗通款曲而回歸白紙，UH-X考慮以民用機轉用，後來決定採用各國運用實績斐然的貝爾412。

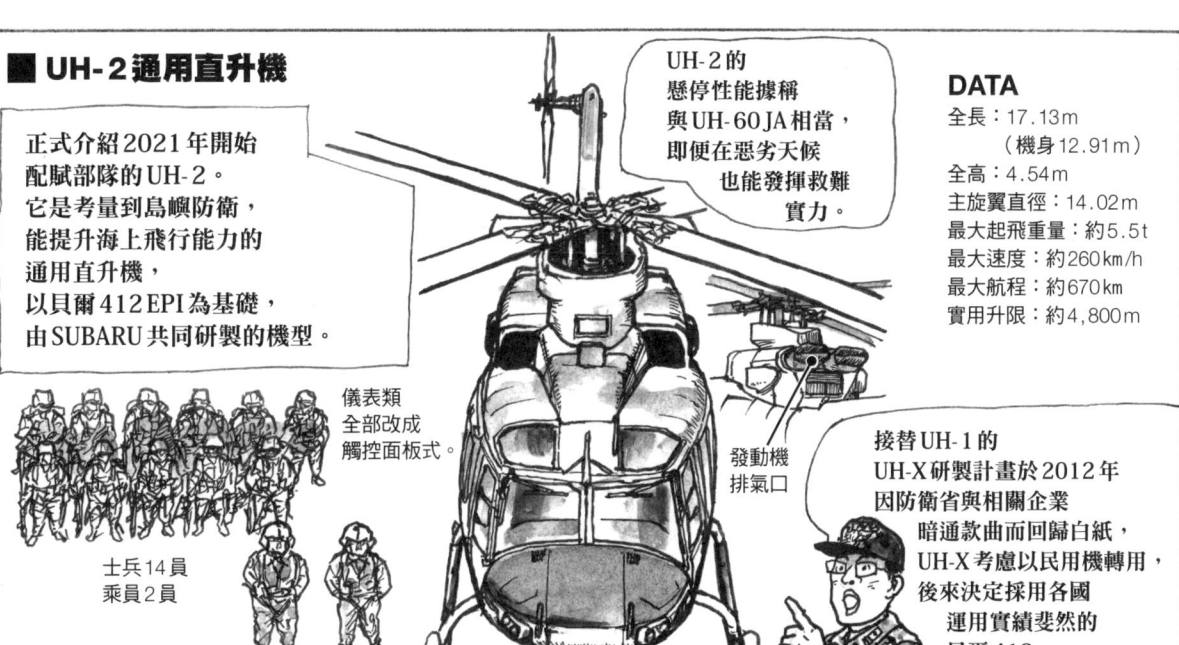

採用貝爾412比從頭開始全新研發還要快，也能安心運用。事實上，日本國內的消防防災航空隊與警察航空隊、海上保安廳等單位也都已經採用。

與UH-1J的識別點在於雙發動機與4片旋翼。

旋翼從2片改成4片，可減少噪音與振動。如此一來，原本UH-1J缺點之一的海上飛行搖動現象也得以減輕，提升了飛行穩定性。

○飛彈警告器
○干擾絲／火焰彈撒布器
○揚聲器
○機內設置型副油箱等　可加裝這些設備

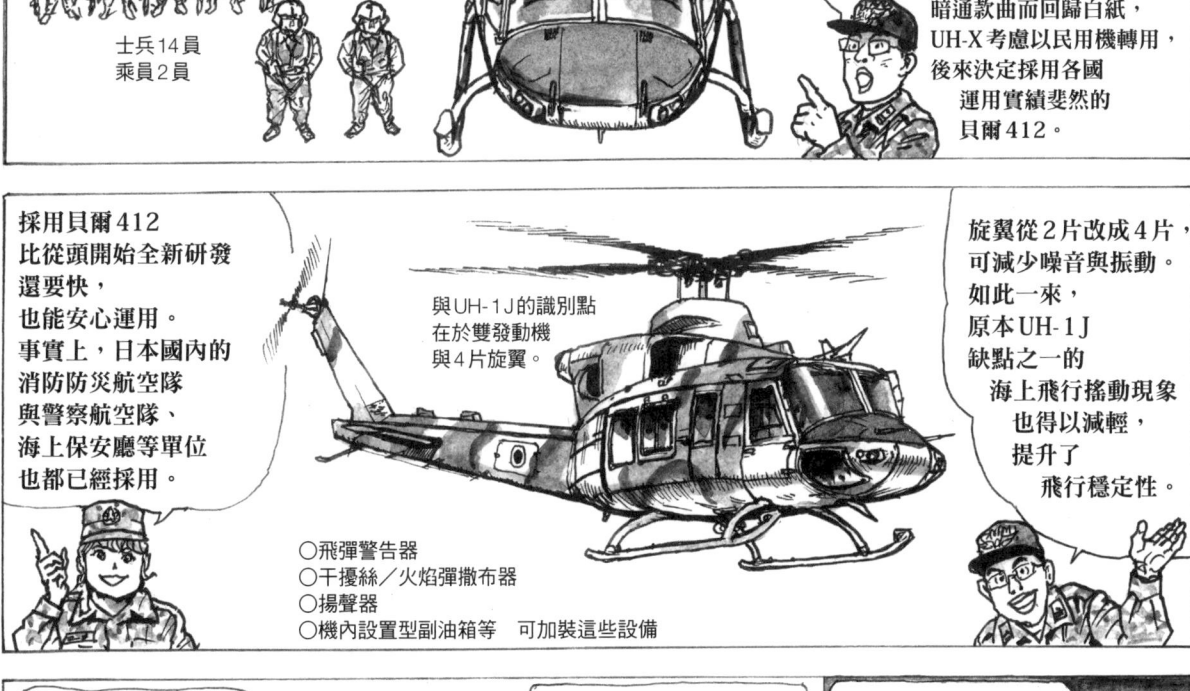

原本是美國貝爾公司研製的UH-1通用直升機，在越戰相當活躍，後來成為世界暢銷機型。時至今日，其衍生、發展型仍於全世界運用（主要為雙發型的412系）。

○UH-1A　士兵4員
○UH-1B　擴大後艙　士兵8員
○UH-1H　換裝發動機　士兵13員（陸自為11員）
○UH-1J　富士重工改良自H型　士兵11員
○UH-2

1959年成功研製的渦輪軸發動機直升機，1962年9月之前的型號稱為HU-1易洛魁（暱稱休伊）。

陸自採購的是UH-1B（1962年）、UH-1H（1973年）、UH-1J（1993年）。

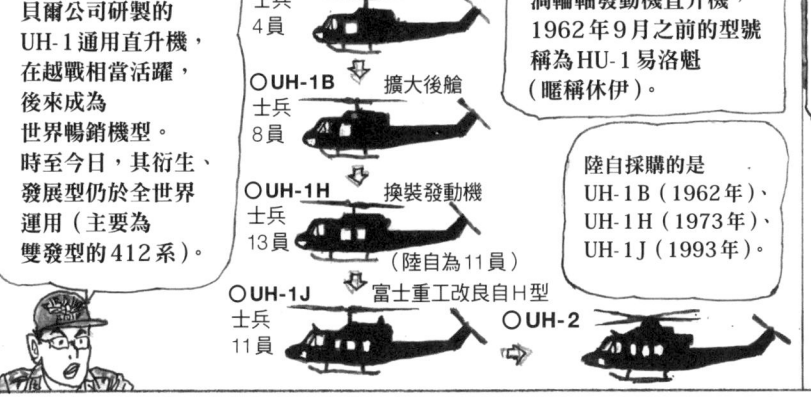

雖然看起來差不多，但雙發動機卻提升了功率，使性能大幅改變。代號為隼。

UH-2 發動機性能
發動機：PT6T-9渦輪軸（雙發・普惠加拿大製）
功率：2,243匹馬力
（※合計功率，P&W公布值）

UH-1J 發動機性能
發動機：T53-K-703（川崎重工製）
功率：1,134匹馬力（最大連續）

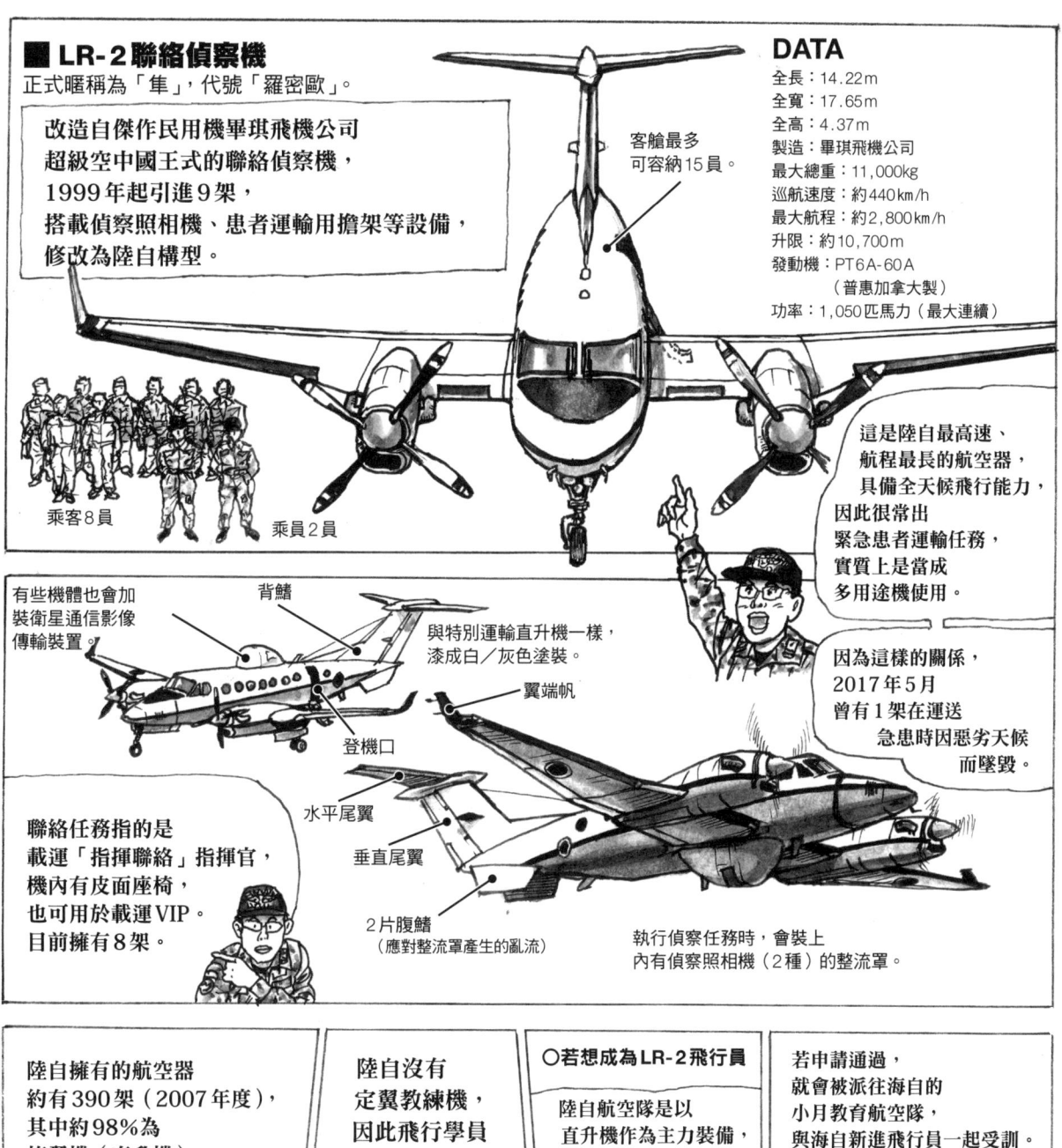

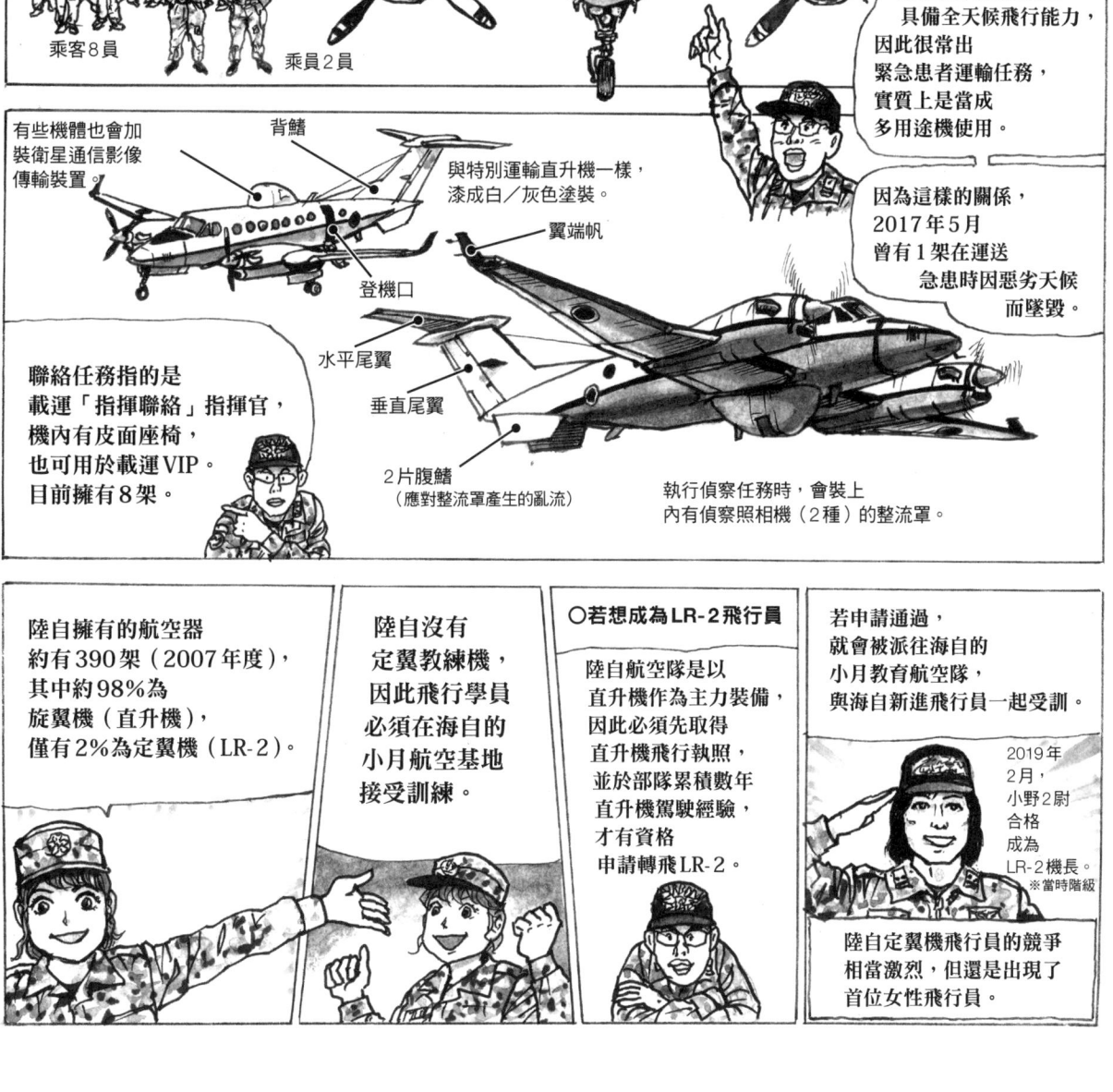

■ LR-2聯絡偵察機

正式曙稱為「隼」，代號「羅密歐」。

改造自傑作民用機畢琪飛機公司超級空中國王式的聯絡偵察機，1999年起引進9架，搭載偵察照相機、患者運輸用擔架等設備，修改為陸自構型。

客艙最多可容納15員。

乘客8員　乘員2員

DATA
- 全長：14.22m
- 全寬：17.65m
- 全高：4.37m
- 製造：畢琪飛機公司
- 最大總重：11,000kg
- 巡航速度：約440km/h
- 最大航程：約2,800km/h
- 升限：約10,700m
- 發動機：PT6A-60A（普惠加拿大製）
- 功率：1,050匹馬力（最大連續）

這是陸自最高速、航程最長的航空器，具備全天候飛行能力，因此很常出緊急患者運輸任務，實質上是當成多用途機使用。

有些機體也會加裝衛星通信影像傳輸裝置。

背鰭

與特別運輸直升機一樣，漆成白／灰色塗裝。

翼端帆
登機口
水平尾翼
垂直尾翼
2片腹鰭（應對整流罩產生的亂流）

聯絡任務指的是載運「指揮聯絡」指揮官，機內有皮面座椅，也可用於載運VIP。目前擁有8架。

因為這樣的關係，2017年5月曾有1架在運送急患時因惡劣天候而墜毀。

執行偵察任務時，會裝上內有偵察照相機（2種）的整流罩。

陸自擁有的航空器約有390架（2007年度），其中約98%為旋翼機（直升機），僅有2%為定翼機（LR-2）。

陸自沒有定翼教練機，因此飛行學員必須在海自的小月航空基地接受訓練。

○若想成為LR-2飛行員

陸自航空隊是以直升機作為主力裝備，因此必須先取得直升機飛行執照，並於部隊累積數年直升機駕駛經驗，才有資格申請轉飛LR-2。

若申請通過，就會被派往海自的小月教育航空隊，與海自新進飛行員一起受訓。

2019年2月，小野2尉合格成為LR-2機長。
※當時階級

陸自定翼機飛行員的競爭相當激烈，但還是出現了首位女性飛行員。

陸上自衛隊的裝甲戰鬥車

近代裝甲部隊的攻擊隊形是以MBT（主力戰車）為中心，搭配SPAAG（防空砲車）與IFV（步兵戰鬥車），抵禦來自空中與地面的反裝甲攻擊，讓戰車得以持續突破攻擊。

來介紹普通科配備的最強戰鬥車型。

步兵戰鬥車雖然無法抵擋戰車，但卻配備中口徑砲與機砲、反戰車飛彈等武器，將步兵運送至戰場後，可依據需求提供密接火力支援，也是很強的車型。

自衛隊的裝甲戰鬥車就是世界一般所稱的步兵戰鬥車。

步兵可在車上直接由槍眼射擊，必要時也能下車戰鬥，對付敵步兵。掩護主力戰車制壓敵陣地。

Sd.kfz.251 裝甲運兵車（德國1939年）

老子可是先驅車型呢！

嘿，計程車～

載我到戰場吧！

以戰車為主角的閃擊戰，必須有步兵與戰車協同作戰，因而推出可以隨伴戰車行動的APC（裝甲運兵車）。

M3半履帶車（美國1940年）

有大量生產，曾是各國機械化步兵的主力車型。

能以裝甲保護載運步兵，因此又稱為「戰場計程車」。

M113裝甲運兵車（美國1960年）

為因應核子戰爭，具備全密閉式裝甲，採完全履帶式設計。自越戰首次上陣以來歷經改良，成為世界最廣泛使用的裝甲車。

BMP-1步兵戰鬥車（蘇聯1966年）

鏘～!!

蘇聯當時推出比世界先進一兩步的裝甲車，步兵可乘車戰鬥，且還裝有砲塔，能提供支援火力，帶來的衝擊不下於T-34※。

戰鬥力一口氣提升！

BMP-1登場之後，其他國家也跟著研製步兵戰鬥車。

貂鼠（德國1969年）

戰士（英國1986年）

M2布萊德雷（美國1979年）

元祖！裝甲運兵車應該是它!!
英國的Mk IX重戰車（1918年），除了4員乘員之外，還能塞進50員步兵，頂著德軍槍彈緩步前進。正面裝有機槍，兵員室兩側各有7個槍眼。重量27.4t，時速7km。

槍眼

出入口

CV90（瑞典1991年）

搭載當時IFV＊最強主砲

嗯～73式雖然研製於1967年，但卻不是步兵戰鬥車的說。

※T-34衝擊：WWⅡ德蘇戰時，優於德軍戰車的蘇聯戰車T-34登場，使德軍急忙設法與之對抗。
＊IFV：原本稱為MICV（Mechanized Infantry Combat Vehicle）。

■ **自衛隊89FV分隊**（89式裝甲戰鬥車，又稱Fighting Vehicle，簡稱FV。）

每輛89式裝甲戰鬥車為1個分隊編成。一般有3員負責操作車輛，搭配6員普通科隊員負責下車戰鬥，就軍事業界來說屬於機械化步兵，為普通科當中火力與防護力最強的部隊。

車長必須與戰車協同，並支援下車分隊，責任相當重大。配戴車輛乘員用裝甲帽與護目鏡。

● **車輛乘員**
- 分隊長（車長）
- 射手
- 駕駛手

● **下車分隊** 下車後會一邊以無線電與FV車長聯繫一邊前進，執行警戒、防禦、攻擊等任務。

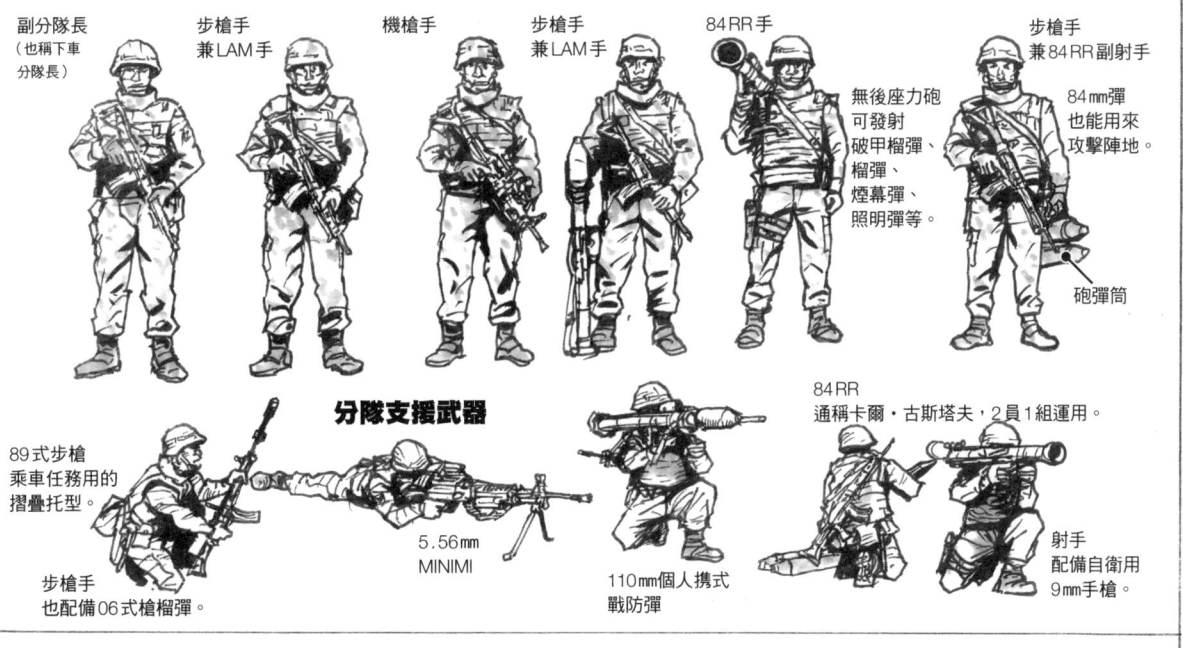

- 副分隊長（也稱下車分隊長）
- 步槍手兼LAM手
- 機槍手
- 步槍手兼LAM手
- 84RR手：無後座力砲可發射破甲榴彈、榴彈、煙幕彈、照明彈等。
- 步槍手兼84RR副射手：84mm彈也能用來攻擊陣地。
- 砲彈筒

分隊支援武器

- 89式步槍乘車任務用的摺疊托型。
- 步槍手也配備06式槍榴彈。
- 5.56mm MINIMI
- 110mm個人携式戰防彈
- 84RR 通稱卡爾·古斯塔夫，2員1組運用。
- 射手配備自衛用9mm手槍。

自槍眼射擊

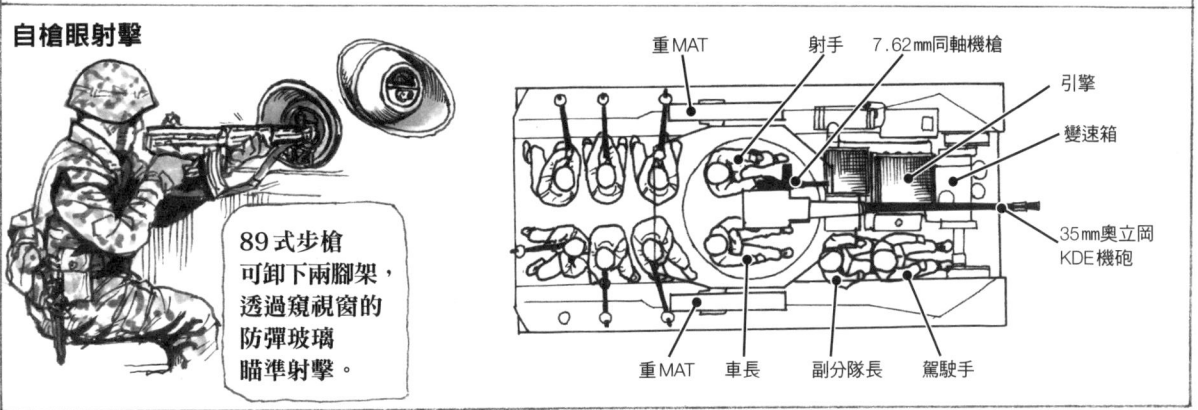

89式步槍可卸下兩腳架，透過窺視窗的防彈玻璃瞄準射擊。

車內配置：重MAT、射手、7.62mm同軸機槍、引擎、變速箱、35mm奧立岡KDE機砲、重MAT、車長、副分隊長、駕駛手

■89式裝甲戰鬥車

89式FV是能與戰車共同作戰，具備高機動力與戰鬥能力的隨伴步兵用裝甲車。數量上想要更多一點就是了。

79式重MAT發射裝置，制式名稱為79式反舟艇反戰車飛彈，射程3km，可擊毀敵戰車。

- 射手頂門蓋
- 車長頂門蓋
- 車長雷射測距儀
- 射手光學瞄準器／熱影像夜視儀
- 雷射偵測器
- 7.62mm同軸機槍
- 重MAT導引用瞄準器
- 行軍砲鎖
- 90倍徑35mm機砲KDE
- 散熱用隔柵板
- 散熱器用進氣口
- 76mm煙幕彈發射器
- 副分隊長頂門蓋
- 駕駛手頂門蓋
- 主動輪
- 頭燈
- 引擎室

備有夜視儀，夜間戰鬥能力優異，車體以防彈鋼板製成，生存性頗高。

- 重MAT導引裝置
- 主砲直接瞄準鏡
- 同軸機槍

主砲為35mm KDE，可對付敵步兵戰鬥車，也能有效擊毀反戰車直升機。

唔～～嗯，雖然是高性能FV，但價格相當高昂（1輛約7億日圓），每年只能採購數輛，總共僅配備68輛。

DATA
- 乘員：10人
- 總重：約26.5t
- 全長：6.8m
- 全寬：3.2m
- 全高：2.5m
- 最高速度：約70km/h
- 研發：防衛廳技術研究本部
- 製造：
  ・35mm機砲：日本製鋼所
  ・砲塔、車體：三菱重工
  ・飛彈發射器：川崎重工
- 引擎：
  三菱6SY31WA型
  水冷4行程直列
  6汽缸柴油引擎
- 武裝：
  35mm機砲×1
  74式車載7.62mm機槍×1
  79式反舟艇反戰車飛彈發射裝置×2

- 置物箱
- 人員室頂門蓋
- 潛望鏡
- 槍眼
- 前置引擎車內空間比73式寬敞。
- 排氣口
- 加油孔
- NBC防護濾芯
- 側裙
- 預備履帶
- 人員室鼓風機
- 槍眼共7個

人員室的艙門為左右開啟式。

在這裡解說一下，APC是指裝甲運兵車（Armored Personnel Carrier），IFV則是步兵戰鬥車（Infantry Fighting Vehicle）。但自衛隊並不使用步兵這個辭彙，因此將IFV的I拿掉，稱其為裝甲戰鬥車。

○對手步兵戰鬥車

兩者皆配備火力強大的武裝。

・BMP-3（俄羅斯）
乘員3＋7員
重量19t
100mm低膛壓砲
30mm同軸機砲
100mm砲也能發射反戰車飛彈

・04式（中國）
參考俄羅斯BMP-3研製而成
乘員3＋7員
重量20t
武裝比照BMP-3

73式裝甲車

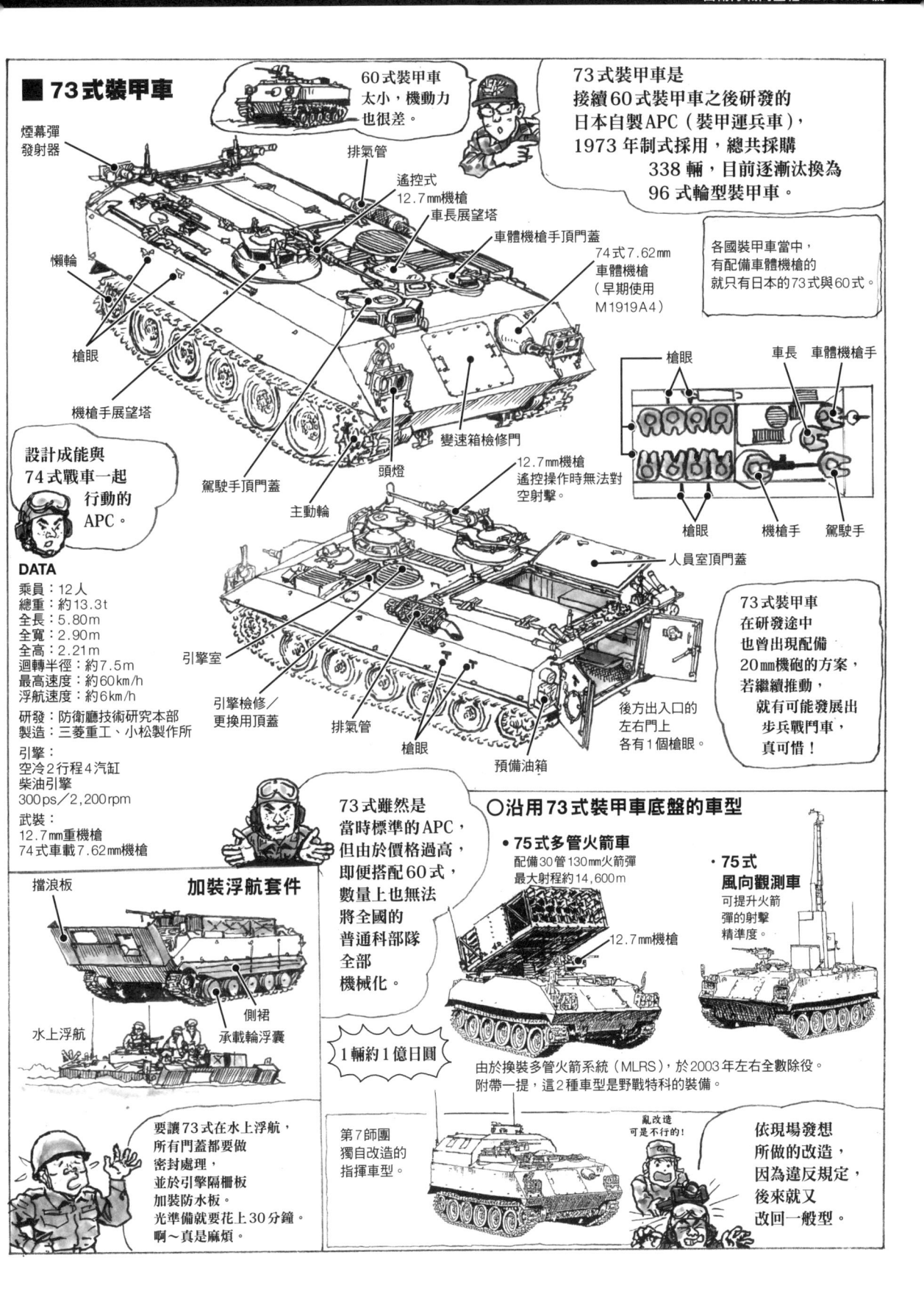

73式裝甲車是接續60式裝甲車之後研發的日本自製APC（裝甲運兵車），1973年制式採用，總共採購338輛，目前逐漸汰換為96式輪型裝甲車。

60式裝甲車太小，機動力也很差。

各國裝甲車當中，有配備車體機槍的就只有日本的73式與60式。

標示：煙幕彈發射器、排氣管、遙控式12.7mm機槍、車長展望塔、車體機槍手頂門蓋、74式7.62mm車體機槍（早期使用M1919A4）、懶輪、槍眼、機槍手展望塔、駕駛手頂門蓋、主動輪、頭燈、變速箱檢修門

內部配置：槍眼、車長、車體機槍手、機槍手、駕駛手

設計成能與74式戰車一起行動的APC。

DATA
- 乘員：12人
- 總重：約13.3t
- 全長：5.80m
- 全寬：2.90m
- 全高：2.21m
- 迴轉半徑：約7.5m
- 最高速度：約60km/h
- 浮航速度：約6km/h
- 研發：防衛廳技術研究本部
- 製造：三菱重工、小松製作所
- 引擎：空冷2行程4汽缸柴油引擎 300ps／2,200rpm
- 武裝：12.7mm重機槍、74式車載7.62mm機槍

12.7mm機槍遙控操作時無法對空射擊。

標示：人員室頂門蓋、引擎室、引擎檢修／更換用頂蓋、排氣管、槍眼、預備油箱

73式裝甲車在研發途中也曾出現配備20mm機砲的方案，若繼續推動，就有可能發展出步兵戰鬥車，真可惜！

後方出入口的左右門上各有1個槍眼。

加裝浮航套件

標示：擋浪板、水上浮航、側裙、承載輪浮囊

要讓73式在水上浮航，所有門蓋都要做密封處理，並於引擎隔柵板加裝防水板。光準備就要花上30分鐘。啊～真是麻煩。

73式雖然是當時標準的APC，但由於價格過高，即便搭配60式，數量上也無法將全國的普通科部隊全部機械化。

1輛約1億日圓

○沿用73式裝甲車底盤的車型

•75式多管火箭車
配備30管130mm火箭彈 最大射程約14,600m

12.7mm機槍

•75式風向觀測車
可提升火箭彈的射擊精準度

由於換裝多管火箭系統（MLRS），於2003年左右全數除役。附帶一提，這2種車型是野戰特科的裝備。

第7師團獨自改造的指揮車型

亂改造可是不行的！

依現場發想所做的改造，因為違反規定，後來就又改回一般型。

陸上自衛隊的裝甲車

■96式裝甲車

用以接替73式裝甲車，於1996年制式採用，是陸自首款輪型裝甲運兵車。

96式裝甲車採用世界各國輪型裝甲車的8輪主流構型，為提升機動力並抑制研發費用而研製，8個戰鬥輪胎具備某種程度越野能力。

喔!!智子陸士這回扮辣妹呢！

看我匍匐前進

新車發表就要配上美女的說。

嗯，說的沒錯，總而言之就先摸個屁股。

磨蹭磨蹭

輪型車輛的好處在於可以長途高速移動。

一般而言，在戰場上移動的機動力以履帶為佳。

但若要利用有鋪柏油的公路移動至戰場時，輪型車輛就比較方便。

除此之外，輪型車輛的構造也比較簡單，保修較為輕鬆。

喂——!!賞你迴旋踢!!

1998年開始配賦部隊。主要供普通科部隊使用。採購價格約1億日圓，目前已採購381輛，曾用於東日本大震災與伊拉克人道復興支援。

叫我山獅啦！

防衛省取的暱稱為「山獅」，但隊員通常稱之為96、96W、96WAPC※、WAPC或W。

履帶在公路上行駛時要加裝橡膠塊。

由於是輪車，也不必多費手續申請車寬就能在公路上行駛，可迅速在國內移動。

雖然乘車士兵數量相同，但96式空間較有餘裕，可多帶些預備武器。

73式最大速度約60km/h　　96式最大速度約100km/h

跳板艙門

※WAPC：輪型裝甲人員運輸車（Wheeled Armored Personnel Carrier）。

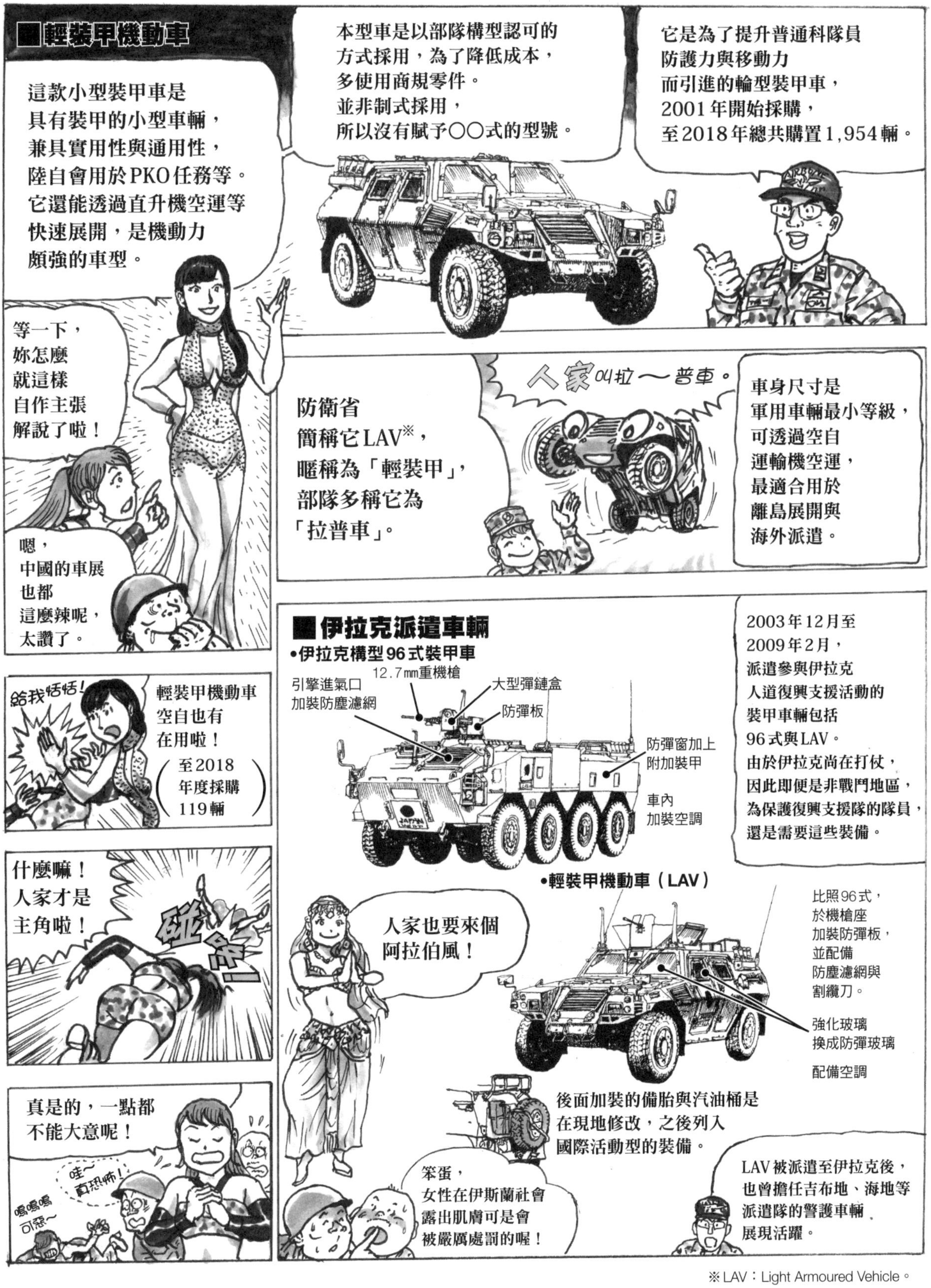

※LAV：Light Armoured Vehicle。

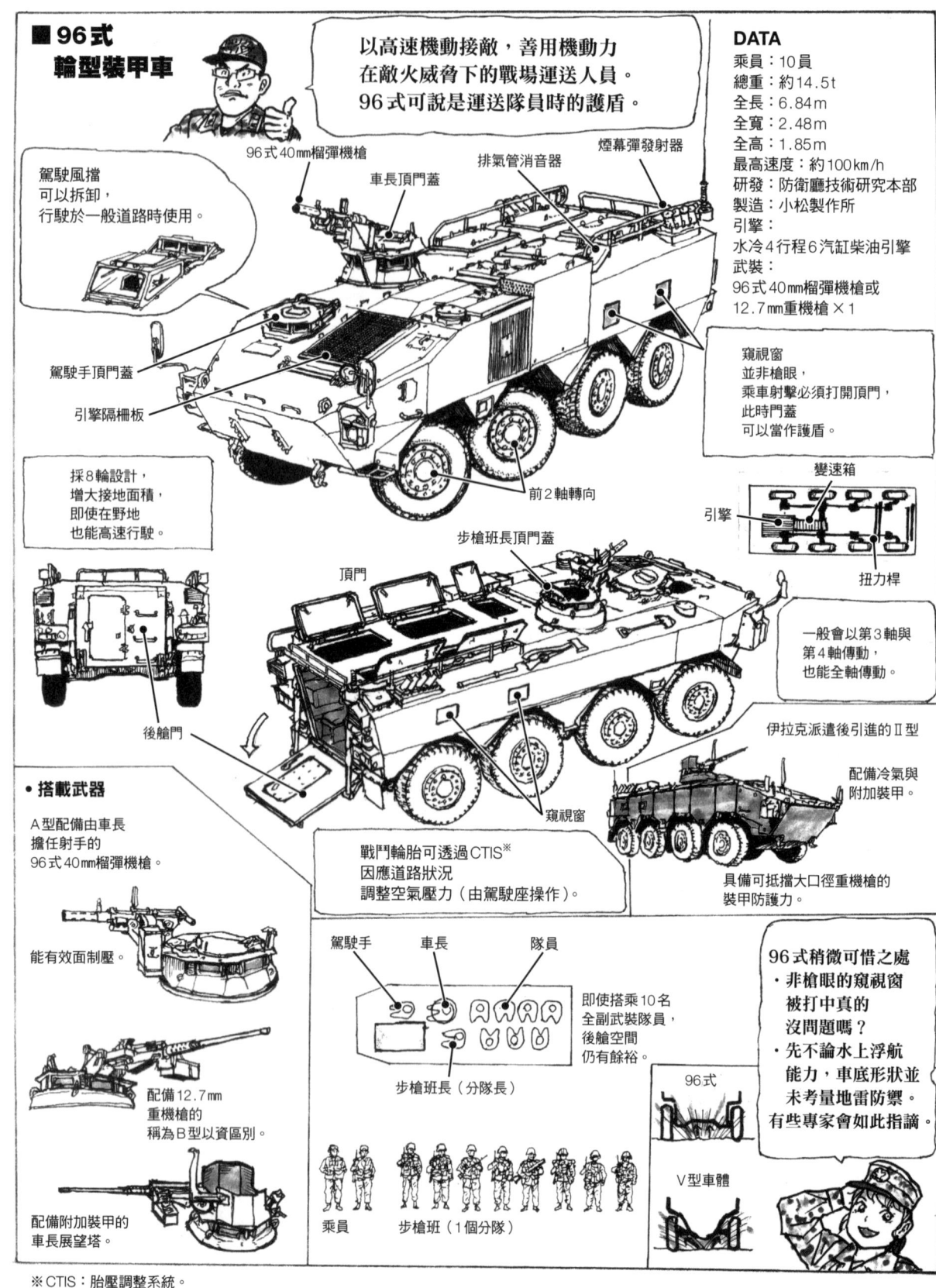

陸上自衛隊的裝甲車

■96式 輪型裝甲車

以高速機動接敵，善用機動力在敵火威脅下的戰場運送人員。96式可說是運送隊員時的護盾。

DATA
乘員：10員
總重：約14.5t
全長：6.84m
全寬：2.48m
全高：1.85m
最高速度：約100km/h
研發：防衛廳技術研究本部
製造：小松製作所
引擎：水冷4行程6汽缸柴油引擎
武裝：96式40mm榴彈機槍或12.7mm重機槍×1

- 駕駛風擋可以拆卸，行駛於一般道路時使用。
- 96式40mm榴彈機槍
- 車長頂門蓋
- 排氣管消音器
- 煙幕彈發射器
- 駕駛手頂門蓋
- 引擎隔柵板
- 採8輪設計，增大接地面積，即使在野地也能高速行駛。
- 前2軸轉向
- 窺視窗並非槍眼，乘車射擊必須打開頂門，此時門蓋可以當作護盾。
- 變速箱／引擎／扭力桿
- 頂門
- 步槍班長頂門蓋
- 一般會以第3軸與第4軸傳動，也能全軸傳動。
- 後艙門
- 窺視窗
- 戰鬥輪胎可透過CTIS※因應道路狀況調整空氣壓力（由駕駛座操作）。
- 伊拉克派遣後引進的Ⅱ型配備冷氣與附加裝甲。
- 具備可抵擋大口徑重機槍的裝甲防護力。

●搭載武器

A型配備由車長擔任射手的96式40mm榴彈機槍。
能有效面制壓。

配備12.7mm重機槍的稱為B型以資區別。

配備附加裝甲的車長展望塔。

駕駛手／車長／隊員
步槍班長（分隊長）

即使搭乘10名全副武裝隊員，後艙空間仍有餘裕。

乘員　步槍班（1個分隊）

96式稍微可惜之處
- 非槍眼的窺視窗被打中真的沒問題嗎？
- 先不論水上浮航能力，車底形狀並未考量地雷防禦。有些專家會如此指謫。

96式／Ｖ型車體

※CTIS：胎壓調整系統。

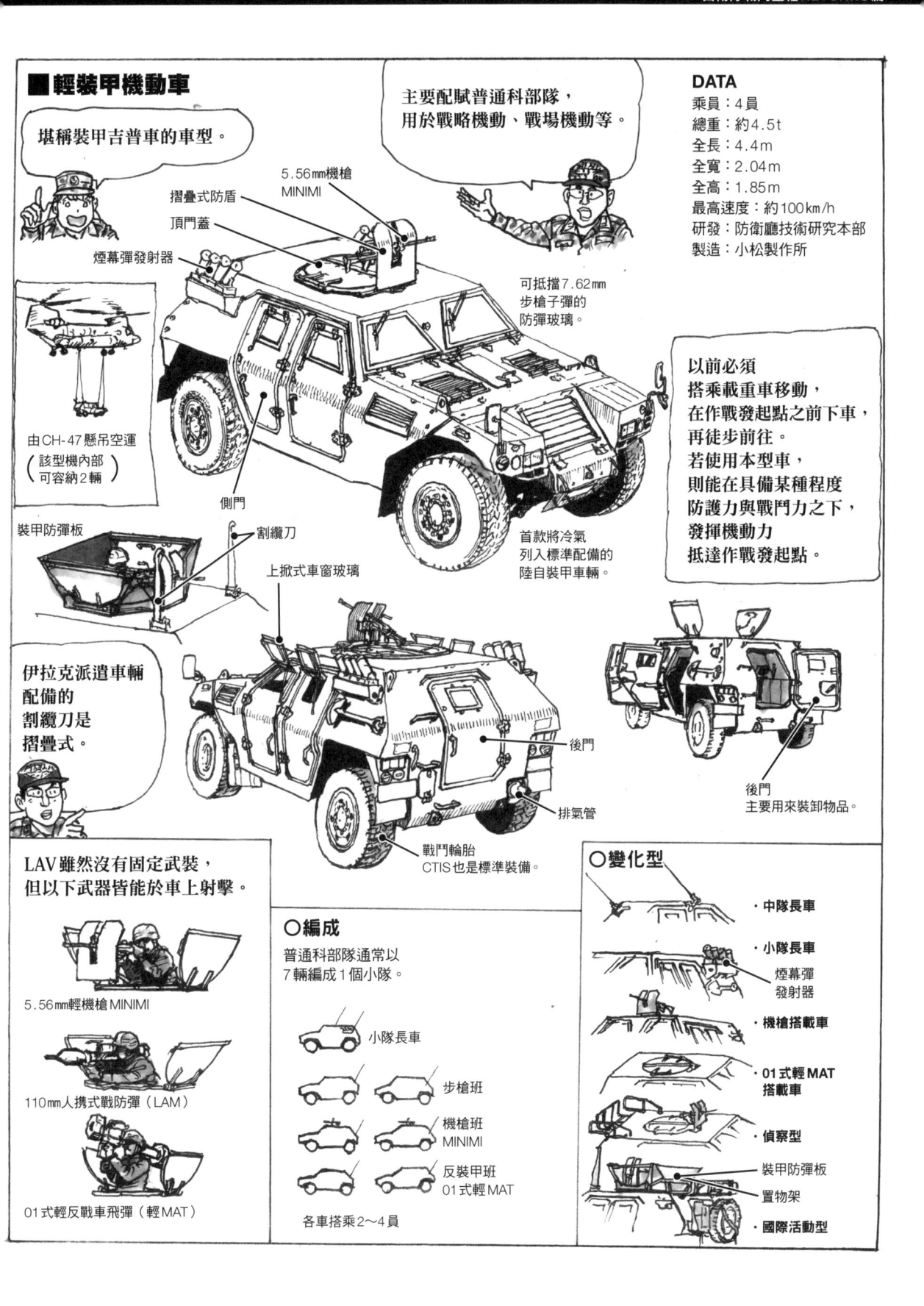

■輕裝甲機動車

堪稱裝甲吉普車的車型。

主要配賦普通科部隊，用於戰略機動、戰場機動等。

DATA
乘員：4員
總重：約4.5t
全長：4.4m
全寬：2.04m
全高：1.85m
最高速度：約100km/h
研發：防衛廳技術研究本部
製造：小松製作所

- 5.56mm機槍 MINIMI
- 摺疊式防盾
- 頂門蓋
- 煙幕彈發射器
- 可抵擋7.62mm步槍子彈的防彈玻璃。

由CH-47懸吊空運（該型機內部可容納2輛）

以前必須搭乘載重車移動，在作戰發起點之前下車，再徒步前往。若使用本型車，則能在具備某種程度防護力與戰鬥力之下，發揮機動力抵達作戰發起點。

- 裝甲防彈板
- 側門
- 割纜刀
- 上掀式車窗玻璃
- 首款將冷氣列入標準配備的陸自裝甲車輛。

伊拉克派遣車輛配備的割纜刀是摺疊式。

- 後門
- 排氣管
- 戰鬥輪胎 CTIS也是標準裝備。
- 後門主要用來裝卸物品。

LAV雖然沒有固定武裝，但以下武器皆能於車上射擊。

- 5.56mm輕機槍 MINIMI
- 110mm人携式戰防彈（LAM）
- 01式輕反戰車飛彈（輕MAT）

○編成

普通科部隊通常以7輛編成1個小隊。

- 小隊長車
- 步槍班
- 機槍班 MINIMI
- 反裝甲班 01式輕MAT

各車搭乘2〜4員

○變化型

- ・中隊長車
- ・小隊長車
  - 煙幕彈發射器
- ・機槍搭載車
- ・01式輕MAT搭載車
- ・偵察型
  - 裝甲防彈板
  - 置物架
- ・國際活動型

陸上自衛隊的輪型裝甲車
■輪型裝甲車

陸自的輪型AFV始於美國提供的M8、M20輪型裝甲車，由於當時日本道路整備狀況仍然不佳，因此並未發揮太大效用，僅擁有4輛左右。

輪型車輛在道路網發達的歐洲，可是大顯身手呢！

轟隆轟隆

歐美啊！

俺是兇昏美茲啊一

輪型AFV相較於履帶式，優點在於價格便宜且構造簡單，用途也比較廣泛，因此當日本的道路網整備妥善之後，輪型裝甲車也開始普及。1982年採用82式指揮通信車，1987年採用87式偵察警戒車，1996年採用96式輪型裝甲車，持續研製中。

○82式指揮通信車
CCV（Command and Communication Vehicle）
暱稱「Commander」

○87式偵察警戒車
RCV（Reconnaissance Combat Vehicle）
暱稱「Black Eye」

○化學防護車（輪型）（B）
CRV
暱稱「化防車」

原本這類車輛會以裝甲運兵車（AP）或步兵戰鬥車（ICV）作為原型，衍生出反裝甲、防空、運輸、指揮、通信、偵察等族系車型。

然而，82式指揮通信車卻從一開始就設計成專用車型，後來才發展出87式偵察警戒車與化學防護車。

我是武鬥派。

老子是元祖。

	通道	後艙
駕駛席	引擎	
	砲塔	偵察員艙

有砲塔的87式偵察警戒車，車內布局差異甚大，已稱不上是族系車型了。

新機龍出動！

輪型裝甲車可行駛於一般道路，因此也出現在許多電影當中。包括《哥吉拉》與《卡美拉》系列、《新·超人力霸王》等作品，我也想去演電影啦！

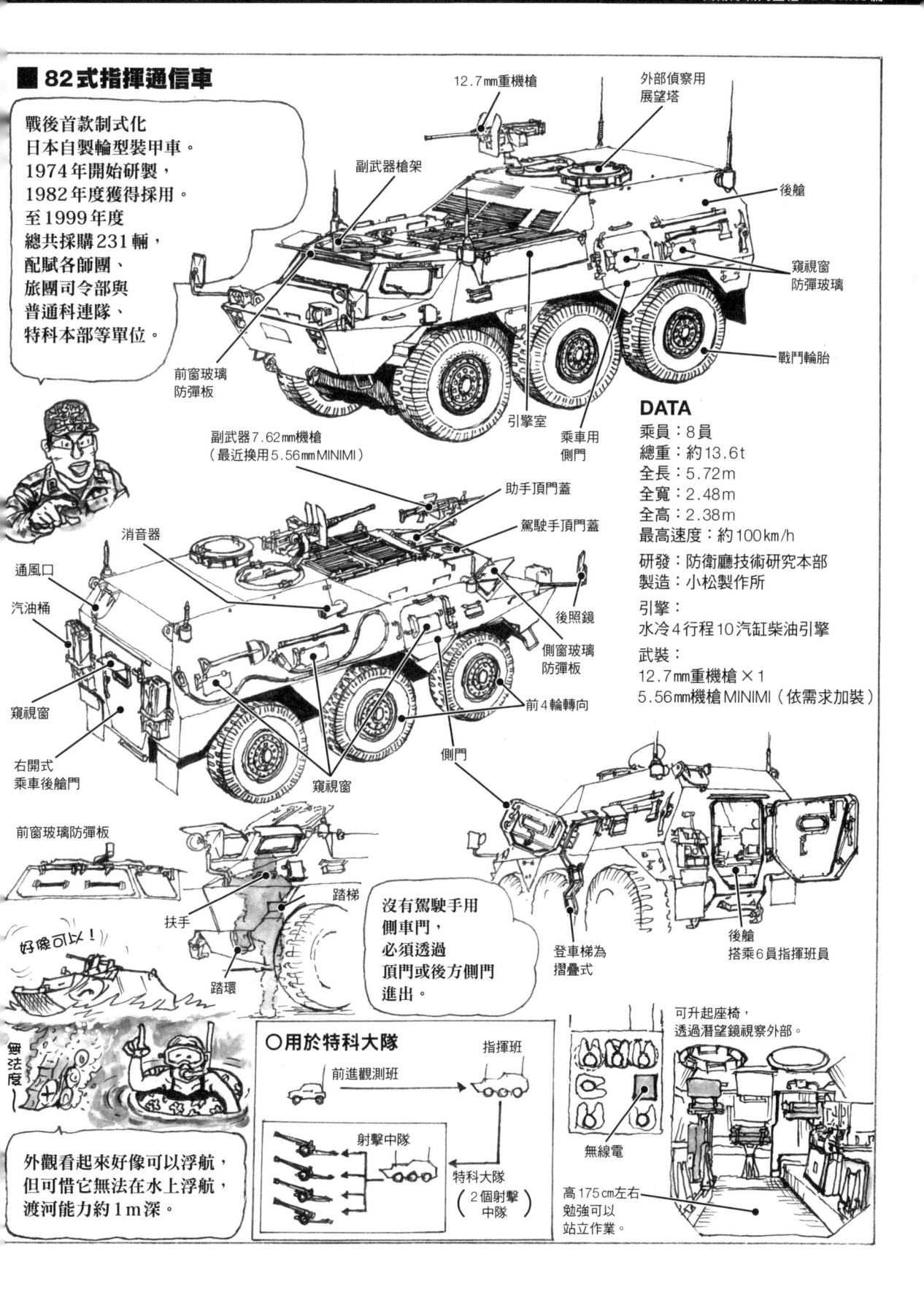

■82式指揮通信車

戰後首款制式化日本自製輪型裝甲車。1974年開始研製，1982年度獲得採用。至1999年度總共採購231輛，配賦各師團、旅團司令部與普通科連隊、特科本部等單位。

標示（上圖）：
- 12.7mm重機槍
- 外部偵察用展望塔
- 副武器槍架
- 後艙
- 窺視窗防彈玻璃
- 戰鬥輪胎
- 前窗玻璃防彈板
- 引擎室
- 乘車用側門

標示（中圖）：
- 副武器7.62mm機槍（最近換用5.56mm MINIMI）
- 助手頂門蓋
- 駕駛手頂門蓋
- 消音器
- 後照鏡
- 通風口
- 側窗玻璃防彈板
- 汽油桶
- 前4輪轉向
- 窺視窗
- 側門
- 右開式乘車後艙門

DATA
- 乘員：8員
- 總重：約13.6t
- 全長：5.72m
- 全寬：2.48m
- 全高：2.38m
- 最高速度：約100km/h
- 研發：防衛廳技術研究本部
- 製造：小松製作所
- 引擎：水冷4行程10汽缸柴油引擎
- 武裝：
  12.7mm重機槍×1
  5.56mm機槍MINIMI（依需求加裝）

標示（下方細部）：
- 前窗玻璃防彈板
- 扶手
- 踏梯
- 踏環
- 沒有駕駛手用側車門，必須透過頂門或後方側門進出。
- 登車梯為摺疊式
- 後艙搭乘6員指揮班員

「好像可以！」
「無法度」

外觀看起來好像可以浮航，但可惜它無法在水上浮航，渡河能力約1m深。

○用於特科大隊

前進觀測班 → 指揮班
射擊中隊 → 特科大隊（2個射擊中隊）

可升起座椅，透過潛望鏡視察外部。
無線電
高175cm左右勉強可以站立作業。

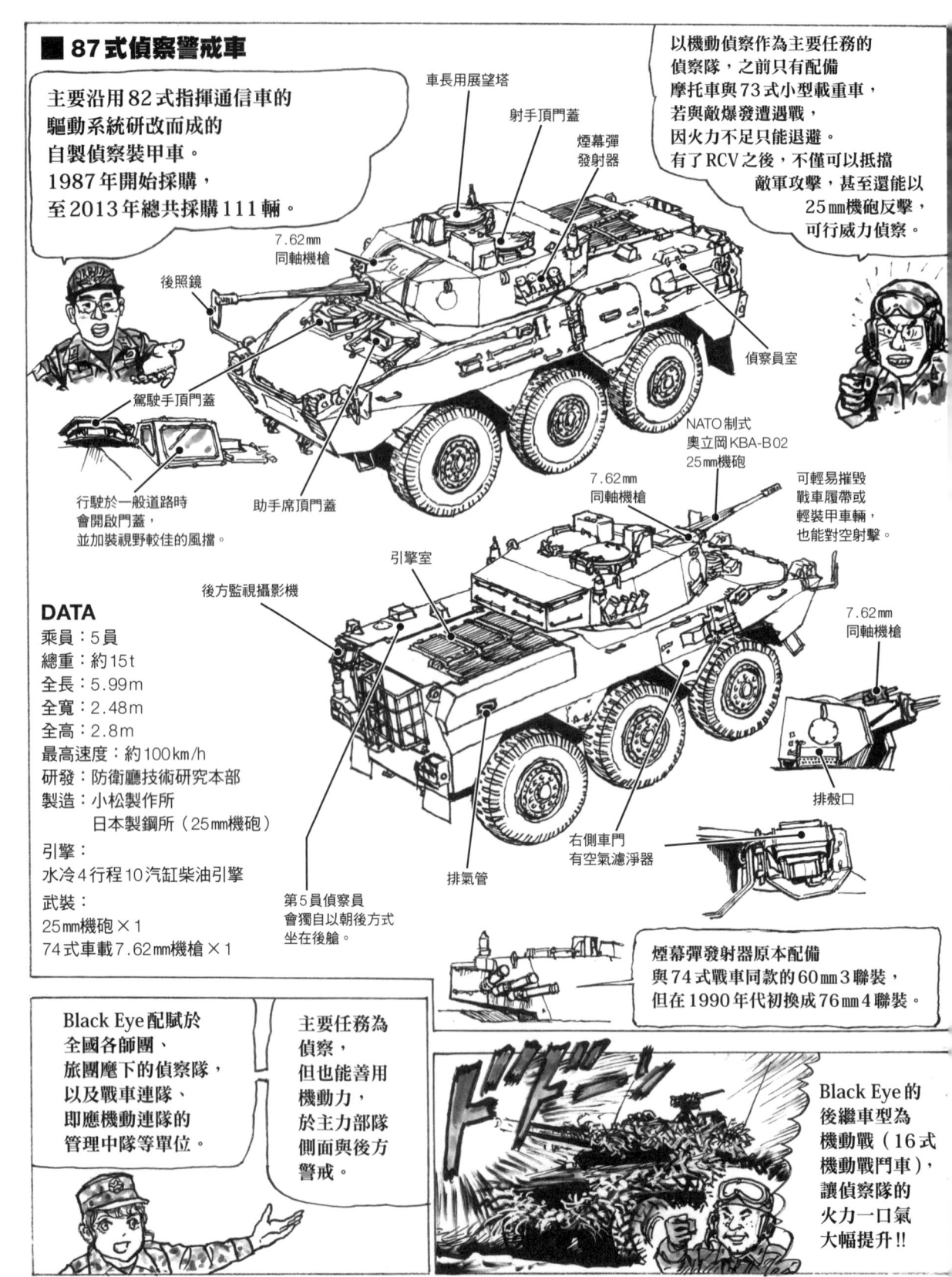

■87式偵察警戒車

主要沿用82式指揮通信車的驅動系統研改而成的自製偵察裝甲車。1987年開始採購，至2013年總共採購111輛。

以機動偵察作為主要任務的偵察隊，之前只有配備摩托車與73式小型載重車，若與敵爆發遭遇戰，因火力不足只能退避。有了RCV之後，不僅可以抵擋敵軍攻擊，甚至還能以25mm機砲反擊，可行威力偵察。

車長用展望塔
射手頂門蓋
煙幕彈發射器
7.62mm同軸機槍
後照鏡
駕駛手頂門蓋
行駛於一般道路時會開啟門蓋，並加裝視野較佳的風擋。
助手席頂門蓋
偵察員室
NATO制式奧立岡KBA-B02 25mm機砲
7.62mm同軸機槍
可輕易摧毀戰車履帶或輕裝甲車輛，也能對空射擊。
7.62mm同軸機槍
引擎室
後方監視攝影機
排殼口
排氣管
右側車門有空氣濾淨器
第5員偵察員會獨自以朝後方式坐在後艙。
煙幕彈發射器原本配備與74式戰車同款的60mm 3聯裝，但在1990年代初換成76mm 4聯裝。

DATA
乘員：5員
總重：約15t
全長：5.99m
全寬：2.48m
全高：2.8m
最高速度：約100km/h
研發：防衛廳技術研究本部
製造：小松製作所
　　　日本製鋼所（25mm機砲）
引擎：
水冷4行程10汽缸柴油引擎
武裝：
25mm機砲×1
74式車載7.62mm機槍×1

Black Eye配賦於全國各師團、旅團麾下的偵察隊，以及戰車連隊、即應機動連隊的管理中隊等單位。

主要任務為偵察，但也能善用機動力，於主力部隊側面與後方警戒。

Black Eye的後繼車型為機動戰（16式機動戰鬥車），讓偵察隊的火力一口氣大幅提升!!

※轟隆—

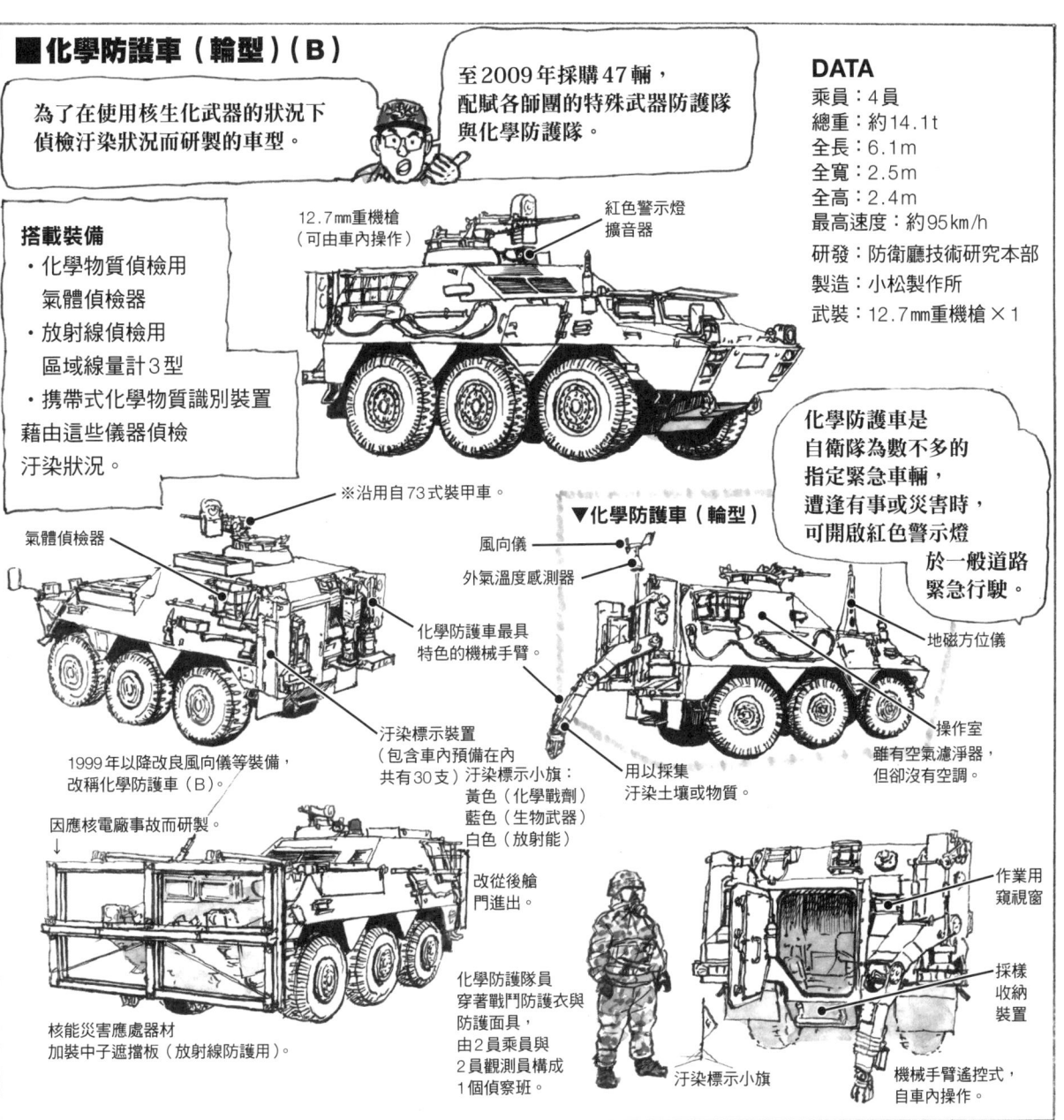

■化學防護車（輪型）（B）

為了在使用核生化武器的狀況下偵檢汙染狀況而研製的車型。

至2009年採購47輛，配賦各師團的特殊武器防護隊與化學防護隊。

DATA
乘員：4員
總重：約14.1t
全長：6.1m
全寬：2.5m
全高：2.4m
最高速度：約95km/h
研發：防衛廳技術研究本部
製造：小松製作所
武裝：12.7mm重機槍×1

搭載裝備
- 化學物質偵檢用氣體偵檢器
- 放射線偵檢用區域線量計3型
- 携帶式化學物質識別裝置

藉由這些儀器偵檢汙染狀況。

12.7mm重機槍（可由車內操作）
紅色警示燈
擴音器

化學防護車是自衛隊為數不多的指定緊急車輛，遭逢有事或災害時，可開啟紅色警示燈於一般道路緊急行駛。

※沿用自73式裝甲車。

氣體偵檢器

▼化學防護車（輪型）

風向儀
外氣溫度感測器
化學防護車最具特色的機械手臂。
地磁方位儀
操作室雖有空氣濾淨器，但卻沒有空調。

1999年以降改良風向儀等裝備，改稱化學防護車（B）。

汙染標示裝置（包含車內預備在內共有30支）
汙染標示小旗：
黃色（化學戰劑）
藍色（生物武器）
白色（放射能）

用以採集汙染土壤或物質。

因應核電廠事故而研製。

改從後艙門進出。

核能災害應處器材加裝中子遮擋板（放射線防護用）。

化學防護隊員穿著戰鬥防護衣與防護面具，由2員乘員與2員觀測員構成1個偵察班。

汙染標示小旗

作業用窺視窗
採樣收納裝置

機械手臂遙控式，自車內操作。

○化學防護車（履帶）

機械手臂
小型投光燈

改造自60式裝甲車，目前已除役。先有了這型，而後才有化學防護車（輪型）的稱呼。

具備空氣濾清器
氣體偵檢器

○NBC偵察車

結合化學防護車、生物偵察車的車型。

NBC為 Nuclear（核子）、Biological（生物）及Chemical（化學）的字首。這是用來應處核子武器、生物武器、化學武器的車型。自2010年度開始採購，用以替代化學防護車。

陸上自衛隊的輪型車輛
（吉普車、載重車）

輪型車輛是在陸上戰鬥中，負責支援戰車、自走砲、裝甲車等主力的後勤主角。本回要介紹的是用來運補隊員、武器彈藥、物資的運輸車輛。

戰後日本的汽車產業發展至世界頂級水準，因此陸自配備的國產輪型車輛等級也提升至與世界並駕齊驅。

■高機動車

跟我一個樣呢～

這是必然所致啊！

73式小型載重車（吉普車）的後繼型，於1993年採用。與悍馬車同樣具有高度通用性。除了繼承吉普車的任務，也能扮演中型載重車角色。

看起來很像美軍的悍馬車，因此也被稱為「和製悍馬」、「日本悍馬」。這是因為設計目的相同，形狀看起來自然會很接近。

防衛省通稱「HMV」，對外宣傳時稱之為「疾風」，部隊內則稱為「高機」。

高機動車在設計上的確也參考了完成度相當高的「巨型吉普」悍馬車啦～

■美國的多用途車「悍馬」

超愛AFV的故大塚先生

MB（二次大戰）

M38（韓戰）

M151（越戰）

M998 HMMWV（波斯灣／伊拉克戰爭）

身為汽車工業先進國的美國，在第二次大戰期間，便已大量生產具備高機動力的通用小型運輸車輛「吉普車」，並使用了很長一段時間。多年之後，吉普車逐漸過時，且各種裝備體積愈來愈大，因而推出「後吉普車」時代的高機動多功能輪型車輛（HMMWV悍馬車）。

1982年制式化的悍馬車，可說是美軍最具代表性的車型，活躍於各個戰場，還推出了各種衍生型。陸自的概念雖然與悍馬車類似，但卻是73式中型載重車的後繼，吉普車則由山貓車取代。

悍馬車太大臺了，不適合在日本運用啦！

悍馬車並不單只是用來取代吉普車，而是結合吉普車、輕型載重車等各種小型四輪傳動運輸車輛的通用車型，因此尺寸也比吉普車大上一圈。

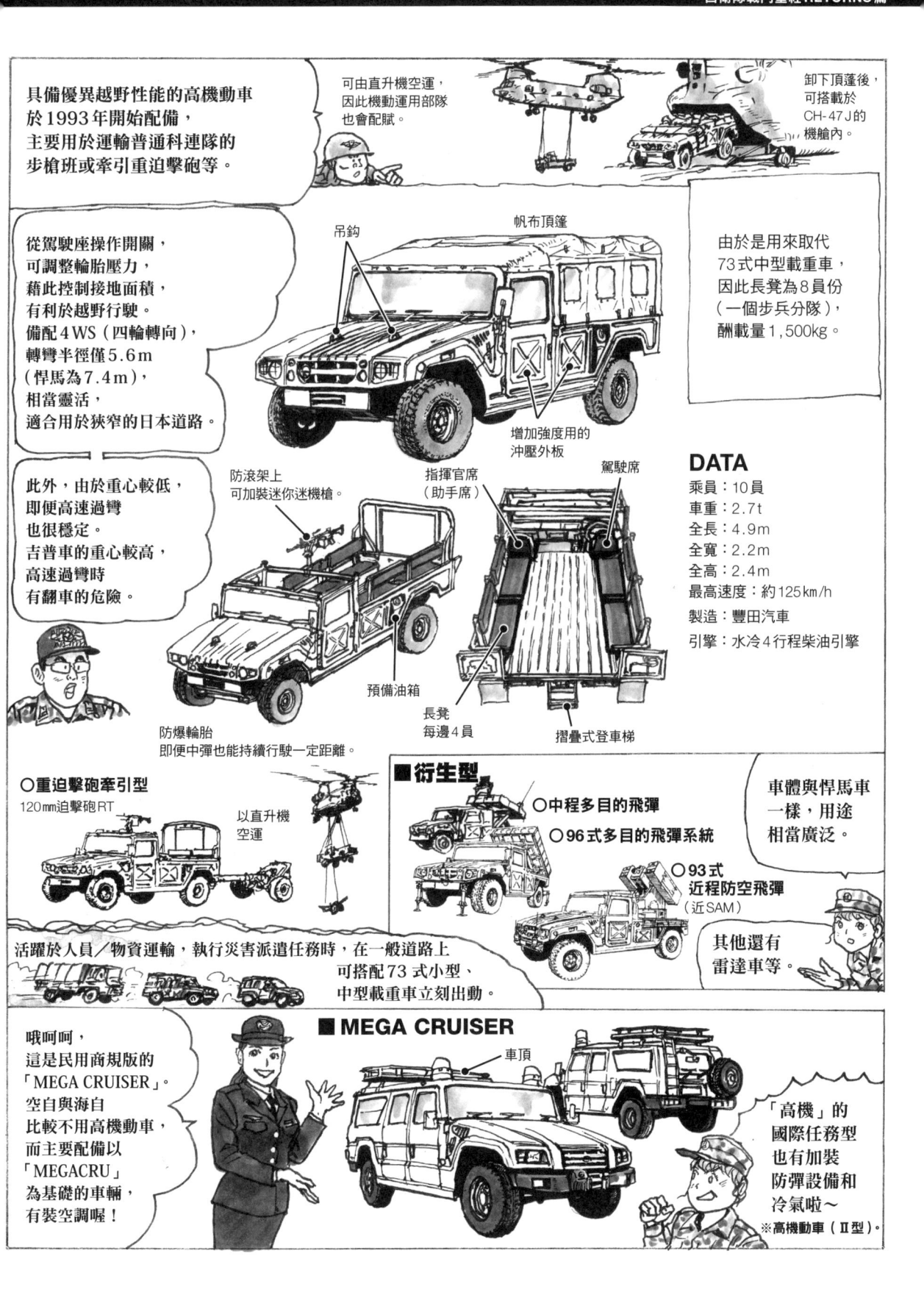

具備優異越野性能的高機動車於1993年開始配備，主要用於運輸普通科連隊的步槍班或牽引重迫擊砲等。

可由直升機空運，因此機動運用部隊也會配賦。

卸下頂蓬後，可搭載於CH-47J的機艙內。

從駕駛座操作開關，可調整輪胎壓力，藉此控制接地面積，有利於越野行駛。備配4WS（四輪轉向），轉彎半徑僅5.6m（悍馬為7.4m），相當靈活，適合用於狹窄的日本道路。

吊鉤　帆布頂蓬

由於是用來取代73式中型載重車，因此長凳為8員份（一個步兵分隊），酬載量1,500kg。

此外，由於重心較低，即便高速過彎也很穩定。吉普車的重心較高，高速過彎時有翻車的危險。

防滾架上可加裝迷你迷機槍。

指揮官席（助手席）　駕駛席

增加強度用的沖壓外板

DATA
乘員：10員
車重：2.7t
全長：4.9m
全寬：2.2m
全高：2.4m
最高速度：約125km/h
製造：豐田汽車
引擎：水冷4行程柴油引擎

預備油箱　長凳每邊4員　摺疊式登車梯

防爆輪胎　即便中彈也能持續行駛一定距離。

○重迫擊砲牽引型
120mm迫擊砲RT
以直升機空運

■衍生型
○中程多目的飛彈
○96式多目的飛彈系統
○93式近程防空飛彈（近SAM）

車體與悍馬車一樣，用途相當廣泛。

其他還有雷達車等。

活躍於人員／物資運輸，執行災害派遣任務時，在一般道路上可搭配73式小型、中型載重車立刻出動。

■MEGA CRUISER

哦呵呵，這是民用商規版的「MEGA CRUISER」。空自與海自比較不用高機動車，而主要配備以「MEGACRU」為基礎的車輛，有裝空調喔！

車頂

「高機」的國際任務型也有加裝防彈設備和冷氣啦～
※高機動車（Ⅱ型）

■ 1/2t載重車（73式小型載重車）

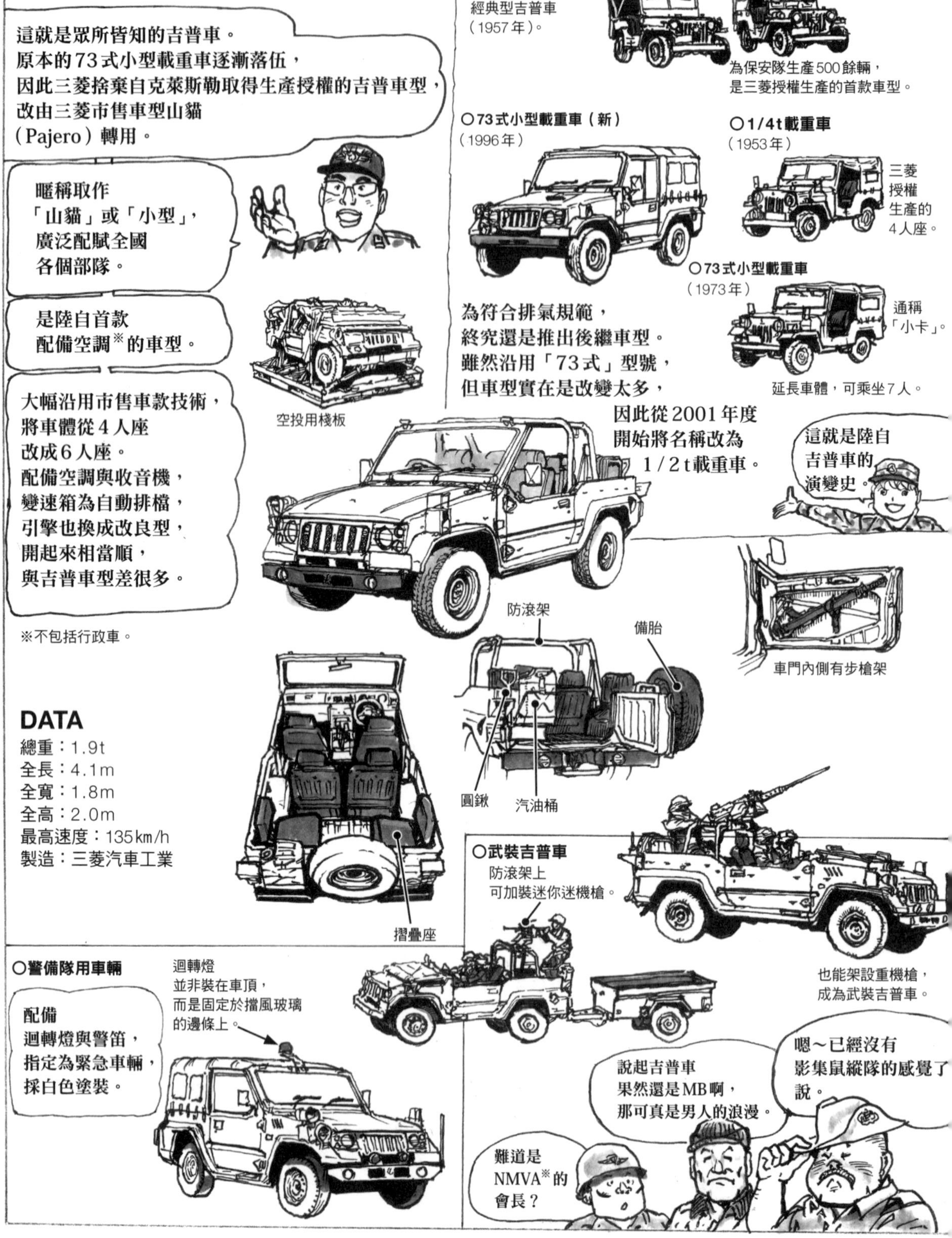

這就是眾所皆知的吉普車。
原本的73式小型載重車逐漸落伍，
因此三菱捨棄自克萊斯勒取得生產授權的吉普車型，
改由三菱市售車型山貓
（Pajero）轉用。

暱稱取作
「山貓」或「小型」，
廣泛配賦全國
各個部隊。

是陸自首款
配備空調※的車型。

大幅沿用市售車款技術，
將車體從4人座
改成6人座。
配備空調與收音機，
變速箱為自動排檔，
引擎也換成改良型，
開起來相當順，
與吉普車型差很多。

※不包括行政車。

空投用棧板

為符合排氣規範，
終究還是推出後繼車型。
雖然沿用「73式」型號，
但車型實在是改變太多，
因此從2001年度
開始將名稱改為
1/2t載重車。

○威利MB／福特GPW
美軍提供的
經典型吉普車
（1957年）。

○M38（CJ3A）
為保安隊生產500餘輛，
是三菱授權生產的首款車型。

○73式小型載重車（新）
（1996年）

○1/4t載重車
（1953年）
三菱
授權
生產的
4人座。

○73式小型載重車
（1973年）
通稱
「小卡」。
延長車體，可乘坐7人。

這就是陸自
吉普車的
演變史。

防滾架　備胎
車門內側有步槍架

圓鍬　汽油桶

摺疊座

DATA
總重：1.9t
全長：4.1m
全寬：1.8m
全高：2.0m
最高速度：135km/h
製造：三菱汽車工業

○武裝吉普車
防滾架上
可加裝迷你機槍。

也能架設重機槍，
成為武裝吉普車。

○警備隊用車輛

迴轉燈
並非裝在車頂，
而是固定於擋風玻璃
的邊條上。

配備
迴轉燈與警笛，
指定為緊急車輛，
採白色塗裝。

說起吉普車
果然還是MB啊，
那可真是男人的浪漫。

嗯～已經沒有
影集鼠縱隊的感覺了
說。

難道是
NMVA※的
會長？

※NMVA：日本軍事車輛協會。

自衛隊戰鬥聖經 RETURNS 篇

■ 1 1/2t 載重車（73式中型載重車）

與73式小型載重車同年度制式採用，配備高機動車之後，更換為採用相同底盤的新型，名稱也改成1 1/2t 載重車，是款靈活好用的中型卡車。

○舊型（1973年～）
2人座駕駛室

○新型（2003年～）
3人座駕駛室

最容易分辨的就是這裡。

配備CTIS（胎壓調節系統）

加裝空調、收音機，駕駛席與助手席之間也多了1個座位。

隊內稱之為「1噸半」、「中型」、「中卡」或「載卡」等。

也能當救護車用（通稱安比）。

用途為運送人員與物資，但多半是用來載送人員。

DATA
總重：3.1t
全長：5.5m
全寬：2.2m
全高：2.6m
最高速度：115km/h
製造：豐田汽車

普通科1個班（10員）＋物資

貨架可搭乘16員

■ 3 1/2t 載重車（73式大型載重車）

陸自載重車最常見的車型，全國部隊都有配賦。目前的73式大型載重車已經是第8代，有許多衍生型，可說是自衛隊的主幹車種。

東日本大震災之際，其他車輛都泡水不動時，唯一還能開的就是它，證明其耐用性絕佳。

這是最常在一般道路上看見的車型。通稱「卡車」、「SKW」、「大型」或「3噸半」。

○早期型（1973年～）

○改良型（1987年～）
加大駕駛室，增強引擎功率。

○新型（1999年～）

最大酬載量為3t半，但那是越野行駛時，鋪裝道路則為6t。

貨架可搭乘22員。
加裝吊臂則為16員。

DATA
乘員：22員
總重：8.5t
全長：7.2m
全寬：2.5m
全高：3.2m
最高速度：97km/h
製造：Isuzu汽車

■ 7t 載重車（74式特大型載重車）

酬載量最大的載重車。以三菱扶桑的市售車型為藍本，改成越野用的6WD，並有其他改良與調整。主要配賦於師團、旅團後方支援連隊的運輸隊。

○舊型（1974年～）

○新型
配合民用型的構型調整，正面形狀有許多不同版本。

為了增進靈活性，將貨架縮短1,260mm，也有7t載重車（短）車型。

搭乘35員（短為21員）。

DATA
乘員：35員
總重：11.7t
全長：9.4m
全寬：2.5m
全高：3.2m
最高速度：90km/h
製作：三菱扶桑卡客車

陸自車輛自2003年度以降，為了削減製造成本，並讓部件共通化，開始活用商規車型。但不列入制式對象，因此不再稱為○○式。

陸上自衛隊的海外進口車輛

前面介紹了多款陸自的輪型車輛，在此要總結一下它們的體系。日本與海外相比，本身就有許多載重車廠商，可滿足自衛隊需求，因此幾乎都是採用國產車。

非裝甲車主要有以下7種車型。

○1/2t載重車（小型SUV）
○高機動車（SUV）
○1 1/2t載重車（小型運輸車）
○3 1/2t載重車（中型運輸車）
○7t載重車（大型運輸車）
○重輪型回收車（超大型運輸車）
○特大型搬運車

裝甲車輛也有7種車型。

○輕裝甲機動車（小型輕裝甲車）
○82式指揮通信車
○87式偵察警戒車（小型裝甲車）
○96式輪型裝甲車（裝甲運輸車）
○16式機動戰鬥車（裝甲戰鬥車）
○化學防護車
○NBC偵察車

由於日本開始參與國際維和活動，也會在海外的危險地區擔負護衛與巡邏任務，使用非裝甲車輛太過危險，必須設法取得裝甲車輛。

■輪型裝甲車的後繼

進入2000年代之後，各車種也開始遴選後繼車型。

○輕裝甲機動車
○鷹式V（瑞士）
○霍基式（澳洲）

現用輕裝甲機動車的更新候選車型包括由三菱重工改成日本規格的達利思澳洲「霍基」（Hawkei），以及GDELS莫瓦格的鷹式V。

○裝甲車輛的將來體制
輕裝甲機動車　　　　→後繼車
96式輪型裝甲車　　　→後繼車
87式偵察警戒車等　　→共通戰術輪車

嗯～為了因應威脅程度較高的任務，考量到防護力與研發成本，只能選用已經具備實績的海外車型啦！

○96式輪型裝甲車的後繼

陸自過去會依據用途研製不同車型，但購置費用高漲，導致多半無法配賦足夠數量。

為此，就改為設計可以因應多種任務的通用輪型車輛，並發展出族系衍生型（共用底盤），於2000年度開始推動「將來輪型戰鬥車輛」研發案。

研發工作交由小松製作所，推出輪型裝甲車（改），但是……

■96式輪型裝甲車的後繼

這就是防衛省預定以「將來輪型戰鬥車輛」發展出的各種通用輪型戰鬥車。
(2000年當時，NBC偵察車、機動戰鬥車已經進入試製階段)

像這樣發展族系車型，不僅可以削減成本，也能縮短研發時間、減輕保修負擔。

○新輪型裝甲車

○新指揮通信車
(取代82式指揮通信車)

○新偵察警戒車
(取代87式偵察警戒車)

這2款車型預計採用派翠亞的衍生車。
○裝甲急護車

○支援戰鬥車
(採用為16式機動戰鬥車)

○120mm自走迫擊砲

○NBC偵察車
(取代化學防護車)
原創車型。

○指揮通信管制車

○新短SAM
(取代81式短SAM)

○新自走架柱橋
(取代81式自走架柱橋)

○新野外炊具
(取代野外炊具1號)

總覺得好像不是家族化，而是核心家庭化了。

但～是!!!
小松的輪型裝甲車(改)抗彈性能、重量、量產成本並未達到目標，因此於2018年停止研發。

○機動裝甲車(暫)

陸自要國造啦！

三方混戰，次期輪型裝甲車的寶座就由我拿下了。

然而，國產車型卻還有三菱重工沿用16式機動戰鬥車技術研製的機動裝甲車(暫)，由這款車型與派翠亞AMV、GDLS的LAV6.0進行競標。

○派翠亞AMV
(芬蘭)

○GDLS LAV6.0
(加拿大)

國產？

進口？一對一單挑呢！

好啊，用柔道一本決勝吧！

LAV6.0無法在競標期限內提供陸自規格的樣車，因此遭到淘汰。

■派翠亞AMV（Armored Modular Vehicle，裝甲模組化車輛）

這是芬蘭派翠亞公司設計的8輪多功能裝甲車，2001年完成AMV，2002年由芬蘭軍採用作為步兵戰鬥車。

車體具備堅固防護力，可耐受10kg TNT炸藥爆炸，不僅能防禦地雷／IED，還能抵擋30mm機砲砲彈直接命中。

還具備最大10km/h的水上浮航能力（車體後方左右各有1具螺旋槳）。

DATA
- 總重：15～32t
- 全長：8.4m
- 全寬：2.8m
- 全高：2.4m
- 最高速度：100km/h
- 浮航速度：10km/h
- 武裝：可架設遙控機槍

○AMV 基本型

○AMV XP
2013年登場的改良型。

○AMV SP（System Platform）
車體後方加大的車型，可用於指揮通信管制車、大型救護車、工作車等。

○AMV 35
加裝CV9035砲塔的步兵戰鬥車。

基本型的後艙門

最大特徵為車體採用模組化構造※，可依據需求加裝各種砲塔、武器、感測器、通信系統等，組合出衍生車型。

玩什麼角色扮演！要幫日本加油啊！

北歐的民族服裝也好讚喔～

○採用國
- 芬蘭（86輛）
- 克羅埃西亞（126輛）
- 北馬其頓（配備數不明）
- 瑞典（113輛）
- 斯洛伐克（81輛）
- 斯洛維尼亞（135輛）
- UAE（15輛）
- 波蘭（197輛）
- 南非共和國（264輛）

2022年12月9日，防衛省發表陸自的次期輪型裝甲車，決定採用性能與成本得分皆超越三菱重工的派翠亞車型。

國車國造失敗啦！

派遣至阿富汗的狼獾式（派翠亞AMV的波蘭生產授權型）曾遭受各種爆裂物攻擊，但卻幾乎沒有出現重大損傷。

真不甘心！連機動迫砲型與步兵戰鬥型都做出來了，卻在基本性能與成本方面輸掉了。

※編輯部註：2023年時，三菱重工以16式機動戰鬥車為基礎研製的共通戰術輪車（步兵戰鬥車型、機動迫擊砲型、偵察戰鬥車型）也獲編預算，預計與AMV一起採用。

■運輸防護車

陸自為了保護海外僑民需要安全陸路運輸，因而引進這款運輸防護車。

撤出滯留衝突國家的日本僑民，是海自與空自的任務。然而，護送這些民間人士前往港口或機場，卻得由陸自負責。依據「在外邦人等運輸」（自衛隊法84條之4），可由空自的C-130、C-2空運。

陸自從2013年度至2016年度分批採購達利思澳洲製造的巨蝮式裝甲車MRAP完成車，總共進口8輛。

這也是海外組，澳洲女仔也是超～級～勁～爆啦～

雖無固定武裝，但可架設迷你迷機槍，僅供自我防衛。

車頂前後兩處皆可裝設。

割纜刀（摺疊式）　頂門蓋

LRAD（長距離揚聲裝置）可發出高分貝警告噪音，嚇走暴徒。

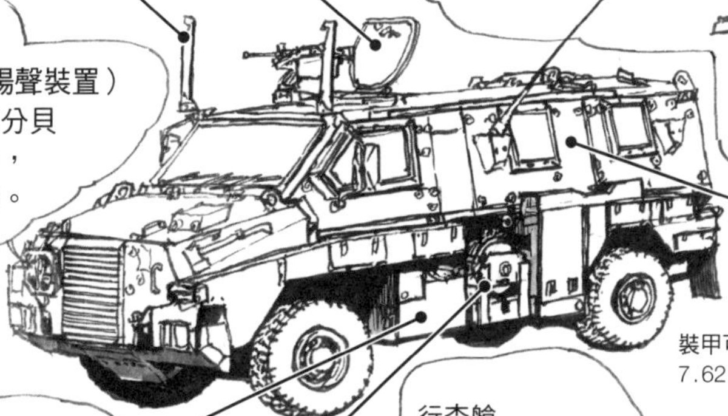

後車廂可搭乘8員。窗戶無法開關，密閉性相當高。

裝甲可耐受7.62mm子彈。

DATA
乘員：1+9員
重量：14.5t
全長：7.18m
全寬：2.48m
全高：2.65m
最高速度：100km/h
引擎：6汽缸渦輪增壓柴油引擎

油箱　為了避免中彈時傷及車內，故設置於外部。塑膠材質（車內也有預備油箱，油量足以駛離戰鬥區域）。

牽引用絞盤　備胎

行李艙（行李不放入車內，以防遭襲碎片飛散傷及人員。）

車寬符合日本道路交通法的2.5m限制，與日本車一樣採右座駕駛，這也是它獲得採用的理由之一。

出入口僅有後艙門，駕駛也是從這裡進出。車底設計成V字型，可分散地雷的爆炸力道。

妳應該是從北馬遷來的吧

巨蝮式除了澳洲軍之外，荷蘭軍、英軍也有採用，曾於伊拉克與阿富汗投入實戰。

中央即應連隊配備偵察用UAV「Sky Ranger」，可放飛確認四周安全。

運輸防護車僅配賦於中央即應連隊。

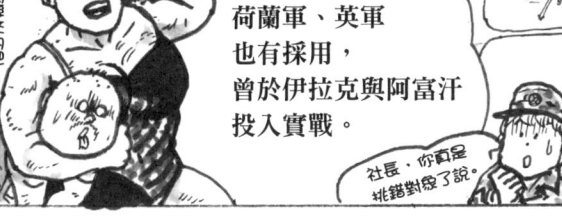

其名MRAP是Mine Resistant Ambush Protected，也就是「抗地雷伏擊防護車」的簡稱，代表它能保護乘員不受地雷攻擊傷害，也稱「抗地雷車」（MRVs, Mine Resistant Vehicles）。

社長，你真是挑錯對象了說。

※轟隆——

自走迫擊砲與摩托車
除戰車以外的車輛裝備幾乎都已介紹完畢了。
接下來要講什麼呢？
幹嘛啦，沒妳空自的份啦！
哎呀!! 長得像卡美拉的衝過來了。
怎麼能忘了擁有普通科最強火力的老子呢！太糟糕了！
唔，這傢伙不是只有北海道第7師團第11普通科連隊重迫擊砲中隊才有的罕見車型96式120㎜自走迫擊砲嗎!!
歐啦～跳躍！孤輪!! 流鏑馬!!! 展會英雄登場!!
哎呀!! 這裡衝出來一群假○騎士軍團啦！
咱們摩托車部隊可還沒出場呢，歷代騎士全部到齊了喔！
自衛隊剛成立不久便開始採用摩托車，當時是直接使用本田Dream。
後來把越野車塗成OD色，用過SL250、XL250S、XL250R、XLR250R等氣冷引擎的本田車型，現在使用的川崎KLX250則是水冷引擎。
附帶一提，初代假○騎士的旋○號是鈴木的T-125。
從第5代開始交棒給川崎。

96式120mm自走迫擊砲

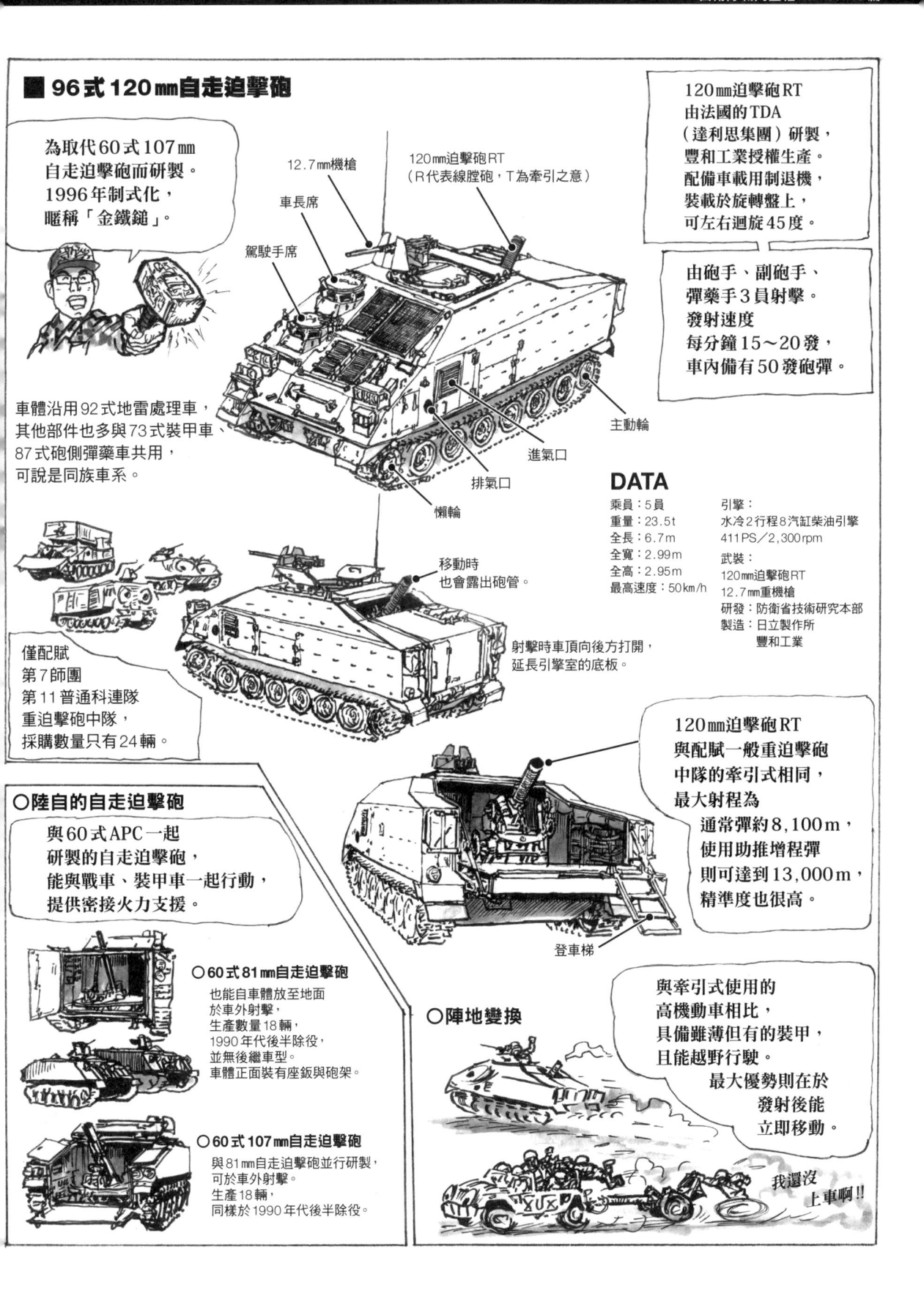

為取代60式107mm自走迫擊砲而研製。1996年制式化，暱稱「金鐵鎚」。

車體沿用92式地雷處理車，其他部件也多與73式裝甲車、87式砲側彈藥車共用，可說是同族車系。

僅配賦第7師團第11普通科連隊重迫擊砲中隊，採購數量只有24輛。

120mm迫擊砲RT由法國的TDA（達利思集團）研製，豐和工業授權生產。配備車載用制退機，裝載於旋轉盤上，可左右迴旋45度。

由砲手、副砲手、彈藥手3員射擊。發射速度每分鐘15～20發，車內備有50發砲彈。

標示：12.7mm機槍、120mm迫擊砲RT（R代表線膛砲，T為牽引之意）、車長席、駕駛手席、主動輪、進氣口、排氣口、懶輪、移動時也會露出砲管、射擊時車頂向後方打開，延長引擎室的底板、登車梯

DATA
乘員：5員
重量：23.5t
全長：6.7m
全寬：2.99m
全高：2.95m
最高速度：50km/h

引擎：水冷2行程8汽缸柴油引擎 411PS／2,300rpm
武裝：120mm迫擊砲RT、12.7mm重機槍
研發：防衛省技術研究本部
製造：日立製作所、豐和工業

○陸自的自走迫擊砲

與60式APC一起研製的自走迫擊砲，能與戰車、裝甲車一起行動，提供密接火力支援。

○60式81mm自走迫擊砲
也能自車體放至地面於車外射擊，生產數量18輛，1990年代後半除役，並無後繼車型。車體正面裝有座鈑與砲架。

○60式107mm自走迫擊砲
與81mm自走迫擊砲並行研製，可以車外射擊。生產18輛，同樣於1990年代後半除役。

120mm迫擊砲RT與配賦一般重迫擊砲中隊的牽引式相同，最大射程為通常彈約8,100m，使用助推增程彈則可達到13,000m，精準度也很高。

○陣地變換

與牽引式使用的高機動車相比，具備雖薄但有的裝甲，且能越野行駛。最大優勢則在於發射後能立即移動。

我還沒上車啊!!

■偵察用摩托車

戰鬥時用於偵察／斥候與傳令，災害時用於掌握損害狀況，平時則負責部隊間聯絡，機動力強，用途相當廣泛。

※轟轟——

說到騎士，就想到假○騎士。以前我也畫過很多假○騎士的精品用插圖。

背後有爆炸的大多都是我在演！

包括假○騎士畫冊、模型、著色用線條畫、月曆etc……

哎呀!!那時賺的錢都和薩姆社長喝光了說。

幹嘛在這裡說這些啦！

以前公寓附近的小酒館夕月

在活動展演時一定要秀的3大絕招
①障礙跳躍

摩托車隊員最帥的跳躍!!超酷的！好上相～!!

在實戰沒什麼鳥用就是了～

女友招募中

跳躍之神 小鴨鴨

擺在總火演的跳躍臺下面，保佑實施隊員的安全。

戰鬥時，投入不易被敵部隊發現的摩托車執行偵察，觀察敵情並蒐集詳細情報。

■運用

將摩托車用於偵察任務以全世界來說相當罕見，各國多半僅用於後方支援與基地間聯絡等。

偵察行動最重要的就是避免被敵人發現，與其進行交戰，強調的是要能順利脫身。

②翹孤輪

③立姿射擊「流鏑馬」

可裝入直升機空運。

登陸離島或渡河時會裝在橡皮艇上。

○下車偵察
・下車射擊時以摩托車為盾。

○偽裝

○急速脫離
・以忍者衝刺自敵前脫離。

就像西部電影中美國原住民在馬背上做的動作。

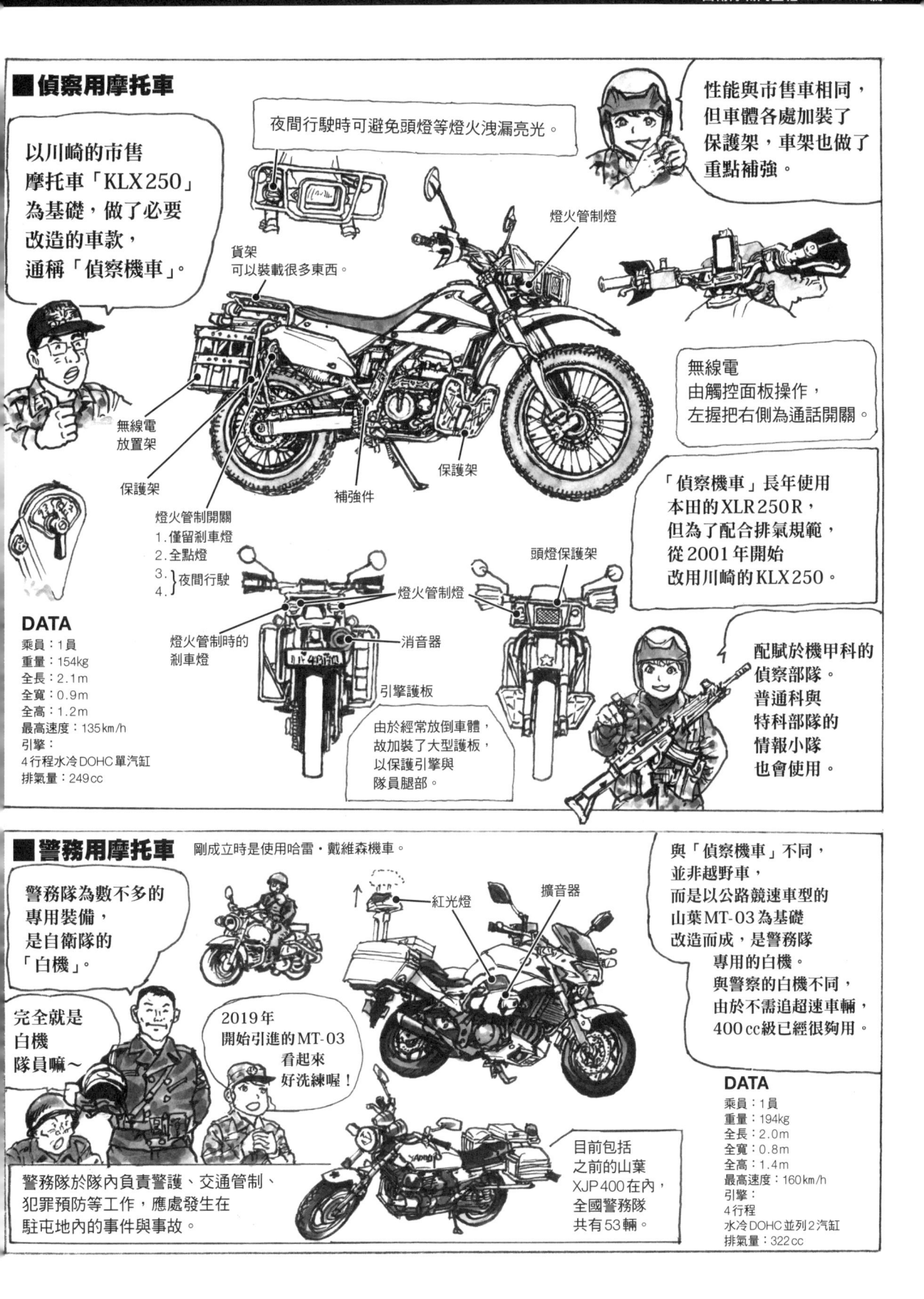

自衛隊戰鬥聖經RETURNS篇

■偵察用摩托車

以川崎的市售摩托車「KLX250」為基礎，做了必要改造的車款，通稱「偵察機車」。

夜間行駛時可避免頭燈等燈火洩漏亮光。

性能與市售車相同，但車體各處加裝了保護架，車架也做了重點補強。

燈火管制燈

貨架：可以裝載很多東西。

無線電放置架

保護架

補強件

保護架

無線電：由觸控面板操作，左握把右側為通話開關。

燈火管制開關
1. 僅留剎車燈
2. 全點燈
3. ──
4. 夜間行駛

燈火管制時的剎車燈

燈火管制燈

消音器

引擎護板

頭燈保護架

「偵察機車」長年使用本田的XLR250R，但為了配合排氣規範，從2001年開始改用川崎的KLX250。

由於經常放倒車體，故加裝了大型護板，以保護引擎與隊員腿部。

配賦於機甲科的偵察部隊。普通科與特科部隊的情報小隊也會使用。

DATA
乘員：1員
重量：154kg
全長：2.1m
全寬：0.9m
全高：1.2m
最高速度：135km/h
引擎：4行程水冷DOHC單汽缸
排氣量：249cc

■警務用摩托車

剛成立時是使用哈雷・戴維森機車。

警務隊為數不多的專用裝備，是自衛隊的「白機」。

完全就是白機隊員嘛～

2019年開始引進的MT-03看起來好洗練喔！

紅光燈

擴音器

與「偵察機車」不同，並非越野車，而是以公路競速車型的山葉MT-03為基礎改造而成，是警務隊專用的白機。與警察的白機不同，由於不需追超速車輛，400cc級已經很夠用。

目前包括之前的山葉XJP400在內，全國警務隊共有53輛。

警務隊於隊內負責警護、交通管制、犯罪預防等工作，應處發生在駐屯地內的事件與事故。

DATA
乘員：1員
重量：194kg
全長：2.0m
全寬：0.8m
全高：1.4m
最高速度：160km/h
引擎：4行程水冷DOHC並列2汽缸
排氣量：322cc

恐怖的NBC武器

第一次世界大戰開始大規模使用毒氣這種化學武器，毒氣的致命性極高，且能大量殺傷，不僅偵檢相當困難，也相當不易防禦。

眼看第一次世界大戰毒氣造成的慘重犧牲，1925年簽屬禁止將毒氣與細菌武器用於戰爭的國際條約（《日內瓦議定書》），但該條約並未限制研製該類武器，有漏洞可鑽，因此各國之後也並未全面放棄NBC武器，而是持續發展攻防技術。

第二次世界大戰時期，推出了毒氣偵檢器材，安裝在車輛上進行偵檢。戰後因為核子武器與各種技術漸趨發達，進而推出專門用來應處NBC武器的車輛。

之後，全面禁止NBC武器的運動經由聯合國持續協商，1992年11月30日終於通過禁止化學武器公約（儲存也不行，將廢棄列為義務），2021年底時已有192個國家※批准。

恐怖的ABC武器到底是怎樣的武器!?

以前（1960年代）稱為ABC武器，雜誌也是這樣介紹。

目前自衛隊將NBC武器合稱「特殊武器」。
N（Nuclear＝核子）
B（Biological＝生物）
C（Chemical＝化學）

冷戰時代，世界各國都暗地裡研究ABC武器，有些國家時至今日仍在持續研發，真是恐怖。

・A武器（Atomic）
各位都曉得的原子彈、氫彈等核子武器。

因巨大破壞力與放射能構成了最終武器中子彈（可穿透混凝土殺死人員）與鈷彈、鈾彈（撒布具強大放射能的落塵）等。

・B武器（Biological）
生物武器，散播病原菌、病毒，讓感染症蔓延於部隊或後方都市。

・C武器（Chemical）
指化學武器，主要包括催淚瓦斯與窒息毒氣等，無色無味，吸入之後會破壞神經、麻痺呼吸肌肉。

BC武器會像這樣使用

・直接從飛機撒布。
・裝載於飛彈與火箭彈的彈頭投射。
・空中炸裂彈
・帶有細菌的昆蟲
・以降落傘炸彈撒布昆蟲
・利用游擊隊在城鎮撒布
・投入淨水場或水庫
・使用帶有病原菌的老鼠

※未加盟禁止化學武器公約的有4個國家，分別為埃及、北韓、南蘇丹與以色列（有簽名但未加盟）。

自衛隊戰鬥聖經RETURNS篇

■ NBC偵察車

兼具化學防護車與生物偵察車功能的車型，是款原創設計的輪型裝甲車。

12.7mm重機槍能從車內遙控操作的自衛武器。

雖然世界各國加盟了NBC武器禁止公約，近年卻因擔心恐怖分子會使用，反而都致力投入防護裝備的研究、開發。

2019年度開始採購，配賦各師團、旅團的特殊武器防護隊。

的確，在電影中很常出現這種情節呢～

化學戰劑偵檢裝置

備有放射線測定儀的車體

生物戰劑偵檢裝置

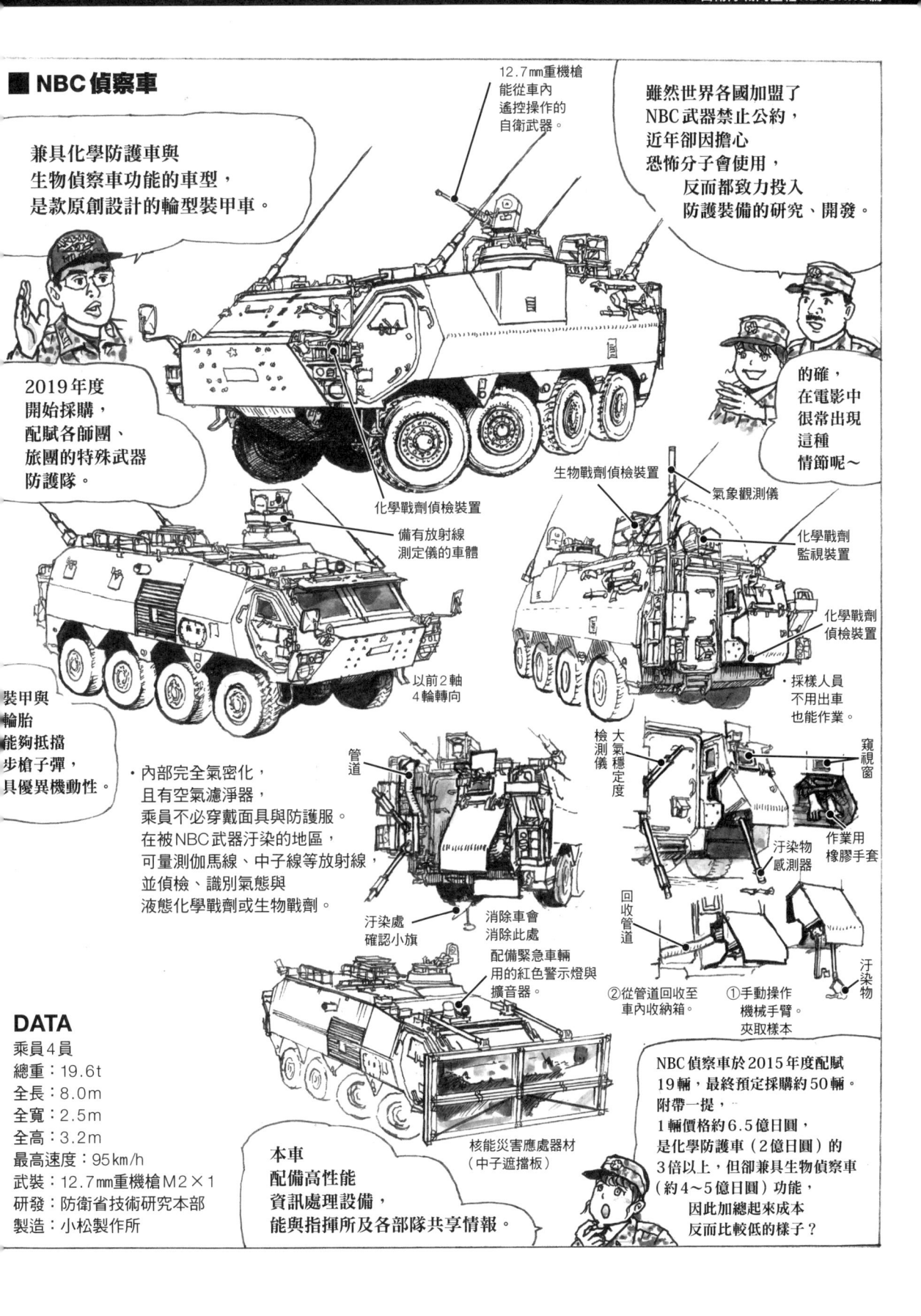

氣象觀測儀

化學戰劑監視裝置

化學戰劑偵檢裝置

採樣人員不用出車也能作業。

以前2軸4輪轉向

裝甲與輪胎能夠抵擋步槍子彈，具優異機動性。

・內部完全氣密化，且有空氣濾淨器，乘員不必穿戴面具與防護服。在被NBC武器汙染的地區，可量測伽瑪線、中子線等放射線，並偵檢、識別氣態與液態化學戰劑或生物戰劑。

管道

檢測儀

大氣穩定度

窺視窗

作業用橡膠手套

汙染物感測器

回收管道

汙染物

②從管道回收至車內收納箱。

①手動操作機械手臂。夾取樣本

汙染處確認小旗

消除車會消除此處

配備緊急車輛用的紅色警示燈與擴音器。

核能災害應處器材（中子遮擋板）

本車配備高性能資訊處理設備，能與指揮所及各部隊共享情報。

NBC偵察車於2015年度配賦19輛，最終預定採購約50輛。附帶一提，1輛價格約6.5億日圓，是化學防護車（2億日圓）的3倍以上，但卻兼具生物偵察車（約4~5億日圓）功能，因此加總起來成本反而比較低的樣子？

DATA
乘員4員
總重：19.6t
全長：8.0m
全寬：2.5m
全高：3.2m
最高速度：95km/h
武裝：12.7mm重機槍M2×1
研發：防衛省技術研究本部
製造：小松製作所

■化學戰劑監視裝置

這是用來監視／標定空氣中有害化學戰劑雲，並掌握其流動狀況的高性能感測器。

以搭載於直升機及高機動車（3輛）的監視裝置，搭配收容於73式大型載重車（1輛）後艙的標定裝置，編成1個監視班。

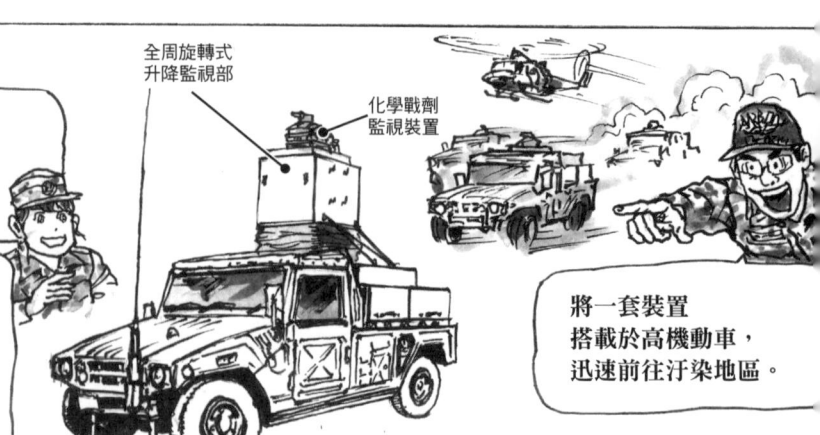

全周旋轉式升降監視部

化學戰劑監視裝置

將一套裝置搭載於高機動車，迅速前往汙染地區。

DATA
監視部
全長：約4.8m
全寬：約2.1m
地上高：約2m

標定處理部
全長：約6.8m
全寬：約2.5m

監視部
以紅外線感測器識別化學戰劑種類，電視攝影機掌握化學戰劑雲飄移方向，將資料傳送至標定裝置。

配賦於大宮駐屯地的中央特殊武器防護隊。

標定處理部
經由監視部回傳的資料，預測化學戰劑流向，並將情報提供給師團指揮系統。

■生物偵察車

這是用來偵察遭受生物武器汙染地區的車輛。於73式大型載重車上搭載英國研製的分析儀器，可偵檢生物戰劑雲（氣溶膠），並具備識別其他主要生物戰劑的能力。

有時也會裝上緊急車輛用的紅色警示燈。
一般會與化學戰劑監視裝置併用。

氣象感測器

不像化學防護車與NBC偵察車那樣具備裝甲與武裝，因此難以在戰鬥區域活動。

DATA
乘員：2員　重量：4.0t
全長：6.9m　全寬：2.9m
全高：3.6m

■化學防護車

這款車輛已經在輪型裝甲車的篇章介紹過，請回頭參閱。它目前與NBC偵察車併用。

車上的機械手臂評價頗差，為配合削減成本，NBC偵察車並未採用。

兼具這2款車型功能的NBC偵察車會逐漸取代它們，不久之後應該就會除役。

特別是生物偵察車，雖於2004年～2007年採購4輛，但價格過高，被嫌為經濟效益甚差的裝備。

■消除車3型（B） 撒水清除汙染物質。

主要在野外針對放射性物質與化學戰劑執行大規模消除作業的車輛。於73式大型載重車的貨架裝設2,500L水槽、消除劑撒布噴嘴以及加溫裝置。

加溫裝置能將2,500L水溫15度的水在1小時內加溫至45度，撒布量為每分鐘110L，撒布裝置包括車體正面與側面的撒布噴嘴，以及後部連接約15m水龍帶的撒布噴槍。

震災之際，為了預防汙水造成感染症，也會將消除車用於防疫消毒活動。

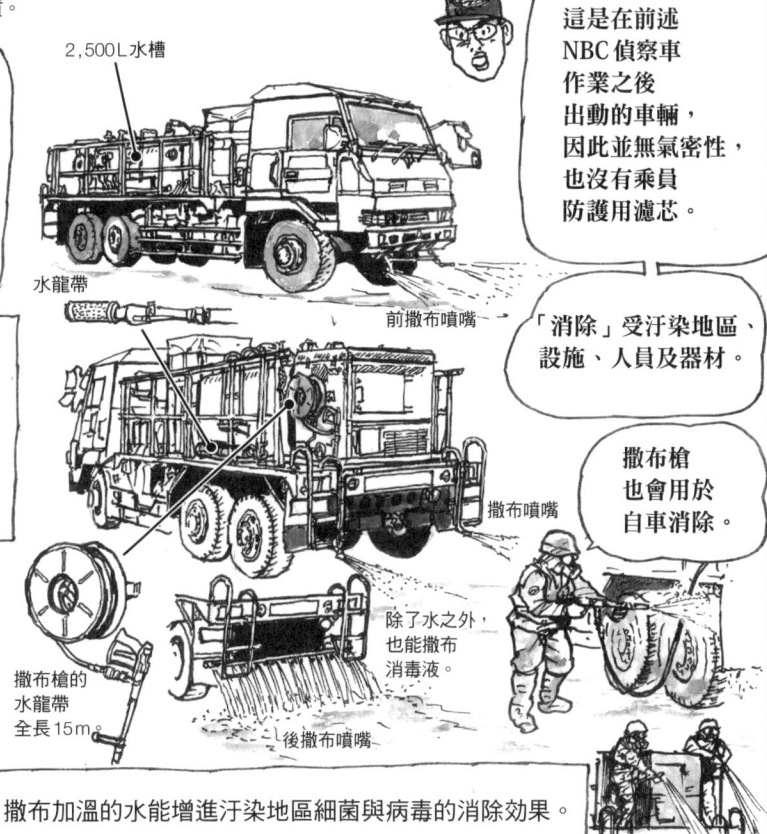

2,500L水槽
水龍帶
前撒布噴嘴
撒布噴嘴
撒布槍的水龍帶全長15m
後撒布噴嘴

這是在前述NBC偵察車作業之後出動的車輛，因此並無氣密性，也沒有乘員防護用濾芯。

「消除」受汙染地區、設施、人員及器材。

撒布槍也會用於自車消除。

除了水之外，也能撒布消毒液。

撒布加溫的水能增進汙染地區細菌與病毒的消除效果。

■特殊武器防護

前面介紹了用以防備CBRN攻擊的陸自化學科部隊車輛，最後則要提一下隊員如何進行消除作業。這除了是原本的戰地任務之外，也會應用於災害派遣行動。

在此加以說明。以前會稱NBC武器，現在則改稱CBRN「化學武器、生物武器、放射性物質（Radiological）、核子武器」。有時還會加上爆裂物（Explosive）合稱為CBRNE，不過陸自還是會稱為CBRN。

18式個人防護裝備

氣密防護衣（配賦特殊武器防護隊）
化學防護衣4型

・用以檢測糧食是否遭到汙染的「糧食用線量計3型」。
・檢測地區放射線等級的「地域用線量計3型」、「α／β線用線量計」、「γ線用線量計」、「中子線用線量計」、「携帶線量計組與荷電器4型」，以及檢測化學物質用的「CR警報機」、「携帶微生物戰劑偵檢器」。

反特殊武器戰下回再來介紹。

「携帶消除器2型」除了「携帶氣象計」之外，還有施放煙幕用的「發煙器2型」，以及燒毀汙染物用的「携帶噴火器」等。

反特殊武器戰

接續前回，來講反特殊武器戰。特殊武器，是核生化武器的總稱。

是，就是指NBC武器呢！

自衛隊是叫特殊武器啦！

日本廣島、長崎在第二次世界大戰經歷了世界首次原子彈攻擊。

後來又有奧姆真理教用化學武器發動恐怖攻擊的地下鐵沙林毒氣事件。因此對於陸自而言，CBRN應處能力已是不可或缺的常備戰力。

同樣由奧姆真理教引發的松本沙林毒氣事件，當時不知道有化學武器，因此陸自並未出動（1994年6月）。

為了防備CBRN攻擊的威脅，「化學科」配備了各種裝備，可前往遭受NBC武器等汙染的地區偵察，並消除人員／裝備。

■中央特殊武器防護隊

陸上自衛隊的各師團／旅團各自轄有「特殊武器防護隊」（或「化學防護隊」），大宮駐屯地則有化學科的教育機構「化學學校」與陸上總隊直轄部隊「中央特殊武器防護隊」，可依CBRN事態派遣至各地區，支援各方面隊與各師團、旅團。

前身為化學學校麾下的「第101化學防護隊」，曾於1995年3月的「地下鐵沙林毒氣事件」出動，消除車站內部與車輛，是首次實際出動。1999年9月的「東海村JCO臨界事故」也有出動。

嗯，福島第一核電廠3號機氫氣爆炸導致4員隊員負傷，且發現化學防護衣無法抵擋高線量放射線，因而停止地面注水支援作業。

之後於2007年3月改稱「第101特殊武器防護隊」，2008年3月則改稱為目前的「中央特殊武器防護隊」。2011年福島第一核電廠事故時，曾出動前往處理核災，是應處特殊武器的專家。

■特殊武器防護

面對敵特殊武器攻擊，部隊與隊員必須自我防護，將損害降至最低，不致影響執行任務。

這分為由部隊執行的組織性部隊防護，以及隊員個人執行的個別防護。

個別防護用的裝備必須隨時維持在良好狀態，並熟悉各種防護動作，能夠迅速且確實使用。

（我比較熟悉1型啊～）

■個人防護裝備（00式）

- 總重約7.7kg
- 研發：防衛省技術研究本部
- 製造：東洋紡、興研

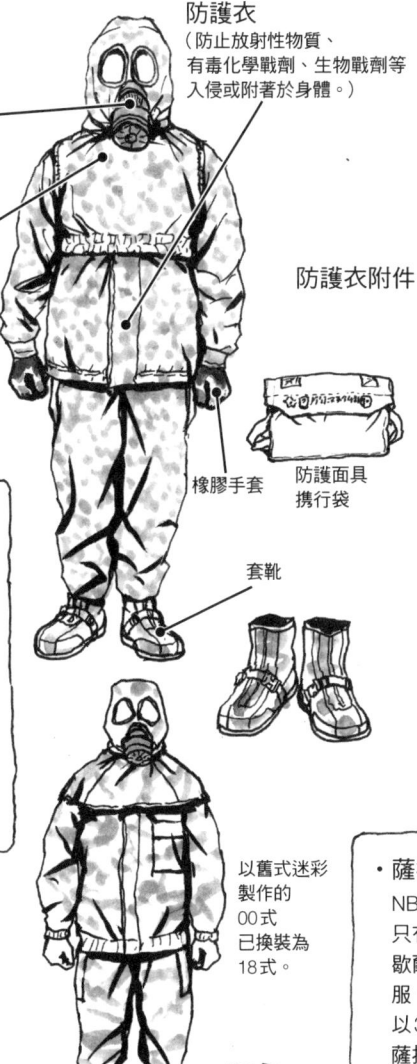

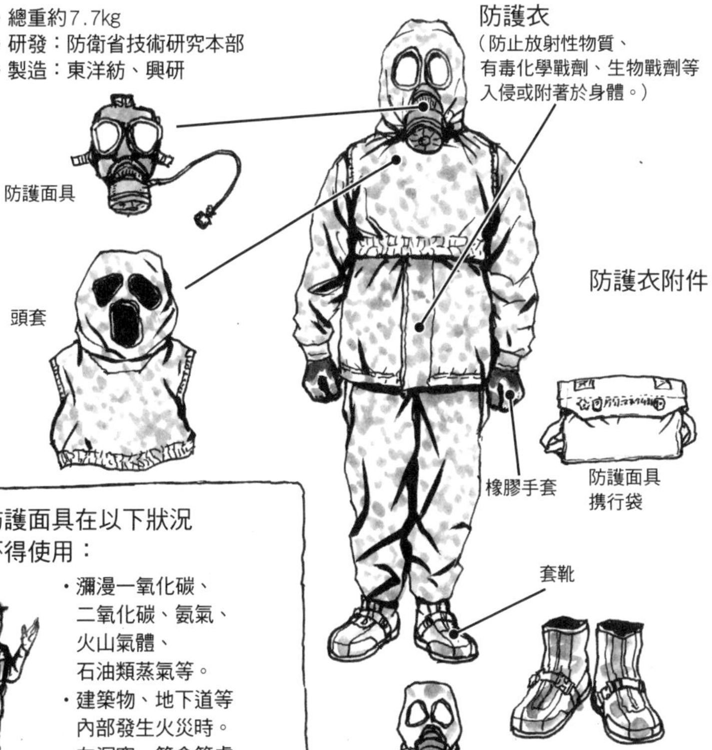

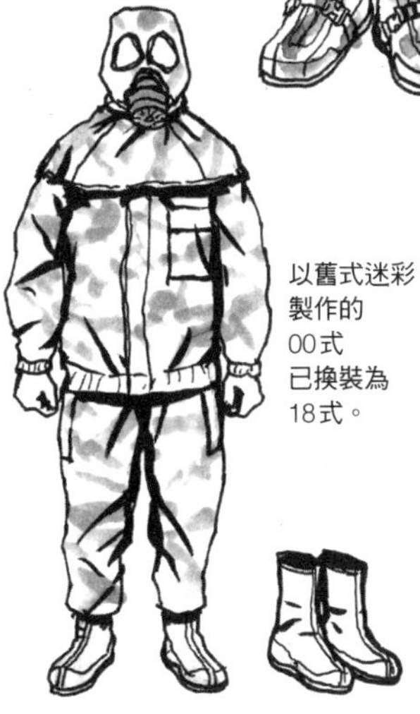

防護衣
（防止放射性物質、有毒化學戰劑、生物戰劑等入侵或附著於身體。）

包括防護面具與防護衣。這些裝備會由個人隨時攜行，並依指揮官命令使用。

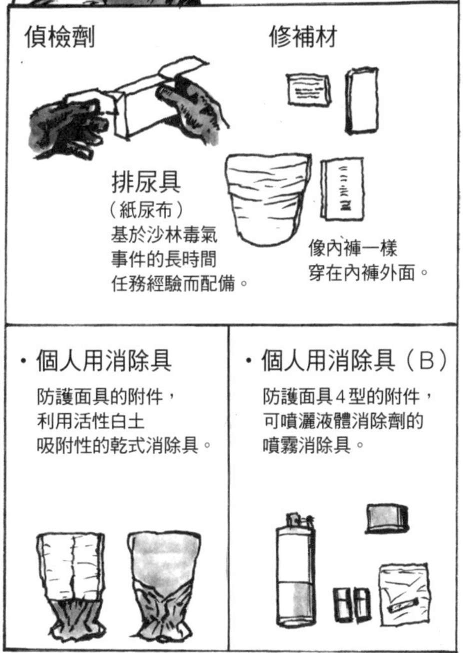

- 防護面具
- 頭套
- 防護衣附件
- 橡膠手套
- 防護面具攜行袋
- 套靴

偵檢劑

修補材

排尿具（紙尿布）
基於沙林毒氣事件的長時間任務經驗而配備。

像內褲一樣穿在內褲外面。

防護面具在以下狀況不得使用： 
- 瀰漫一氧化碳、二氧化碳、氯氣、火山氣體、石油類蒸氣等。
- 建築物、地下道等內部發生火災時。
- 在洞窟、筒倉等處可能缺氧時。

這會交由指揮官來判斷。

・個人用消除具
防護面具的附件，利用活性白土吸附性的乾式消除具。

・個人用消除具（B）
防護面具4型的附件，可噴灑液體消除劑的噴霧消除具。

以舊式迷彩製作的00式已換裝為18式。

■戰鬥用防護衣

- 總重：約3.8kg
- 製造：東洋紡

與個人防護衣具備相同功能，材質使用具透氣性的纖維狀活性碳積層布料。

・薩拉托加防護衣
NBC防護服在1980年代之前與化學防護衣一樣，只有丁基橡膠製品。直到1990年代，德國布呂歇爾公司（Blücher）推出了劃時代的NBC防護服。其基底布料有球狀活性碳的高密度塗層，以3層構造阻止化學戰劑滲透，且具備高度透氣性。薩拉托加防護衣獲得25國以上採用，還推出了各種衍生款式。
自衛隊的戰鬥用防護衣也參考了薩拉托加防護衣研製而成。

■ 18式個人防護裝備

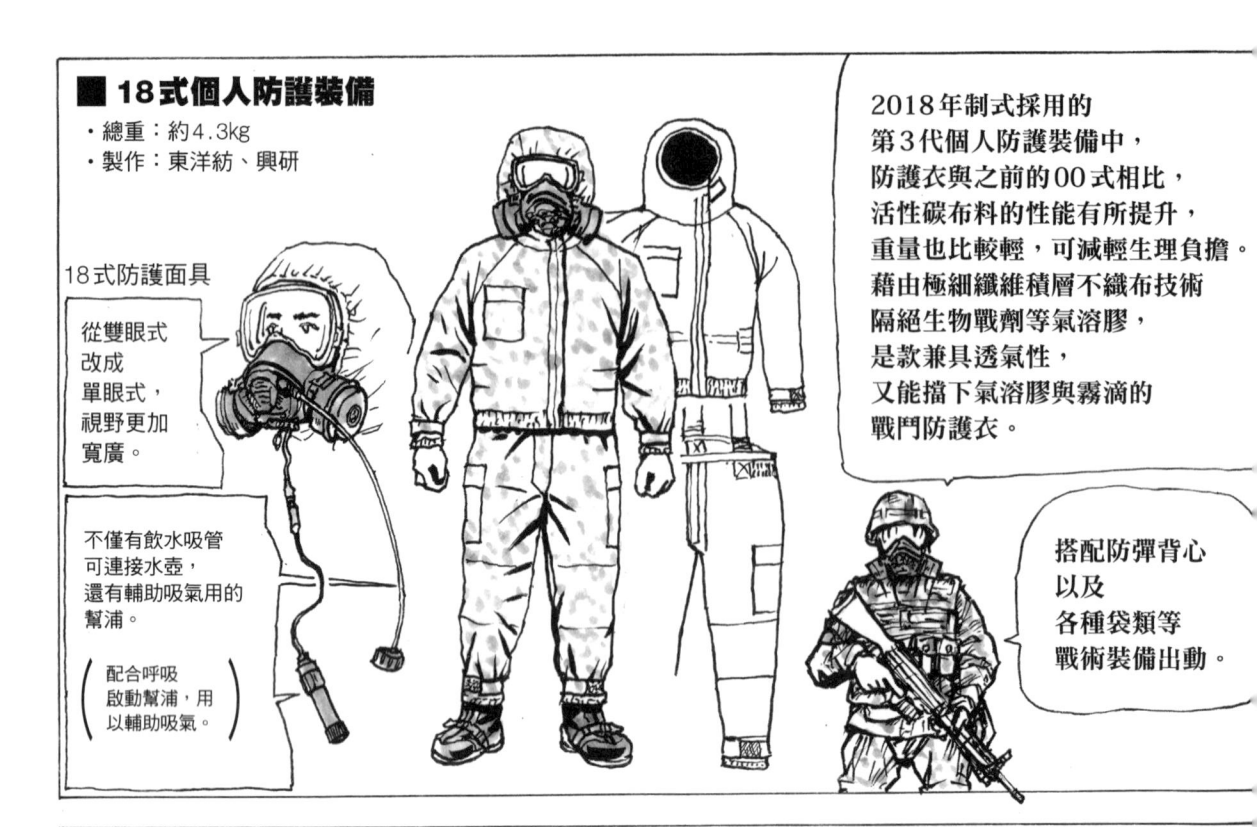

- 總重：約4.3kg
- 製作：東洋紡、興研

18式防護面具

從雙眼式改成單眼式，視野更加寬廣。

不僅有飲水吸管可連接水壺，還有輔助吸氣用的幫浦。

配合呼吸啟動幫浦，用以輔助吸氣。

2018年制式採用的第3代個人防護裝備中，防護衣與之前的00式相比，活性碳布料的性能有所提升，重量也比較輕，可減輕生理負擔。藉由極細纖維積層不織布技術隔絕生物戰劑等氣溶膠，是款兼具透氣性，又能擋下氣溶膠與霧滴的戰鬥防護衣。

搭配防彈背心以及各種袋類等戰術裝備出動。

■ 化學防護衣4型

- 總重：約6.6kg
- 研發：防衛省技術研究本部
- 製造：藤倉橡膠工業

用來在汙染地區執行偵察或消除作業。

這是舊款的橡膠化學戰防護衣，比18式重，也無透氣性，但防護能力很高，供消除隊員著用。在夏季穿上防護衣執行任務非常辛苦，因此化學科部隊人員平常就會穿著防護裝備跑步，藉此鍛鍊體力（適應暑熱）。

因為有鍛鍊，夏天來打這種工也沒問題。

咦～妳也來扮怪獸喔！

哎呀～穿這麼多～真害!!

長靴靴尖有鋼板，靴底則有防貫穿的鐵板，材質為發泡聚乙烯。

不同於發給所有隊員的個人防護裝備，化學防護衣僅配賦化學部隊隊員。

防護衣在汙染地區用過之後就不能再度使用，而化學防護衣只要清洗乾淨就可以重複使用。

化學防護衣通常套在戰鬥服外層，以能夠隔絕外氣、避免化學藥劑侵蝕的丁基橡膠製成。若是一般橡膠，碰到沙林毒氣等神經毒氣，只要數秒鐘就會被侵蝕，但丁基橡膠卻能撐上6小時左右。

即便如此，但這種防護衣的內部密不透氣，在高溫場所的使用時間必須限制在30分鐘。

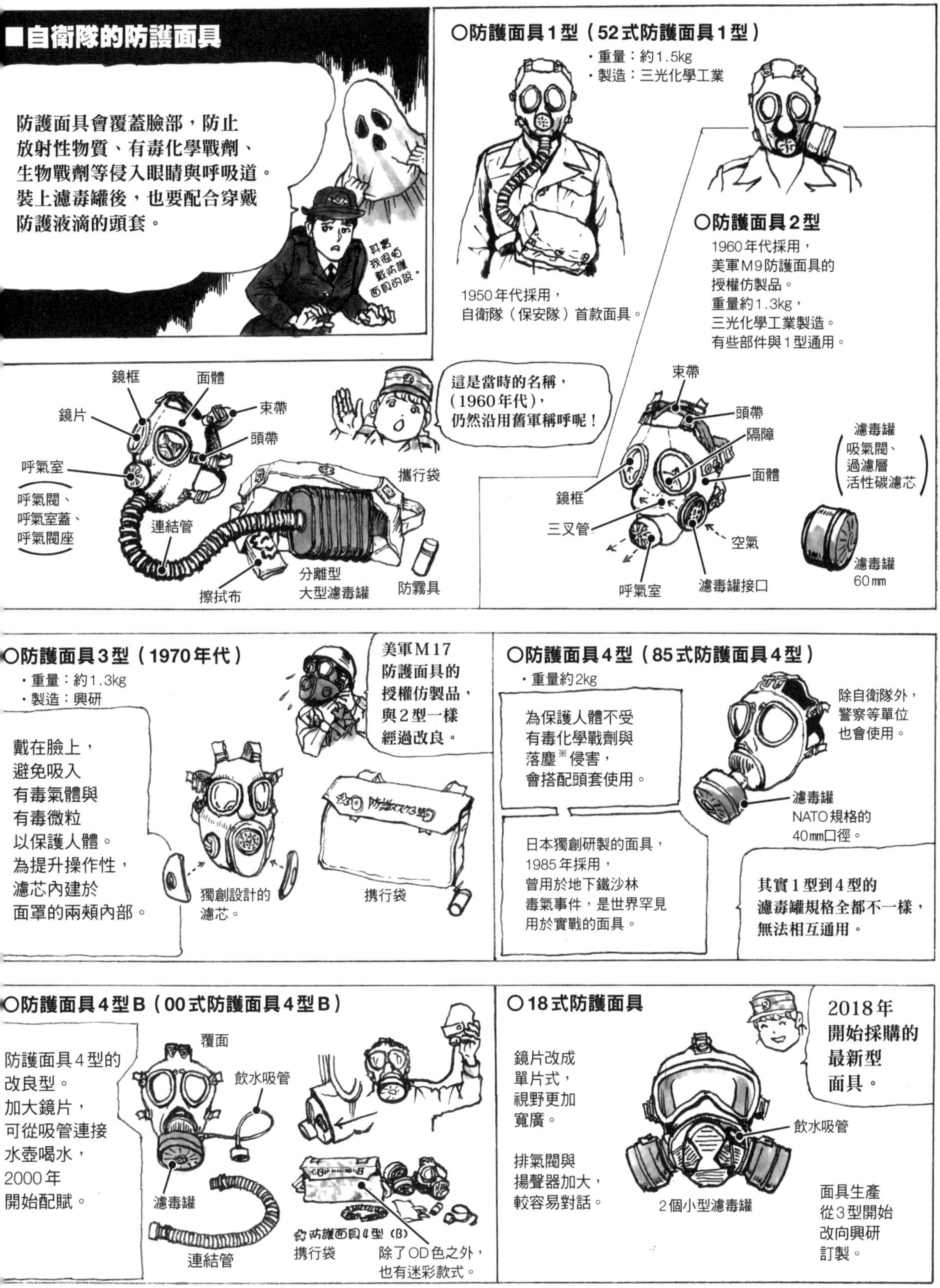

■自衛隊的防護面具

防護面具會覆蓋臉部，防止放射性物質、有毒化學戰劑、生物戰劑等侵入眼睛與呼吸道。裝上濾毒罐後，也要配合穿戴防護液滴的頭套。

○防護面具1型（52式防護面具1型）
- 重量：約1.5kg
- 製造：三光化學工業

1950年代採用，自衛隊（保安隊）首款面具。

鏡框、面體、鏡片、束帶、頭帶、呼氣室、呼氣閥、呼氣室蓋、呼氣閥座、連結管、擦拭布、分離型大型濾毒罐、攜行袋、防霧具

這是當時的名稱，（1960年代），仍然沿用舊軍稱呼呢！

○防護面具2型
1960年代採用，美軍M9防護面具的授權仿製品。重量約1.3kg，三光化學工業製造。有些部件與1型通用。

束帶、頭帶、隔障、面體、鏡框、三叉管、呼氣室、濾毒罐接口、空氣

濾毒罐吸氣閥、過濾層活性碳濾芯
濾毒罐 60mm

○防護面具3型（1970年代）
- 重量：約1.3kg
- 製造：興研

戴在臉上，避免吸入有毒氣體與有毒微粒以保護人體。為提升操作性，濾芯內建於面罩的兩頰內部。

美軍M17防護面具的授權仿製品，與2型一樣經過改良。

獨創設計的濾芯。
攜行袋

○防護面具4型（85式防護面具4型）
- 重量約2kg

為保護人體不受有毒化學戰劑與落塵※侵害，會搭配頭套使用。

日本獨創研製的面具，1985年採用，曾用於地下鐵沙林毒氣事件，是世界罕見用於實戰的面具。

除自衛隊外，警察等單位也會使用。

濾毒罐 NATO規格的40mm口徑。

其實1型到4型的濾毒罐規格全都不一樣，無法相互通用。

○防護面具4型B（00式防護面具4型B）

防護面具4型的改良型。加大鏡片，可從吸管連接水壺喝水，2000年開始配賦。

覆面、飲水吸管、濾毒罐、連結管、攜行袋
除了OD色之外，也有迷彩款式。

○18式防護面具

2018年開始採購的最新型面具。

鏡片改成單片式，視野更加寬廣。

排氣閥與揚聲器加大，較容易對話。

飲水吸管
2個小型濾毒罐

面具生產從3型開始改向興研訂製。

※落塵：帶放射性的降灰。

反特殊武器戰 II

有備無患！成本比核武便宜，製造也較簡單的生物、化學武器很可能被用於恐怖攻擊。

○防護裝備的穿戴方法

士兵平常就會接受訓練，一旦發出警報，就要迅速穿上防護裝備。

① 打開裝備。

② 首先穿上褲子。
為避免傷及服裝，要先把手伸進去撐開服裝，接著腿再伸進去。

③ 穿好褲子後穿上吊帶。
確實交叉，避免滑落。
繫緊腰帶及束帶貼合身體。

④ 穿著上衣。
衣褲須緊貼密合，避免出現縫隙。

⑤ 將套靴套入戰鬥靴外層。

⑥ 以束帶使其貼合戰鬥靴，褲腳也要確實束緊。

⑦ 戴上防護手套。
由於丁基橡膠材質的手套並不透氣，為避免出汗導致不適，可先穿戴布質吸溼排汗手套再戴上防護手套。

⑧ 將裝備穿戴至防護服外後，戴上防護面具，並確認是否能夠正常呼吸。

⑨ 戴好防護面具之後，穿戴頭套並且覆盔，如此便穿戴完成。

○CR警報器
重量：約8kg

自動偵檢有毒化學戰劑與落塵發出的伽馬線，一有反應便立即發出警報。

發出警報後，部隊就會做出必要處置，藉此降低損害。

○生物劑警報器
重量：約24.5kg

自動偵檢生物戰劑並發出警報。

○NBC警報器
重量：約36kg
警告器：約24kg
連接裝置：約2.5kg

CR／生物劑警報器的後繼機型。可偵檢有毒化學戰劑、生物戰劑以及放射線，並且發出警報。

自衛隊戰鬥聖經RETURNS篇

■ 18式個人防護裝備

這就是著戰鬥裝備的化學科部隊員。

左側人物標註：
- 18式防護面具
- 飲水吸管
- 20發彈匣
- 防彈背心3型
- 20發彈匣
  化學科部隊屬於後方支援兵科，因此彈匣與機甲科同為較短的20發，為了方便自彈匣袋取出，隊員會在彈匣上加裝快抽輔具或繩索。
- 89式步槍 M-LOK用滑軌護手
- 護膝
- 套靴

中間人物標註：
- 伽馬線偵檢線量計（彈匣底下）
- 各種感測器

右側人物標註：
- 防彈背心3型
- 有時也會穿化學防護衣4型。
- 20發彈匣用彈匣袋
- 急救用止血帶與剪刀
- 89式步槍

會鼓勵隊員各自使用內紅點瞄準具或光學瞄準具等配件。

※出自《Arms MAGAZINE》2022年4月號「陸上自衛隊 中央特殊武器防護隊」。

○毒氣偵檢器2型
重量：約1.6kg

用以偵檢有毒化學物質並辨識種類。配賦陸自所有部隊，形狀類似注射器，採集空氣樣本後，以各種偵檢管辨識。目前逐漸替換成化學戰劑偵檢器。

○化學戰劑偵檢器（AP2C）
重量：2kg

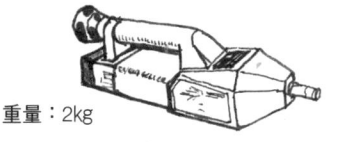

以充電式電池與氫氣卡匣構成，可辨識神經毒氣與芥子毒氣等，濃度分為5階段顯示於螢幕。

可針對汙染源精確偵檢，且輕便易攜行。

○携帶式生物劑偵檢器
重量：約3.4kg

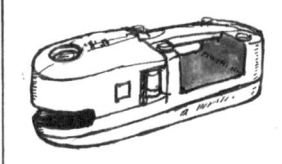

可自空氣中採集生物武器或有害微生物樣本，自動檢測、識別生物戰劑，美國ICX產品。

○携帶式化學物質偵檢器
重量約3.5kg

待機中也能偵檢特定化學物質，可檢測遭汙染的人員、設施。德國布魯克公司製品，各國軍隊廣為採用。

○偵檢／消除遭受汙染的屋內

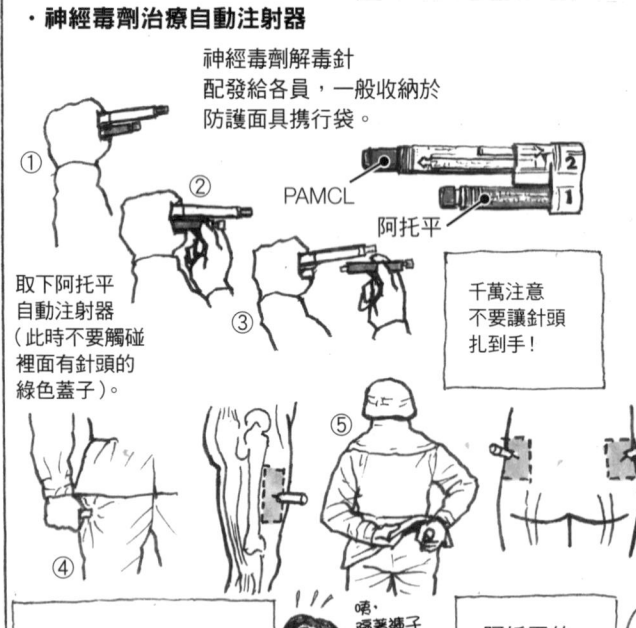

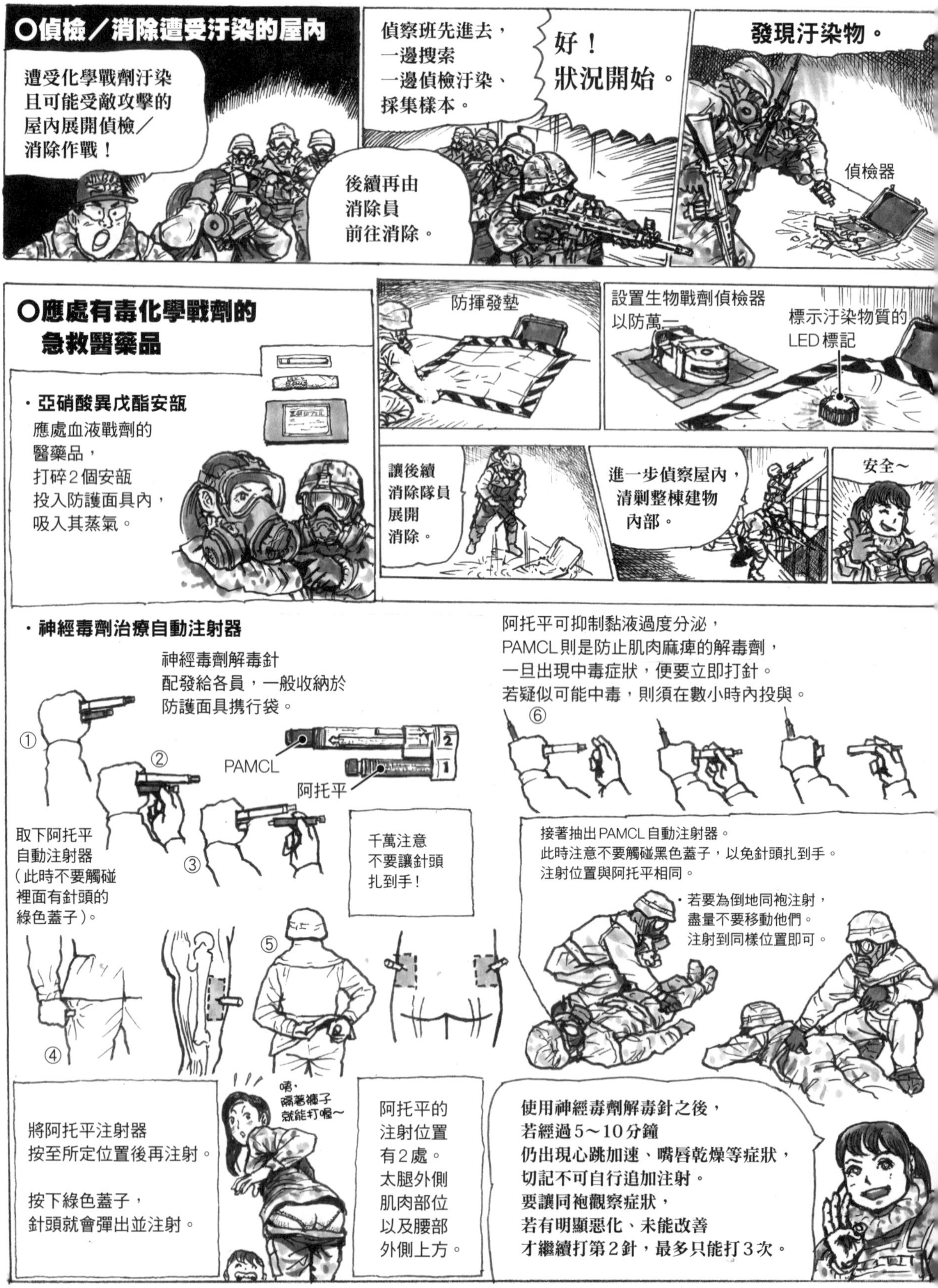

遭受化學戰劑汙染且可能受敵攻擊的屋內展開偵檢／消除作戰！

偵察班先進去，一邊搜索一邊偵檢汙染、採集樣本。

後續再由消除員前往消除。

好！狀況開始。

發現汙染物。

偵檢器

○應處有毒化學戰劑的急救醫藥品

· **亞硝酸異戊酯安瓿**
應處血液戰劑的醫藥品，打碎2個安瓿投入防護面具內，吸入其蒸氣。

防揮發墊

設置生物戰劑偵檢器以防萬一

標示汙染物質的LED標記

讓後續消除隊員展開消除。

進一步偵察屋內，清剿整棟建物內部。

安全～

· **神經毒劑治療自動注射器**

神經毒劑解毒針配發給各員，一般收納於防護面具攜行袋。

PAMCL
阿托平

① 取下阿托平自動注射器（此時不要觸碰裡面有針頭的綠色蓋子）。

②③ 千萬注意不要讓針頭扎到手！

④ 將阿托平注射器按至所定位置後再注射。
按下綠色蓋子，針頭就會彈出並注射。

⑤ 唉，隔著褲子就能打喔～

阿托平的注射位置有2處。太腿外側肌肉部位以及腰部外側上方。

阿托平可抑制黏液過度分泌，PAMCL則是防止肌肉麻痺的解毒劑，一旦出現中毒症狀，便要立即打針。若疑似可能中毒，則須在數小時內投與。

⑥ 接著抽出PAMCL自動注射器。此時注意不要觸碰黑色蓋子，以免針頭扎到手。注射位置與阿托平相同。

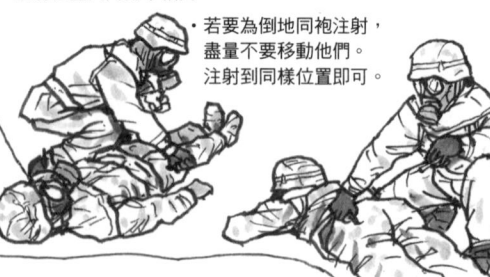

若要為倒地同袍注射，盡量不要移動他們。注射到同樣位置即可。

使用神經毒劑解毒針之後，若經過5～10分鐘仍出現心跳加速、嘴唇乾燥等症狀，切不可自行追加注射。要讓同袍觀察症狀，若有明顯惡化、未能改善才繼續打第2針，最多只能打3次。

自衛隊戰鬥聖經RETURNS篇

○遭化學戰劑攻擊時的應處

狀況為敵無人機自空中發動攻擊，友軍部隊出現化學戰劑症狀，須盡速趕往救援並消除。

開始偵察消除地區

從受害部隊取得詳細情報。

要偵察這片撒布化學戰劑的區域，必須著用橡膠材質的化學防護衣4型，以確實防止汙染。

與NBC偵察車協同，確認汙染地區。

先遣部隊負責偵察攻擊，透過各種感測器確認汙染狀況。

尋找、救助、移送待救者。

同時必須慎防敵軍再次發動攻擊。

設置消除站，移入受害隊員。

開始消除。在消除隊員的同時，也開始消除器材，用塗布消除劑消除。

以化學戰劑監視裝置警戒周圍。

消除完畢之後，仍得確保周邊防護，不得疏於警戒。

消除車的車體也要消除

將重症隊員後送至野戰醫院。

○部隊用防護裝置

DATA
全高：2,200mm
地板面積：24.4平方公尺（居住部）
8.1平方公尺（偵檢消除部）
人員：10～20員

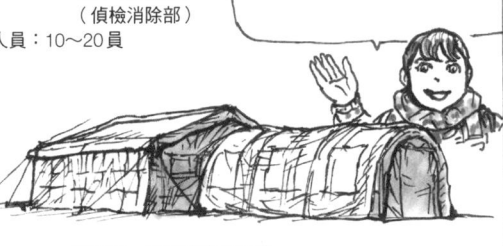

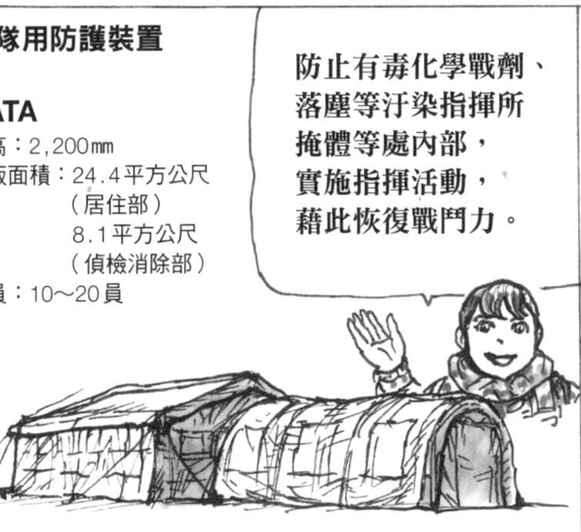

防止有毒化學戰劑、落塵等汙染指揮所掩體等處內部，實施指揮活動，藉此恢復戰鬥力。

・福島第一核電廠事故以降，除了新加入許多放射線量計，也強化了應處落塵等汙染的觀測裝置與消除裝置。

○消除裝置

用於消除遭汙染的人員、裝備等。

化學加熱機的後繼型，配備於連隊與大隊。

○生物戰劑應處衛生單元

配賦反特殊武器衛生隊，用於診斷、治療生物戰劑感染患者，避免二次感染。

衛生前置處理車　　衛生分析車（搭載於3 1/2t載重車）

負壓隔離病房

9mm手槍SFP9

新手槍的評選始於2017年，採購數把H&K SFP/VP9、葛拉克17 Gen5、貝瑞塔APX這3款手槍，並且實施測評。2019年12月6日，防衛省宣布自衛隊的新手槍決定採用H&K SFP9。

2019年（令和元年）12月採用的新型手槍，用以取代9mm手槍。雖然自衛隊直到最近都不怎麼重視手槍，但近年對於作戰行動而言，手槍的必要性卻愈來愈高。

SFP9可說是「比SIG SAUER P220更現代化的手槍」。

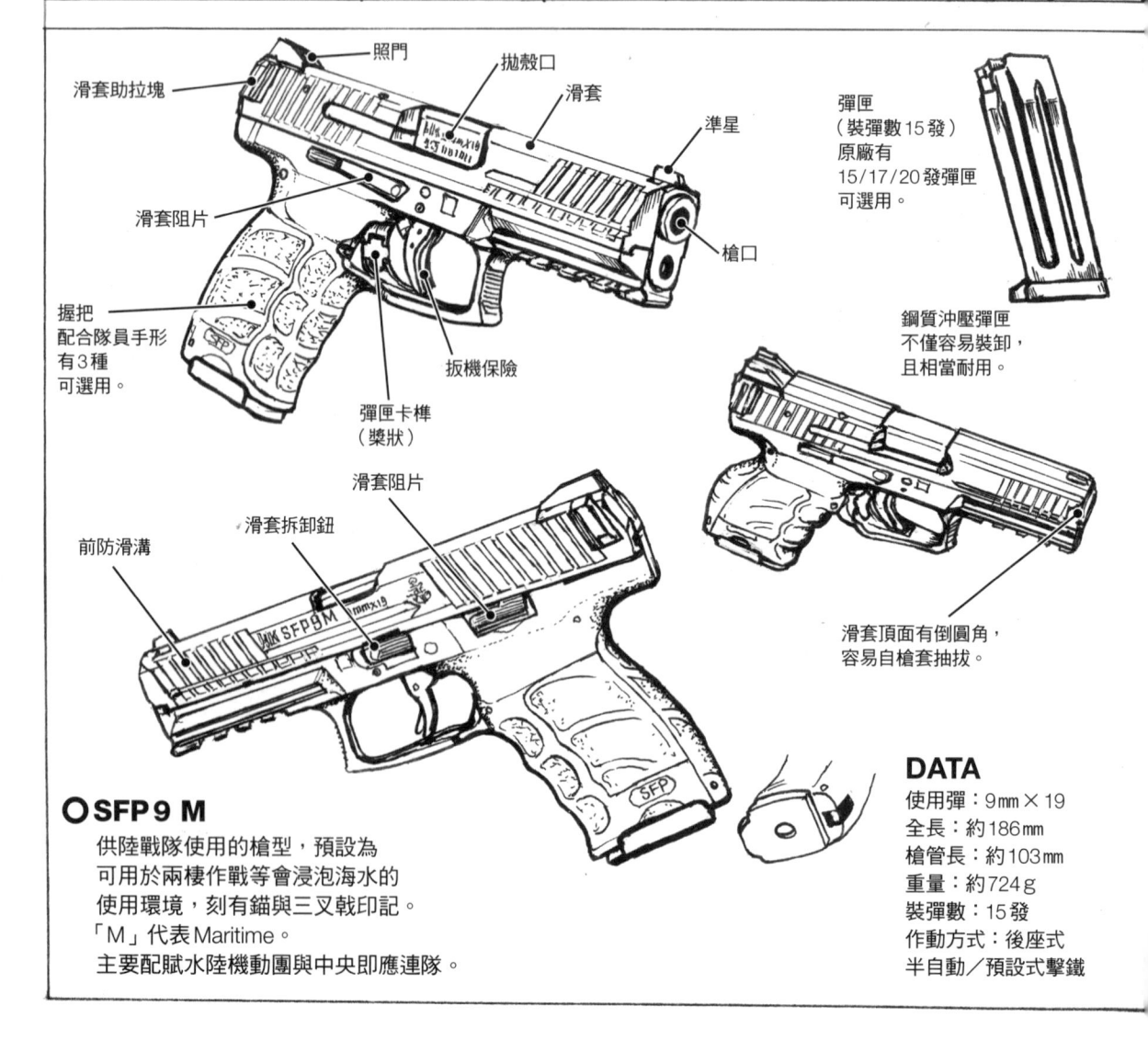

圖解說明

- 照門
- 拋殼口
- 滑套
- 滑套助拉塊
- 準星
- 滑套阻片
- 槍口
- 握把（配合隊員手形有3種可選用。）
- 扳機保險
- 彈匣卡榫（槳狀）
- 彈匣（裝彈數15發）原廠有15/17/20發彈匣可選用。
- 鋼質沖壓彈匣不僅容易裝卸，且相當耐用。
- 滑套阻片
- 滑套拆卸鈕
- 前防滑溝
- 滑套頂面有倒圓角，容易自槍套抽拔。

○SFP9 M

供陸戰隊使用的槍型，預設為可用於兩棲作戰等會浸泡海水的使用環境，刻有錨與三叉戟印記。「M」代表Maritime。主要配賦水陸機動團與中央即應連隊。

DATA

使用彈：9mm×19
全長：約186mm
槍管長：約103mm
重量：約724g
裝彈數：15發
作動方式：後座式半自動／預設式擊鐵

○操作

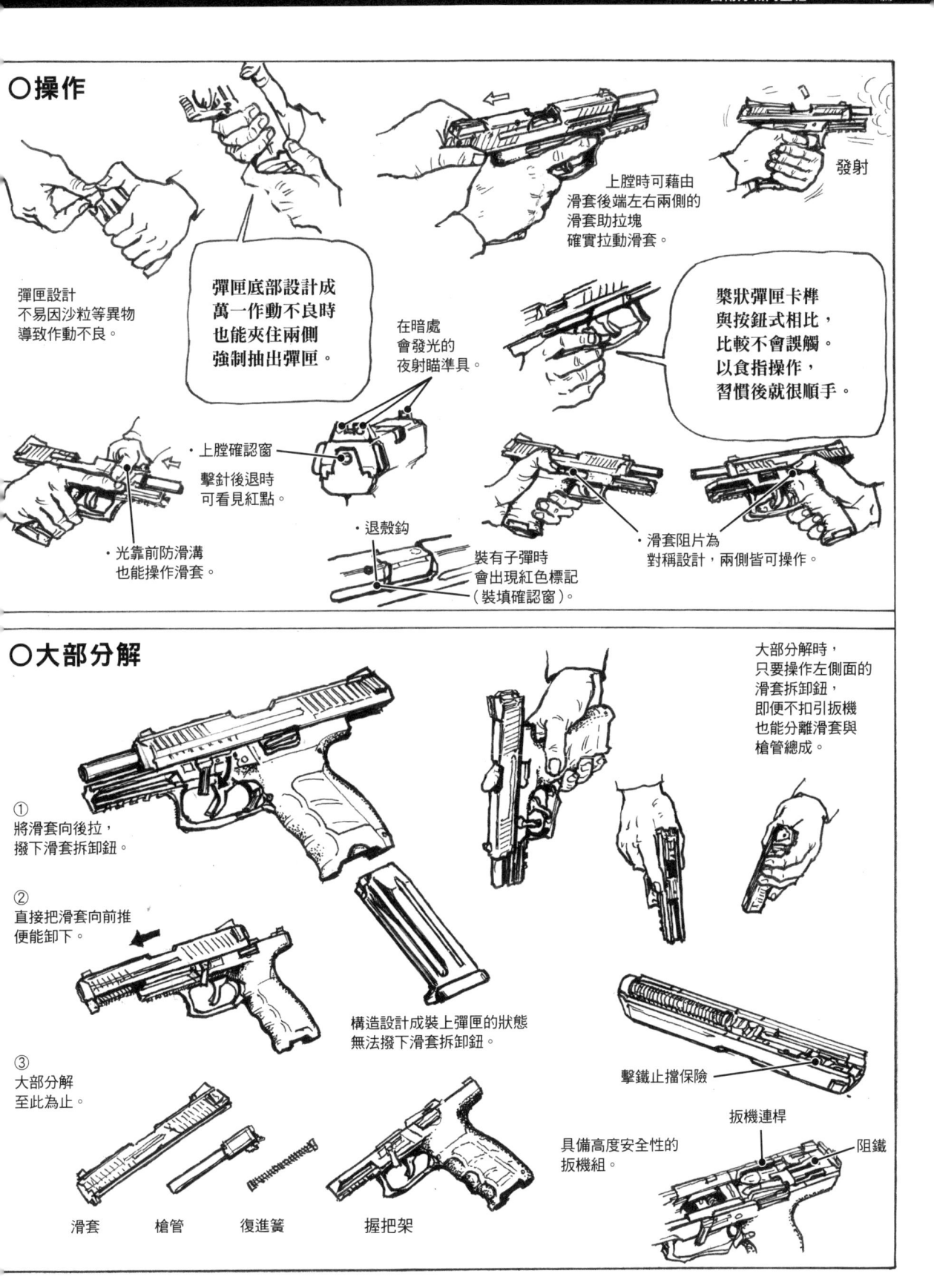

上膛時可藉由滑套後端左右兩側的滑套助拉塊確實拉動滑套。

發射

彈匣設計不易因沙粒等異物導致作動不良。

彈匣底部設計成萬一作動不良時也能夾住兩側強制抽出彈匣。

在暗處會發光的夜射瞄準具。

槳狀彈匣卡榫與按鈕式相比，比較不會誤觸。以食指操作，習慣後就很順手。

・上膛確認窗
擊針後退時可看見紅點。

・光靠前防滑溝也能操作滑套。

・退殼鉤

裝有子彈時會出現紅色標記（裝填確認窗）。

・滑套阻片為對稱設計，兩側皆可操作。

○大部分解

大部分解時，只要操作左側面的滑套拆卸鈕，即便不扣引扳機也能分離滑套與槍管總成。

① 將滑套向後拉，撥下滑套拆卸鈕。

② 直接把滑套向前推便能卸下。

構造設計成裝上彈匣的狀態無法撥下滑套拆卸鈕。

擊鐵止擋保險

③ 大部分解至此為止。

扳機連桿

阻鐵

具備高度安全性的扳機組。

滑套　　槍管　　復進簧　　握把架

○戰技訓練班的手槍射擊

立射

在此以雙手持槍為標準。

跪射
（高跪姿）

○戰技訓練班的裝備

CQB想定裝備

沙法利蘭6004槍套除此之外還有數種不同槍套。

防彈背心正面的戰術裝具，可依各人選擇配用。

手槍用

步槍用

○射擊訓練

①自槍套拔出手槍，貼近胸口確認目標。

②迅速以雙手握槍射擊。

③改為跪姿射擊。

④子彈耗盡後迅速更換彈匣。

臥射

以身體側面貼向地面。這是為了避免防彈背心與胸前的裝備卡到地面妨礙臥姿射擊，因此讓整隻右手臂緊貼地面，如此便能正確瞄準。

⑤改為臥姿繼續射擊。中央即應連隊會以不同距離、姿勢實施各種模式的實戰射擊訓練。

⑥射擊後務必確認四周。

○各國軍用手槍

○葛拉克17
（奧地利）

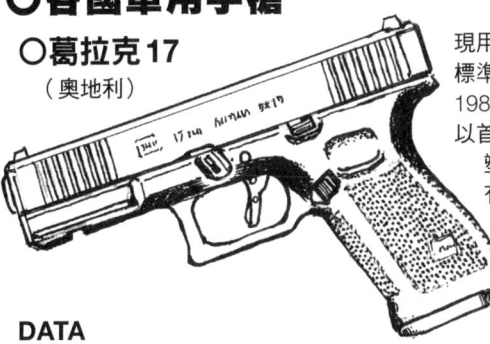

現用軍警自動手槍的標準款式。
1985年上市，以首次應用塑膠材質而聞名，有多款衍生型。

這些都是SFP9的對手，世界各國軍隊主要採用葛拉克、貝瑞塔、H&K、SIG SAUER這4家槍廠的產品，許多國家都在使用。

DATA
使用彈：9mm×19
全長：約204mm
槍管長：約114mm
重量：約705g
裝彈數：17發

○貝瑞塔APX
（義大利）

DATA
使用彈：9mm×19
全長：約191mm
槍管長：約108mm
重量：約800g
裝彈數：17發

2015年發表，曾參與自衛隊的手槍競標，但遭淘汰，現有波蘭警察採用。

○H&K USP
（德國）

1993年研製的槍型，德國聯邦軍以P8為型號採用。

DATA（USP9）
使用彈：9mm×19
全長：約195mm
槍管長：約108mm
重量：約770g
裝彈數：15發

○SIG SAUER M17（P320）
（美國）

美軍於2017年1月19日採用的新型手槍，用以取代貝瑞塔M9。
分為標準型的M17與緊緻版的M18，顏色也有狼棕色與黑色2種，一般常見的大多是狼棕色。

17發或21發彈匣

DATA（M17）
使用彈：9mm×19
全長：約203mm
槍管長：約120mm
重量：約833g
裝彈數：17/21發

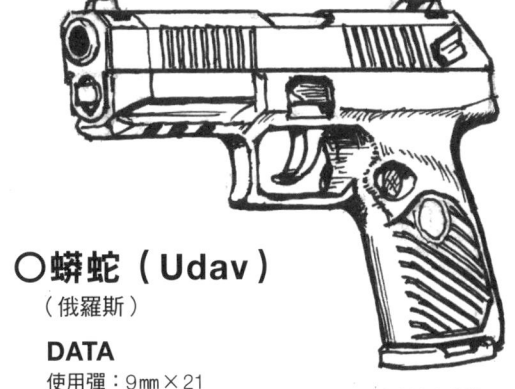

○蟒蛇（Udav）
（俄羅斯）

DATA
使用彈：9mm×21
全長：約206mm
槍管長：約120mm
重量：約780g
裝彈數：18發

2020年發表的新手槍，與AK47一樣耐操。
使用9mm×21「鈍頭蝮蛇」彈，威力據說比9mm帕拉貝倫彈來得強。

SIG SAUER明明也是9mm手槍，為什麼沒有參與競標呢？

20式5.56mm步槍

DATA
使用彈：5.56mm×45彈
全長：約780mm／約850mm（槍托伸長時）
槍管長：420mm
重量：3,500g
裝彈數：30發
發射速度：650～850發／分
作動方式：氣動式
製造：豐和工業

20（兩洞）式為防衛省於2020年5月18日發表的自衛隊新型步槍。

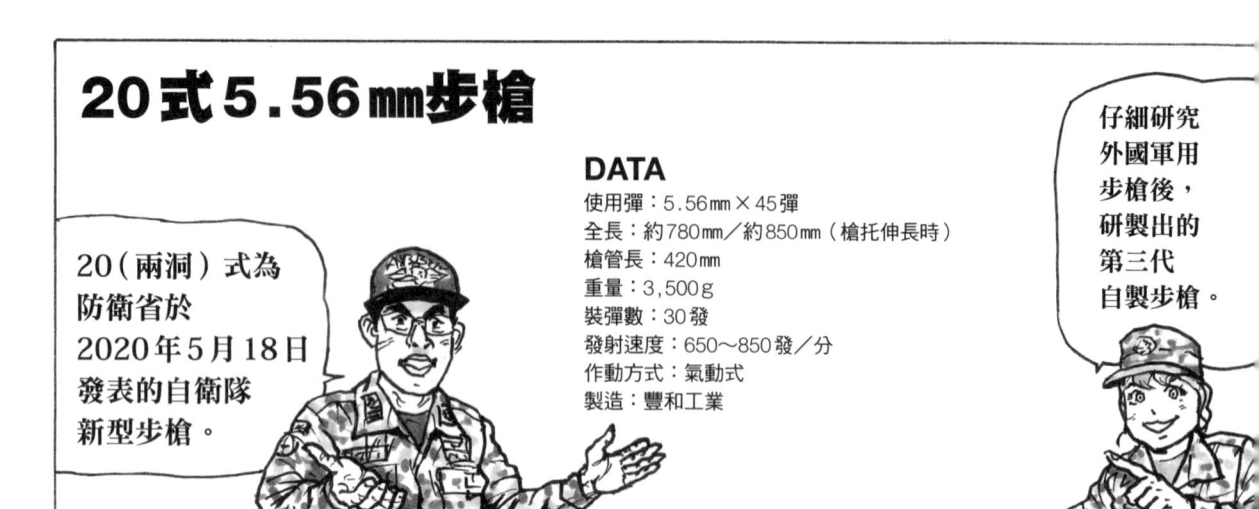

仔細研究外國軍用步槍後，研製出的第三代自製步槍。

■各部名稱

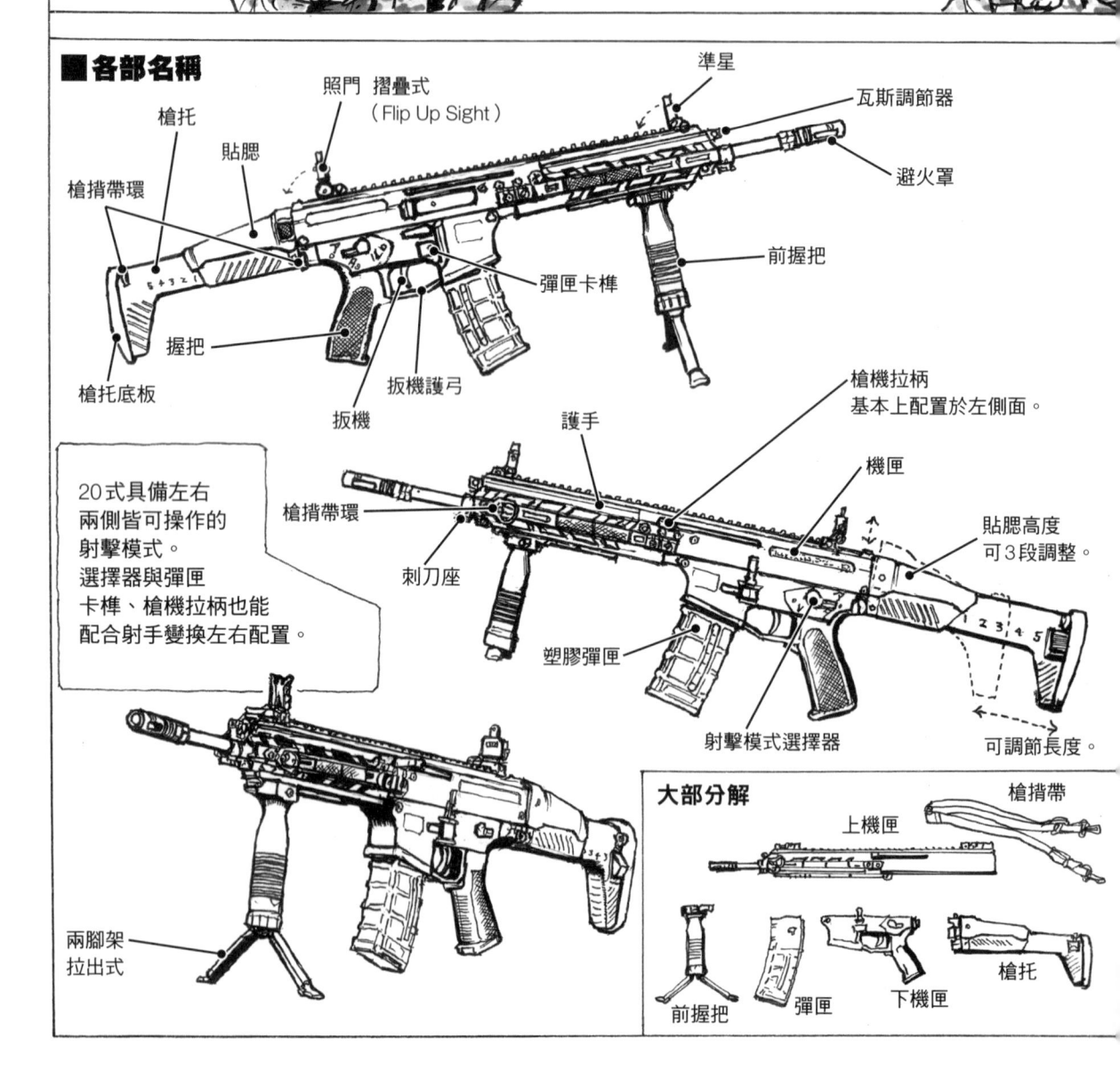

- 槍托
- 貼腮
- 槍揹帶環
- 槍托底板
- 握把
- 扳機
- 扳機護弓
- 彈匣卡榫
- 照門 摺疊式（Flip Up Sight）
- 準星
- 瓦斯調節器
- 避火罩
- 前握把
- 護手
- 槍揹帶環
- 刺刀座
- 塑膠彈匣
- 射擊模式選擇器
- 槍機拉柄 基本上配置於左側面。
- 機匣
- 貼腮高度可3段調整。
- 可調節長度。

20式具備左右兩側皆可操作的射擊模式。選擇器與彈匣卡榫、槍機拉柄也能配合射手變換左右配置。

兩腳架 拉出式

大部分解
- 上機匣
- 槍揹帶
- 前握把
- 彈匣
- 下機匣
- 槍托

■豐和工業的國造自動步槍

陸自的第一款步槍是美軍提供的M1加蘭德啦～

○M1步槍
使用彈：7.62mm×51彈
全長：約1,100mm
重量：約4,400g
裝彈數：8發

國造自動步槍於舉辦第一次東京奧運會的1964年採用，是符合日本人體格的名槍。至今仍為現役，是航空自衛隊的主力步槍。

○64式步槍
使用彈：7.62mm×51彈
全長：約990mm
重量：約4,300g
裝彈數：20發
發射速度：500發／分

受各國軍隊改換使用小口徑子彈的突擊步槍影響而研製，是款輕巧、具3發點放功能的劃時代步槍。

重量輕巧、使用兩腳架增進命中精準度、後座力低，這些都是國造步槍的特徵。

○89式步槍
使用彈：5.56mm×45彈
全長：約920mm（固定槍托）
約670mm（摺疊式槍托摺疊時）
重量：約3,500g
裝彈數：30發
發射速度：650～850發／分

為取代89式步槍，於2019年12月決定採用，翌年5月對外公開的第3代國造步槍。

○20式步槍
使用彈：5.56mm×45彈
全長：780mm／850mm（槍托伸長時）
重量：3,500g
裝彈數：30發
發射速度：650～850發／分

■20式步槍的3項特徵

與89式相比，重量幾乎沒變，但重心更靠近長度中心，平衡性有改善。

○排水性
為因應離島防衛的特性，即使浸泡海水也能使用，提高排水性、耐鹽害性、耐鏽蝕性。

耶～我是《現代啟示錄》的兔女郎喔！

○擴充性
槍管上方備有滑軌，左、右、下3面備有M-LOK介面，上方滑軌可裝光學瞄準器，下方M-LOK介面則可加裝內有兩腳架的前握把或槍榴彈發射器等配件。

○操作性

可調式貼塞與槍托底板能配合個人體格伸縮，槍全長可於780～850mm之間進行調整，提升操作性。

能配合隊員的慣用手，自左右都能操作射擊模式選擇器等。

■使用法

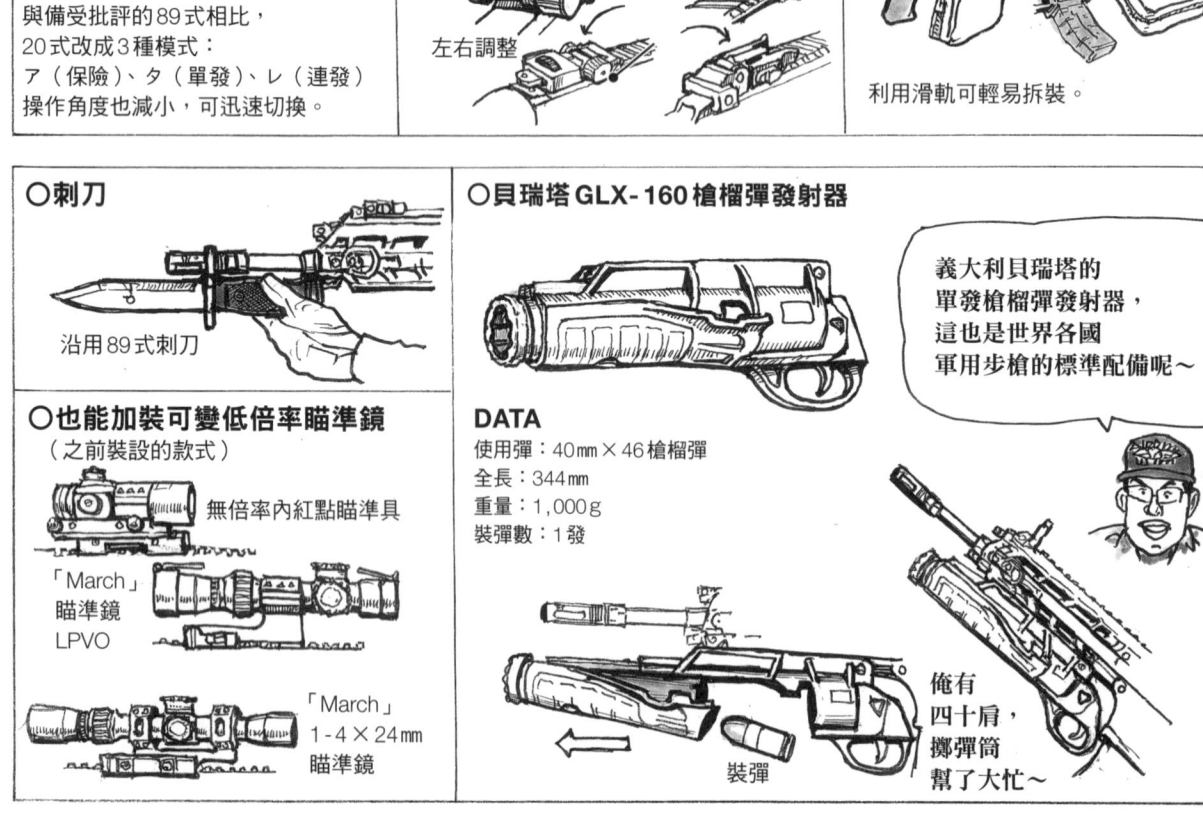

比照以往的自動步槍，須仔細執行安全確認。

檢查藥室與槍管內部有無異物，並確認保險位置（射擊模式選擇器）。

裝上彈匣

目視確認裝入子彈的彈匣。

拉動槍機拉柄，將首發子彈送入藥室上膛。

大型拋殼口方便檢查藥室與排除異物。

將選擇器撥至射擊位置，瞄準目標發射。

射擊模式選擇器

與備受批評的89式相比，20式改成3種模式：
ア（保險）、タ（單發）、レ（連發）
操作角度也減小，可迅速切換。

照門　準星

照準
高低調整
瞄準距離刻度
左右調整

陸自獨有的彈殼回收袋也經過改良。

利用滑軌可輕易拆裝。

○刺刀

沿用89式刺刀

○也能加裝可變低倍率瞄準鏡
（之前裝設的款式）

無倍率內紅點瞄準具

「March」瞄準鏡 LPVO

「March」1-4×24mm 瞄準鏡

○貝瑞塔GLX-160槍榴彈發射器

義大利貝瑞塔的單發槍榴彈發射器，這也是世界各國軍用步槍的標準配備呢～

DATA
使用彈：40mm×46槍榴彈
全長：344mm
重量：1,000g
裝彈數：1發

裝彈

俺有四十肩，擲彈筒幫了大忙～

■射擊

立射原本是無法採臥射或跪射姿勢時才會使用的姿勢。

○立射

○跪射
穩定的低姿勢，步槍射擊的基本形。

○坐射
穩定度僅次於臥射的姿勢。

○臥射
最穩定的射擊姿勢。

戰鬥射擊姿勢，可減少受彈面積，傳統上會使用兩腳架，是陸自的主力射擊姿勢。

展開兩腳架

隊員會以較容易持用的姿勢射擊。

握持護手

握持前握把

無兩腳架

■AASAM※射擊姿勢

陸自射擊技術最佳的隊員會採用這些姿勢，並配合每個人的個性，想方設法提高命中精準度。

○立射 對射擊而言是最不穩定的姿勢。

注意拋殼口

利用兩腳架

稍微夾住彈匣

握持彈匣插口

○跪射

兩膝跪地

彈匣抵住膝蓋

最低矮的姿勢

○臥射

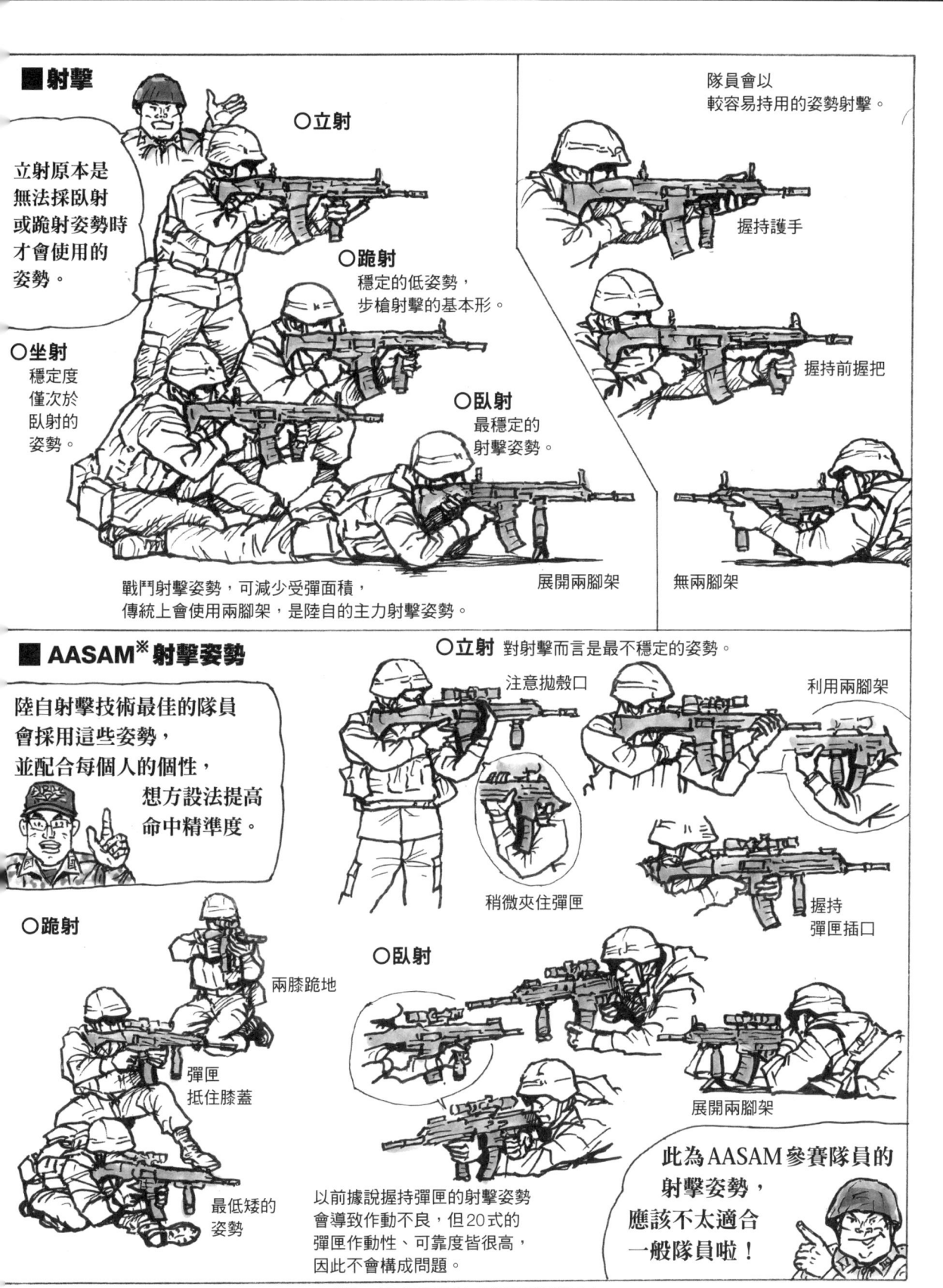

以前據說握持彈匣的射擊姿勢會導致作動不良，但20式的彈匣作動性、可靠度皆很高，因此不會構成問題。

展開兩腳架

此為AASAM參賽隊員的射擊姿勢，應該不太適合一般隊員啦！

※AASAM：Australian Army Skill at Arms Meeting，世界20國派遣軍隊參加的澳洲國際射擊大會。

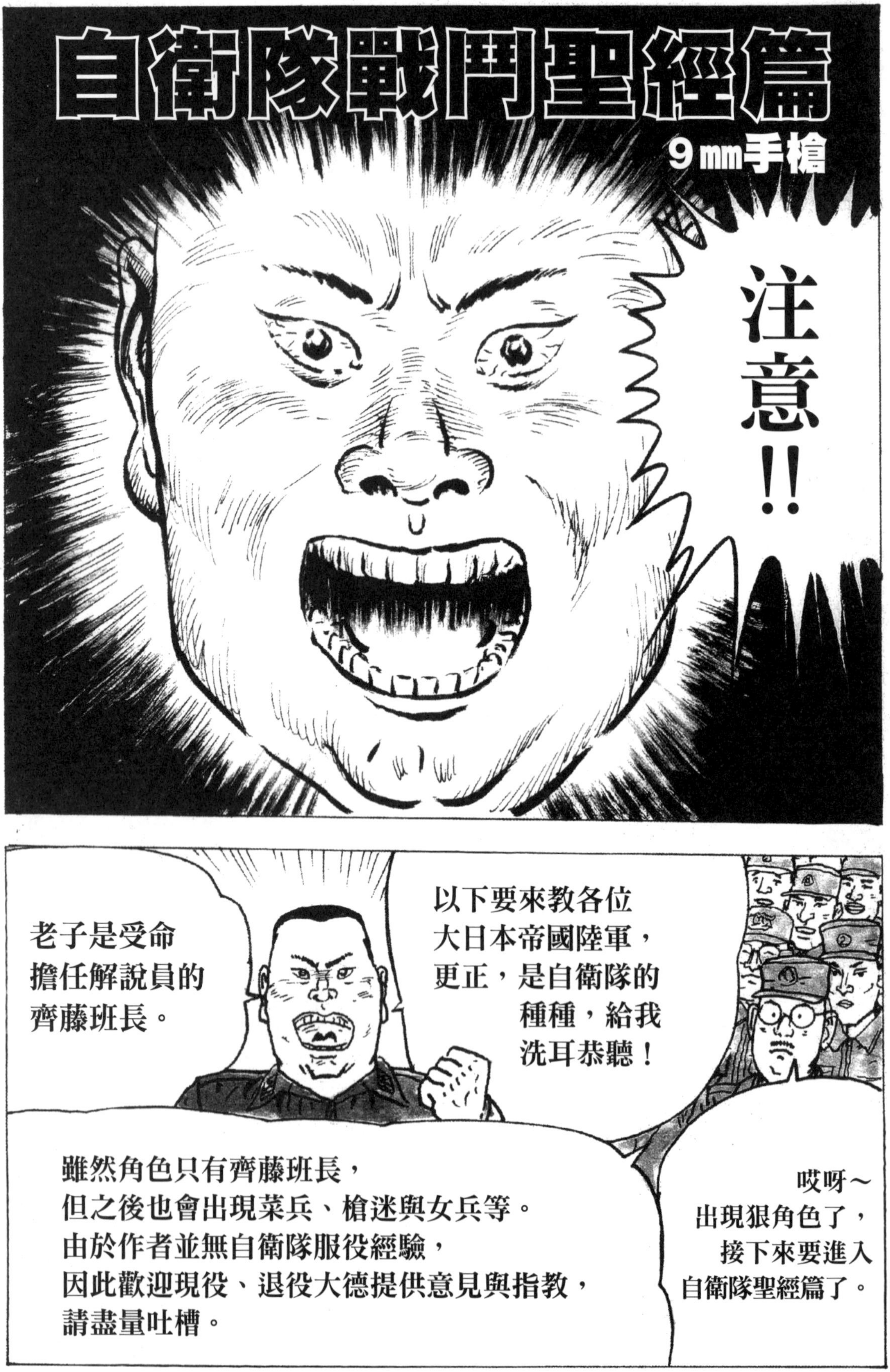

「自衛隊戰鬥聖經」篇參考的是刊載當時（2005年～2009年）的資訊，可能與現狀有大幅出入。

■自衛隊的手槍

先從輕兵器開始講，就用手槍起頭吧！

新南部M57A其實是做得很不錯的手槍的說。

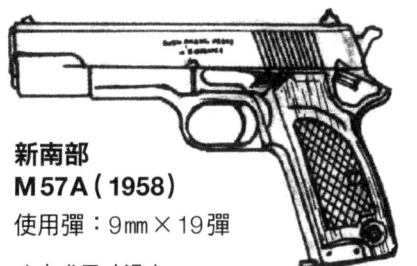

M1911A1 / M1911

柯特.45政府式
使用彈：.45ACP
重量：約1,100g
裝彈數：7發

自衛隊使用的首款手槍是柯特政府式，來自美軍提供或租借，配賦上級指揮官、無後座力砲或迫擊砲砲手、戰車組員等當作副武器。

新南部M57A（1958）
使用彈：9mm×19彈

政府式尺寸過大，
不適合日本人體型，因此委託日本唯一官需手槍製造商新中央工業研製國造手槍，推出這款新南部M57A。
但該時期美軍仍在使用M1911，
彈藥不具共通性，所以並未採用作為戰後首款國造軍用手槍。

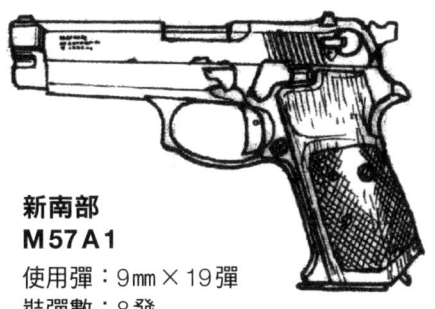

SIG P220
使用彈：9mm×19彈
重量：約810g
裝彈數：9發

新南部M57A1
使用彈：9mm×19彈
裝彈數：8發

耳聞美軍即將捨棄長年使用的M1911，
改為採用9mm手槍，陸上自衛隊因而傳出研發新型手槍的呼聲。
於1979年至1980年以新中央工業製造的M57A1、西德的P220、比利時的FNHP等槍型進行評選。
未詳細公布結果，但最後是P220獲得採用，1982年1月防衛廳（當時）長官核准部隊使用，1982年開始配賦部隊。

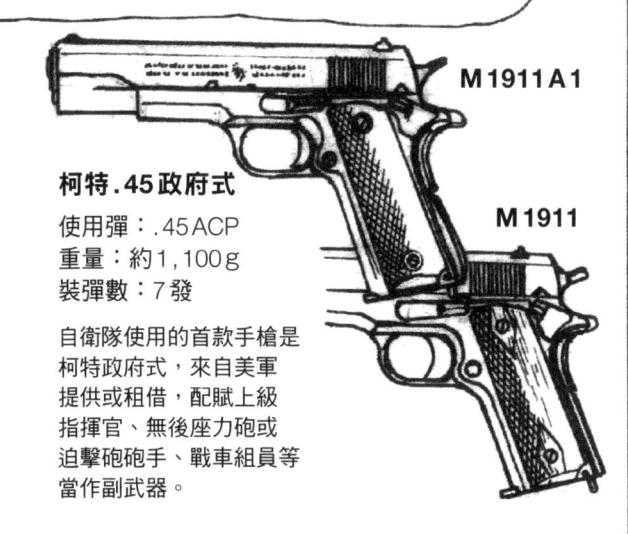

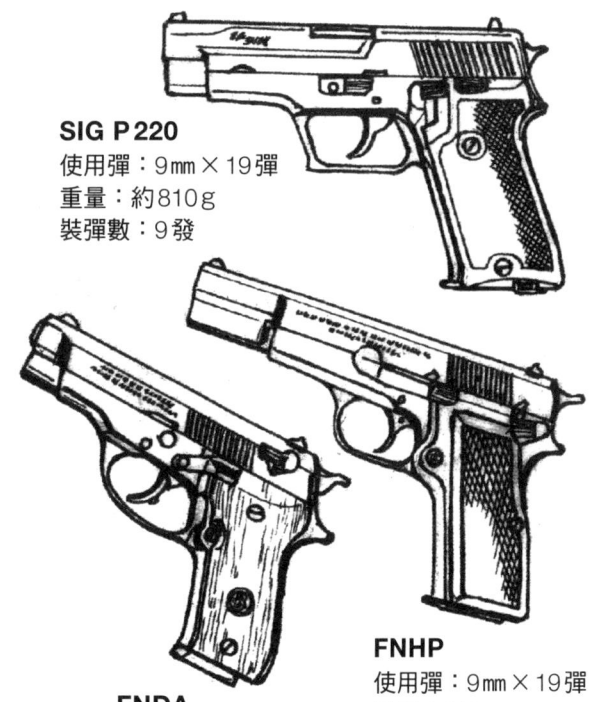

FNDA
使用彈：9mm×19彈
重量：約900g
裝彈數：14發

FNHP
使用彈：9mm×19彈
重量：910g
裝彈數：13發

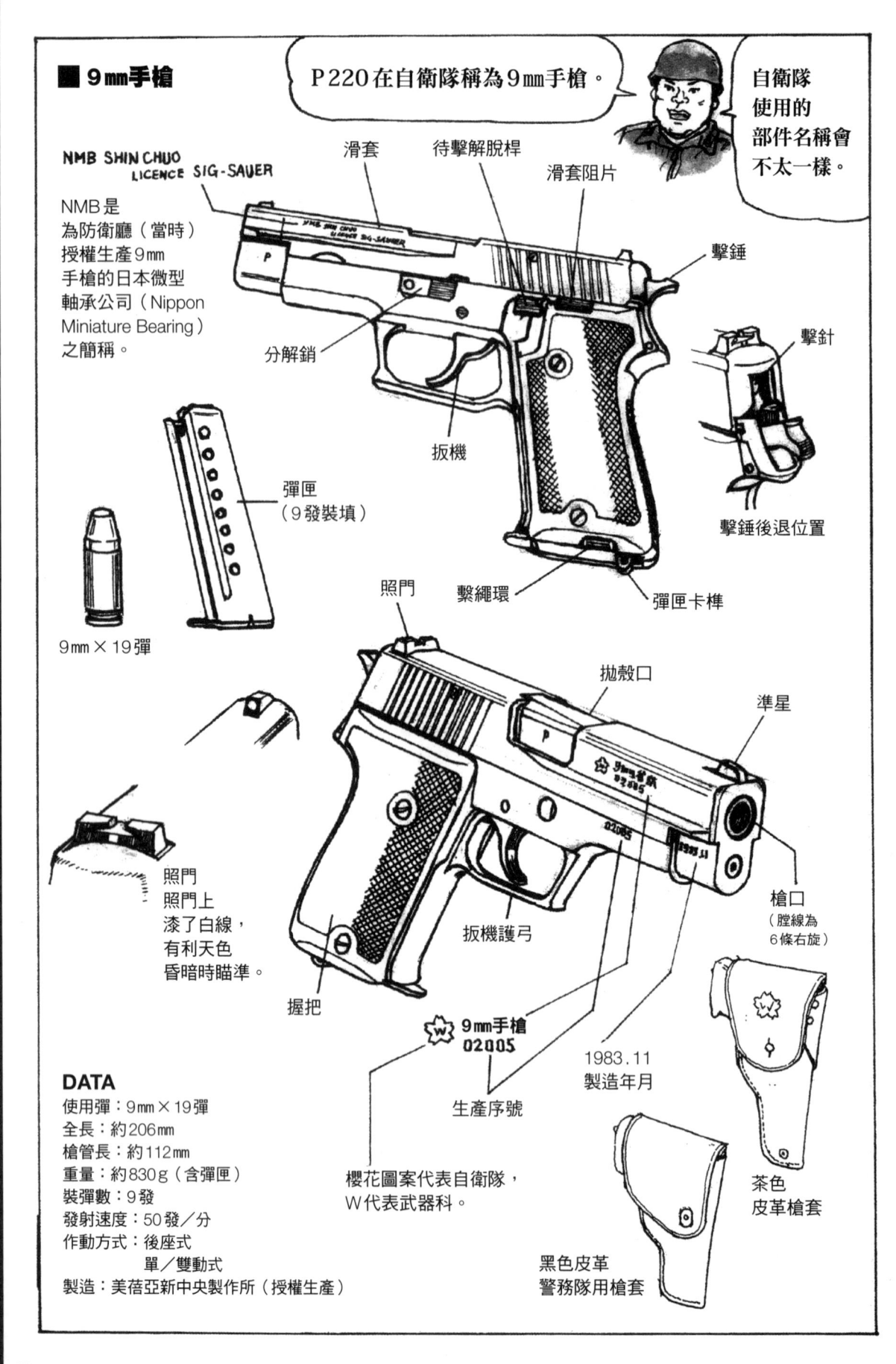

■ 9mm手槍

> P220在自衛隊稱為9mm手槍。

> 自衛隊使用的部件名稱會不太一樣。

NMB SHIN CHUO LICENCE SIG-SAUER

NMB 是為防衛廳（當時）授權生產9mm手槍的日本微型軸承公司（Nippon Miniature Bearing）之簡稱。

- 滑套
- 待擊解脫桿
- 滑套阻片
- 擊錘
- 擊針
- 擊錘後退位置
- 分解銷
- 扳機
- 彈匣（9發裝填）
- 9mm×19彈
- 照門
- 繫繩環
- 彈匣卡榫
- 拋殼口
- 準星
- 照門，照門上漆了白線，有利天色昏暗時瞄準。
- 扳機護弓
- 握把
- 槍口（膛線為6條右旋）
- 9mm手槍 02005
- 生產序號
- 1983.11 製造年月
- 櫻花圖案代表自衛隊，W代表武器科。
- 茶色皮革槍套
- 黑色皮革警務隊用槍套

DATA

使用彈：9mm×19彈
全長：約206mm
槍管長：約112mm
重量：約830g（含彈匣）
裝彈數：9發
發射速度：50發／分
作動方式：後座式
　　　　　單／雙動式
製造：美蓓亞新中央製作所（授權生產）

■使用方法

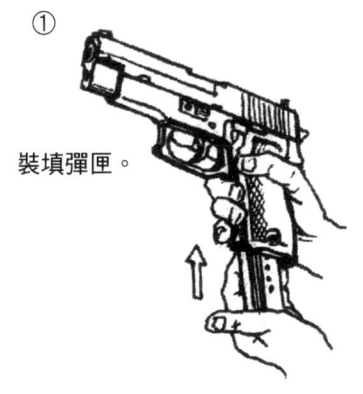

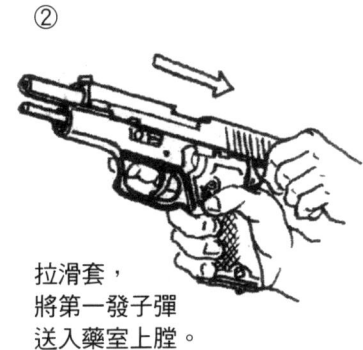

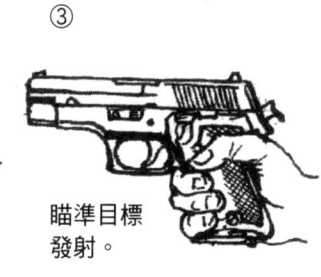

○操作

① 裝填彈匣。

② 拉滑套，將第一發子彈送入藥室上膛。

③ 瞄準目標發射。

手槍的標準射擊為25m。

陸上自衛隊原則上是以單手射擊，但最近也能看見雙手持槍。

打完所有子彈後，滑套會固定在後退位置，表示彈匣已空。

○保險

9mm手槍能以雙動式迅速射擊，並未配備手動保險。拉滑套後，將待擊解脫桿往下撥，擊錘就會處於半待擊狀態。

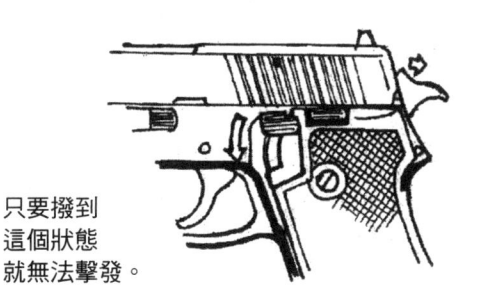

只要撥到這個狀態就無法擊發。

拿到手槍後，首先要拉滑套並檢查藥室內部。

除射擊外不得將手指伸入扳機護弓內。

手槍的槍口必須常保朝上狀態，槍口不准對人。

以上3點務必得養成習慣！

○裝填

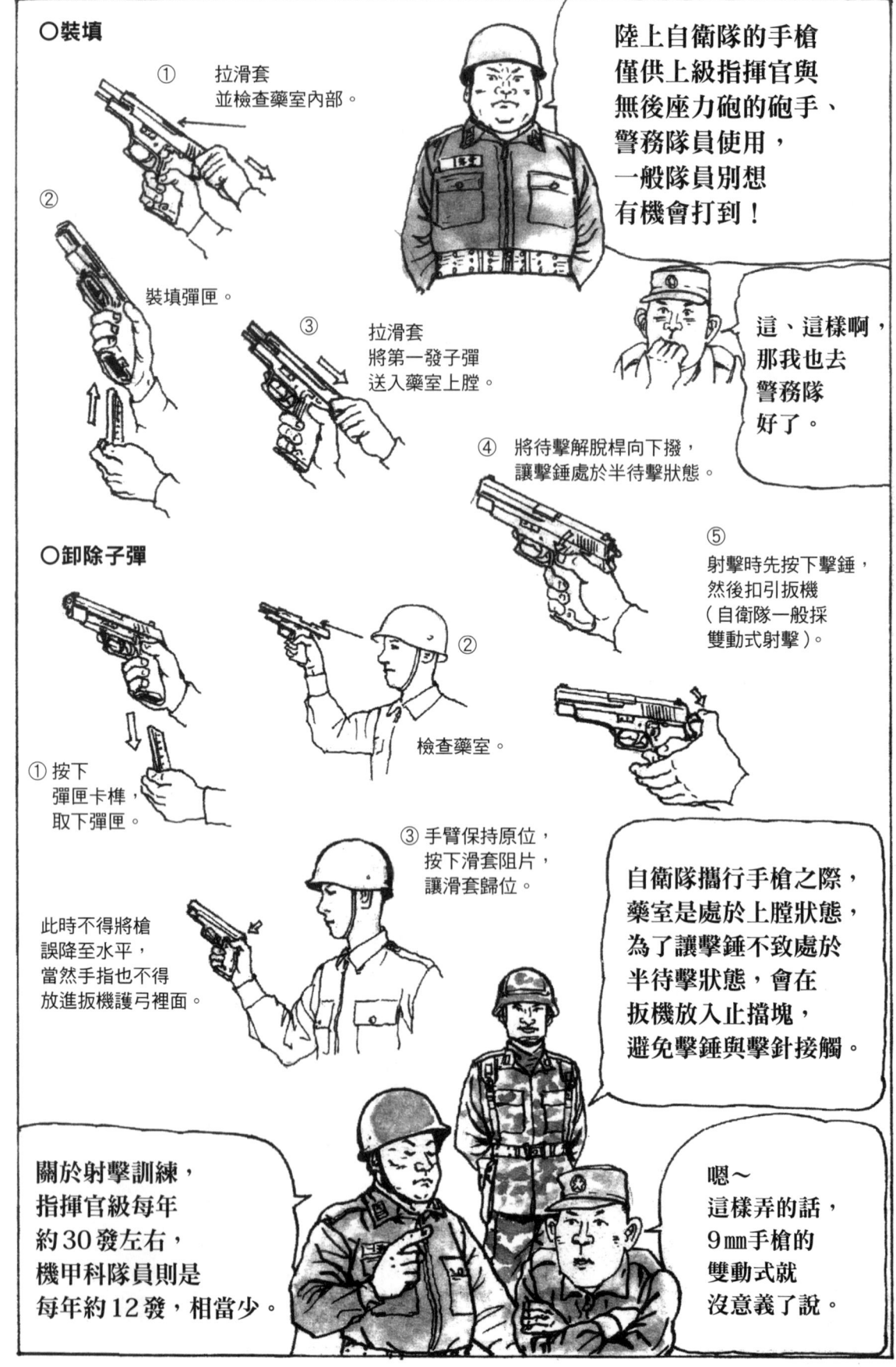

① 拉滑套並檢查藥室內部。

② 裝填彈匣。

③ 拉滑套將第一發子彈送入藥室上膛。

④ 將待擊解脫桿向下撥，讓擊錘處於半待擊狀態。

⑤ 射擊時先按下擊錘，然後扣引扳機（自衛隊一般採雙動式射擊）。

> 陸上自衛隊的手槍僅供上級指揮官與無後座力砲的砲手、警務隊員使用，一般隊員別想有機會打到！

> 這、這樣啊，那我也去警務隊好了。

○卸除子彈

① 按下彈匣卡榫，取下彈匣。

此時不得將槍誤降至水平，當然手指也不得放進扳機護弓裡面。

② 檢查藥室。

③ 手臂保持原位，按下滑套阻片，讓滑套歸位。

> 自衛隊攜行手槍之際，藥室是處於上膛狀態，為了讓擊錘不致處於半待擊狀態，會在扳機放入止擋塊，避免擊錘與擊針接觸。

> 關於射擊訓練，指揮官級每年約30發左右，機甲科隊員則是每年約12發，相當少。

> 嗯～這樣弄的話，9mm手槍的雙動式就沒意義了說。

編輯部註：現在就連普通科的步槍手有時都會攜行9mm手槍，關於自衛隊的手槍運用，近年已有不小變化。

■分解

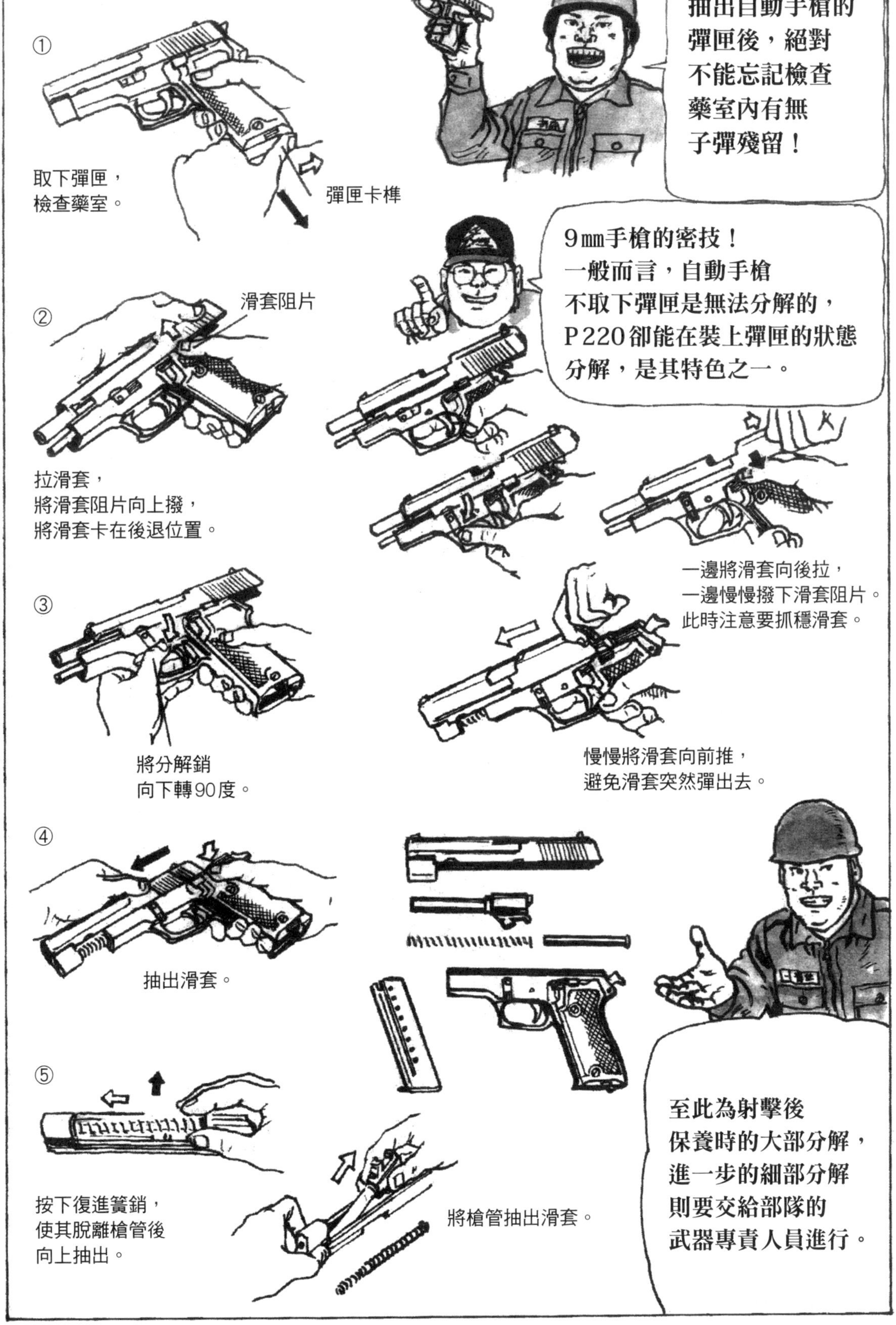

① 取下彈匣，檢查藥室。
彈匣卡榫

抽出自動手槍的彈匣後，絕對不能忘記檢查藥室內有無子彈殘留！

② 拉滑套，將滑套阻片向上撥，將滑套卡在後退位置。
滑套阻片

9mm手槍的密技！一般而言，自動手槍不取下彈匣是無法分解的，P220卻能在裝上彈匣的狀態分解，是其特色之一。

一邊將滑套向後拉，一邊慢慢撥下滑套阻片。此時注意要抓穩滑套。

③ 將分解銷向下轉90度。

慢慢將滑套向前推，避免滑套突然彈出去。

④ 抽出滑套。

⑤ 按下復進簧銷，使其脫離槍管後向上抽出。

將槍管抽出滑套。

至此為射擊後保養時的大部分解，進一步的細部分解則要交給部隊的武器專責人員進行。

■槍迷專頁

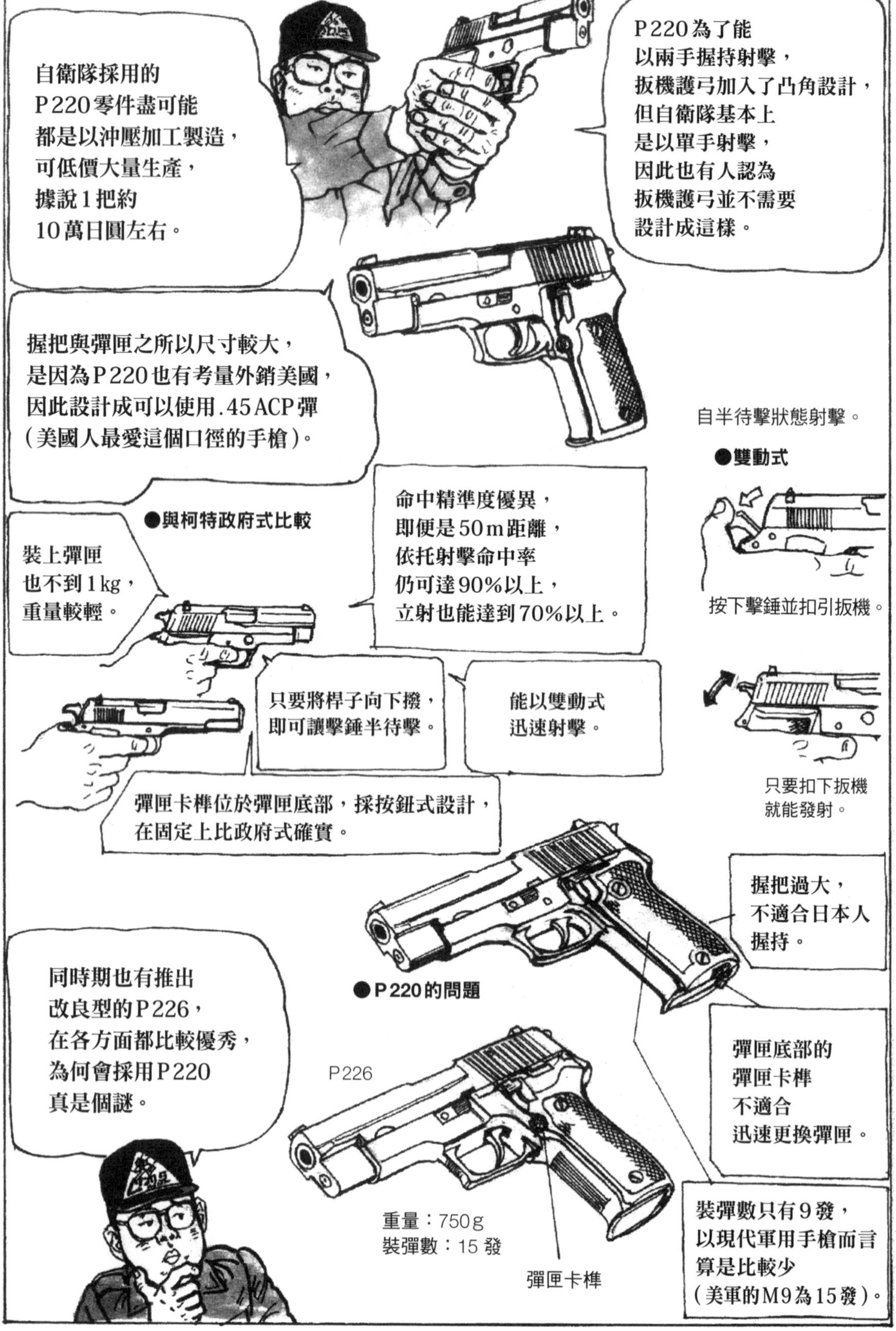

自衛隊採用的P220零件盡可能都是以沖壓加工製造，可低價大量生產，據說1把約10萬日圓左右。

P220為了能以兩手握持射擊，扳機護弓加入了凸角設計，但自衛隊基本上是以單手射擊，因此也有人認為扳機護弓並不需要設計成這樣。

握把與彈匣之所以尺寸較大，是因為P220也有考量外銷美國，因此設計成可以使用.45ACP彈（美國人最愛這個口徑的手槍）。

自半待擊狀態射擊。

● 雙動式

按下擊錘並扣引扳機。

● 與柯特政府式比較

裝上彈匣也不到1kg，重量較輕。

命中精準度優異，即便是50m距離，依托射擊命中率仍可達90%以上，立射也能達到70%以上。

只要將桿子向下撥，即可讓擊錘半待擊。

能以雙動式迅速射擊。

只要扣下扳機就能發射。

彈匣卡榫位於彈匣底部，採按鈕式設計，在固定上比政府式確實。

● P220的問題

握把過大，不適合日本人握持。

同時期也有推出改良型的P226，在各方面都比較優秀，為何會採用P220真是個謎。

P226

重量：750g
裝彈數：15發

彈匣卡榫

彈匣底部的彈匣卡榫不適合迅速更換彈匣。

裝彈數只有9發，以現代軍用手槍而言算是比較少（美軍的M9為15發）。

64式7.62mm步槍

這就是普通科（步兵）的主力武器，64式步槍。

戰後首款國造自動步槍。當時也想過向美軍購買M14，但那種又大又重的槍實在不適合日本人！果然槍械還是要用國造品啦～

為什麼除了槍機不叫往復體，其他名稱都跟舊陸軍那麼像呢？

現代槍迷太常使用外來語了。英美現在雖是盟友，但過去可是敵國呢，這些名稱給我記清楚啦！

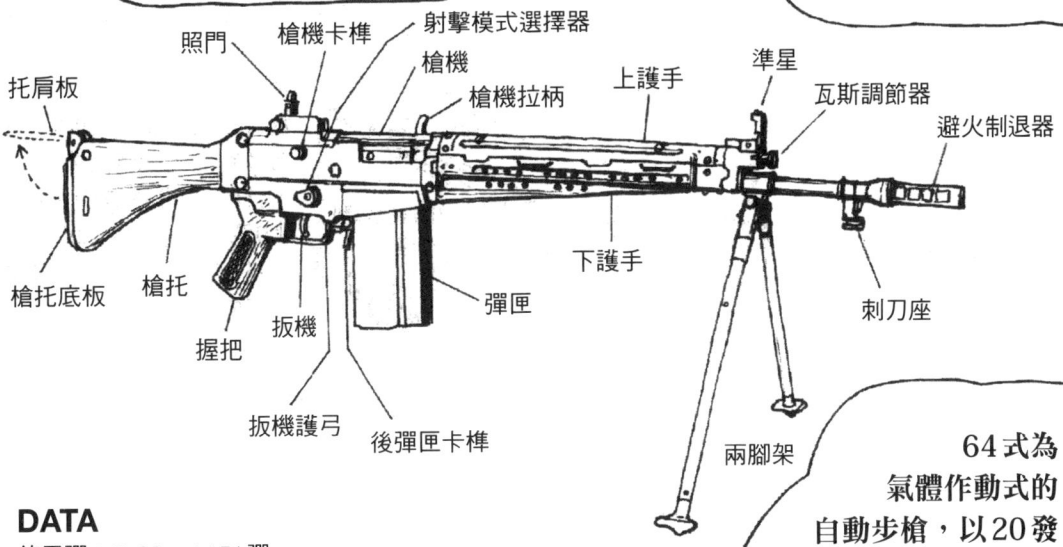

部位標示：
- 托肩板
- 槍托底板
- 槍托
- 握把
- 扳機
- 扳機護弓
- 後彈匣卡榫
- 照門
- 槍機卡榫
- 槍機
- 射擊模式選擇器
- 槍機拉柄
- 上護手
- 下護手
- 彈匣
- 準星
- 瓦斯調節器
- 避火制退器
- 刺刀座
- 兩腳架

DATA
使用彈：7.62mm×51彈
全長：約990mm
槍管長：約450mm
重量：約4,300g
裝彈數：20發
瞄準基線（準星與照門的距離）：506mm
膛線：4條右旋（纏度254mm）
扳機拉力：2,700～4,300g

64式為氣體作動式的自動步槍，以20發彈匣給彈，可由射擊模式選擇器切換單發射擊與連發射擊。另外，它也能加裝瞄準鏡、刺刀與槍榴彈發射器。

自衛隊的步槍

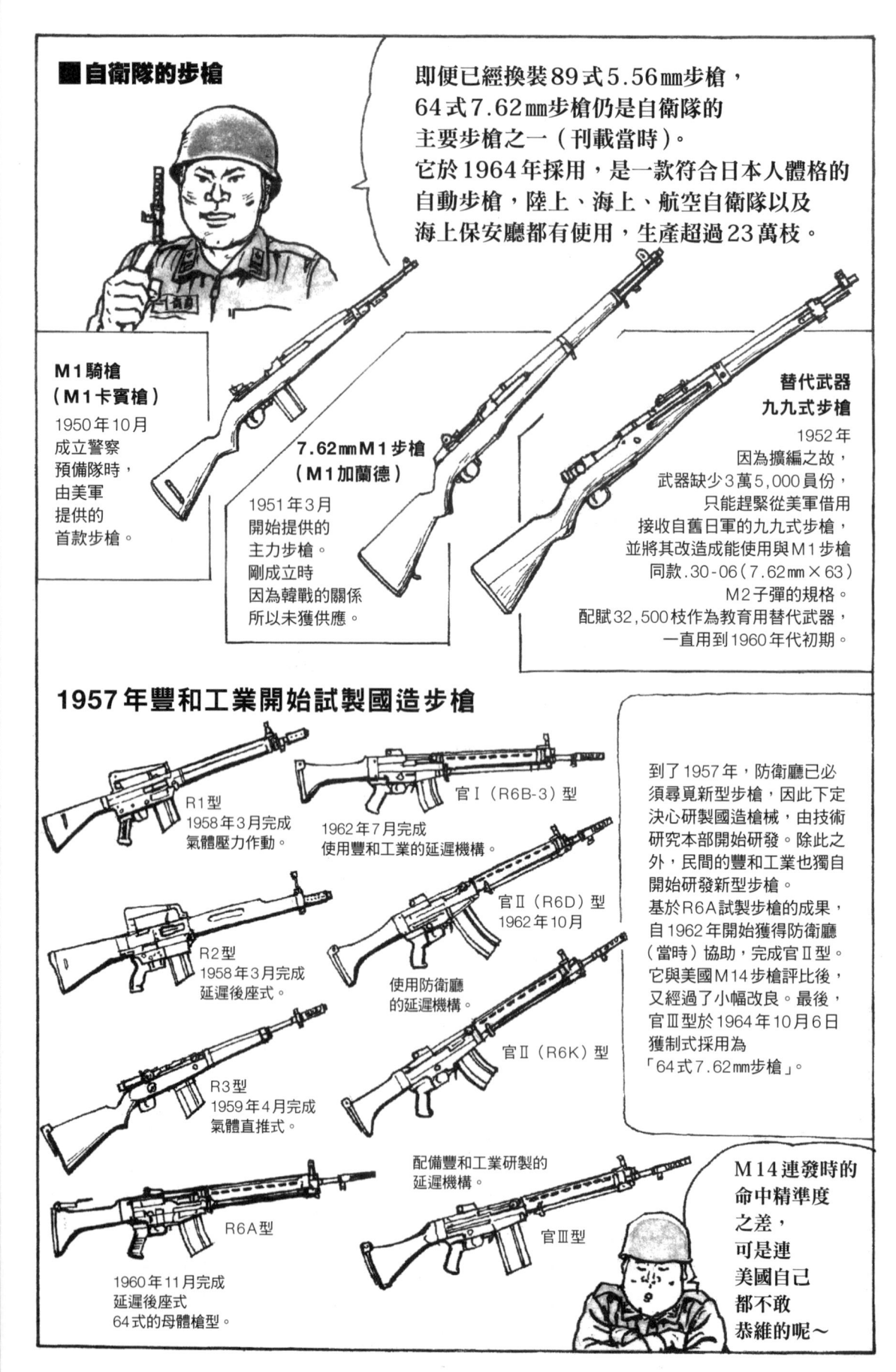

即便已經換裝89式5.56mm步槍，64式7.62mm步槍仍是自衛隊的主要步槍之一（刊載當時）。它於1964年採用，是一款符合日本人體格的自動步槍，陸上、海上、航空自衛隊以及海上保安廳都有使用，生產超過23萬枝。

M1騎槍（M1卡賓槍）
1950年10月成立警察預備隊時，由美軍提供的首款步槍。

7.62mm M1步槍（M1加蘭德）
1951年3月開始提供的主力步槍。剛成立時因為韓戰的關係所以未獲供應。

替代武器 九九式步槍
1952年因為擴編之故，武器缺少3萬5,000員份，只能趕緊從美軍借用接收自舊日軍的九九式步槍，並將其改造成能使用與M1步槍同款.30-06（7.62mm×63）M2子彈的規格。配賦32,500枝作為教育用替代武器，一直用到1960年代初期。

1957年豐和工業開始試製國造步槍

R1型 1958年3月完成 氣體壓力作動。

官Ⅰ（R6B-3）型 1962年7月完成 使用豐和工業的延遲機構。

R2型 1958年3月完成 延遲後座式。

官Ⅱ（R6D）型 1962年10月 使用防衛廳的延遲機構。

R3型 1959年4月完成 氣體直推式。

官Ⅱ（R6K）型 配備豐和工業研製的延遲機構。

R6A型 1960年11月完成 延遲後座式。64式的母體槍型。

官Ⅲ型

到了1957年，防衛廳已必須尋覓新型步槍，因此下定決心研製國造槍械，由技術研究本部開始研發。除此之外，民間的豐和工業也獨自開始研發新型步槍。基於R6A試製步槍的成果，自1962年開始獲得防衛廳（當時）協助，完成官Ⅱ型。它與美國M14步槍評比後，又經過了小幅改良。最後，官Ⅲ型於1964年10月6日獲制式採用為「64式7.62mm步槍」。

M14連發時的命中精準度之差，可是連美國自己都不敢恭維的呢～

■操作法

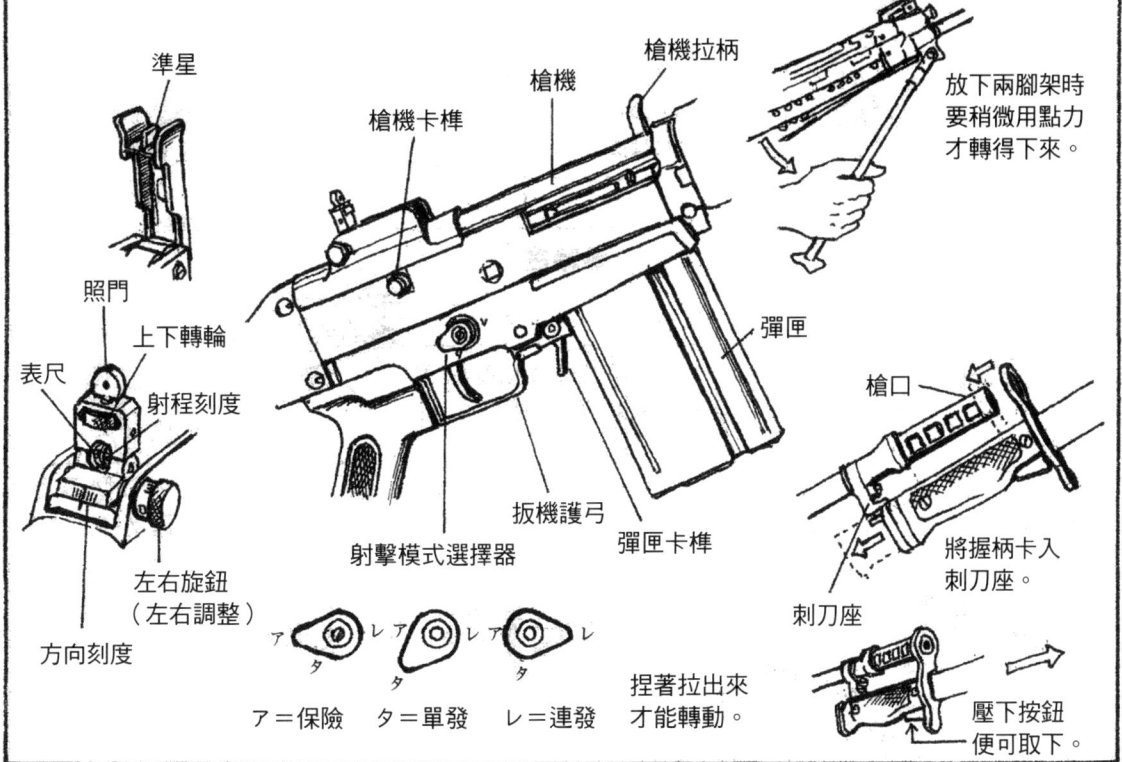

●操作

① 將槍機拉柄向後拉，並固定在後，檢查藥室內部，關保險。

② 裝上彈匣，將彈匣卡入前方彈匣卡榫並向後壓，讓彈匣卡入後方彈匣卡榫。

③ 稍微拉動槍機拉柄解除槍機卡榫，前推槍機將子彈推入藥室上膛。

④ 開保險，將選擇器撥至單發或連發位置，瞄準目標發射。

⑤ 打完所有子彈後，彈匣止擋會卡住槍機，讓槍機處於後退狀態。

⑥ 拉拉柄，讓槍機卡榫卡住槍機後取下彈匣。

準星
照門
上下轉輪
表尺
射程刻度
左右旋鈕（左右調整）
方向刻度

槍機卡榫
槍機
槍機拉柄
彈匣
扳機護弓
射擊模式選擇器
彈匣卡榫

ア＝保險　タ＝單發　レ＝連發
捏著拉出來才能轉動。

放下兩腳架時要稍微用點力才轉得下來。

槍口
刺刀座
將握柄卡入刺刀座。
壓下按鈕便可取下。

■分解

步槍的分解有以下兩種：
（1）大部分解（平時保養分解）
（2）細部分解（部隊保修人員負責的細部保養分解。一般隊員若要進行，必須有幹部、武器專長人員或陸曹在旁指導）。

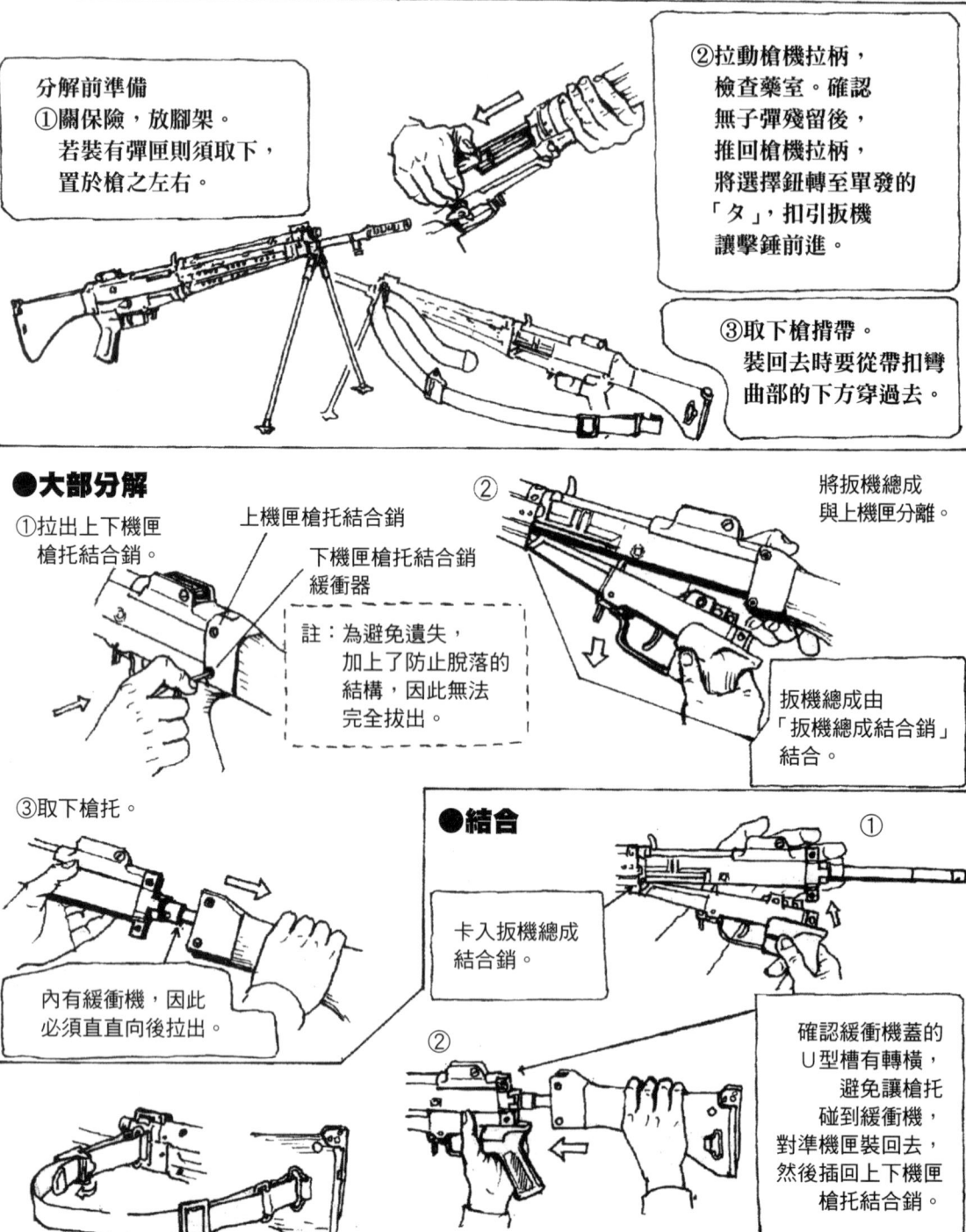

分解前準備
① 關保險，放腳架。若裝有彈匣則須取下，置於槍之左右。

② 拉動槍機拉柄，檢查藥室。確認無子彈殘留後，推回槍機拉柄，將選擇鈕轉至單發的「タ」，扣引扳機讓擊錘前進。

③ 取下槍揹帶。裝回去時要從帶扣彎曲部的下方穿過去。

●大部分解

① 拉出上下機匣槍托結合銷。

上機匣槍托結合銷
下機匣槍托結合銷
緩衝器

註：為避免遺失，加上了防止脫落的結構，因此無法完全拔出。

② 將扳機總成與上機匣分離。

扳機總成由「扳機總成結合銷」結合。

③ 取下槍托。
內有緩衝機，因此必須直直向後拉出。

●結合

① 卡入扳機總成結合銷。

② 確認緩衝機蓋的U型槽有轉橫，避免讓槍托碰到緩衝機，對準機匣裝回去，然後插回上下機匣槍托結合銷。

●分解槍枝主要部位

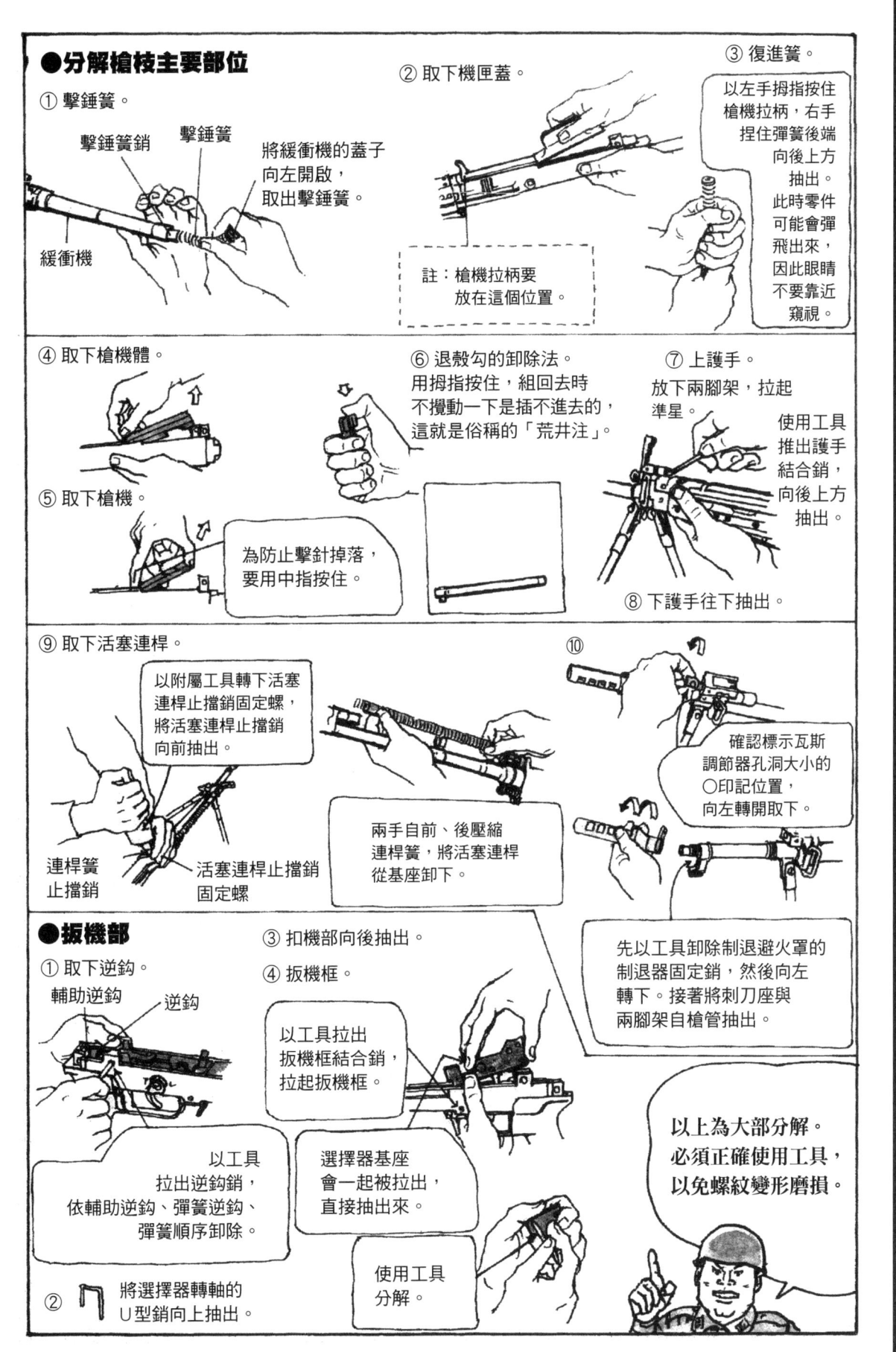

① 擊錘簧。

擊錘簧銷　擊錘簧

將緩衝機的蓋子向左開啟，取出擊錘簧。

緩衝機

② 取下機匣蓋。

註：槍機拉柄要放在這個位置。

③ 復進簧。

以左手拇指按住槍機拉柄，右手捏住彈簧後端向後上方抽出。此時零件可能會彈飛出來，因此眼睛不要靠近窺視。

④ 取下槍機體。

⑤ 取下槍機。

為防止擊針掉落，要用中指按住。

⑥ 退殼勾的卸除法。用拇指按住，組回去時不攪動一下是插不進去的，這就是俗稱的「荒井注」。

⑦ 上護手。

放下兩腳架，拉起準星。

使用工具推出護手結合銷，向後上方抽出。

⑧ 下護手往下抽出。

⑨ 取下活塞連桿。

以附屬工具轉下活塞連桿止擋銷固定螺，將活塞連桿止擋銷向前抽出。

連桿簧止擋銷　活塞連桿止擋銷固定螺

兩手自前、後壓縮連桿簧，將活塞連桿從基座卸下。

⑩ 確認標示瓦斯調節器孔洞大小的○印記位置，向左轉開取下。

先以工具卸除制退避火罩的制退器固定銷，然後向左轉下。接著將刺刀座與兩腳架自槍管抽出。

●扳機部

① 取下逆鉤。

輔助逆鉤　逆鉤

以工具拉出逆鉤銷，依輔助逆鉤、彈簧逆鉤、彈簧順序卸除。

② 將選擇器轉軸的U型銷向上抽出。

③ 扣機部向後抽出。

④ 扳機框。

以工具拉出扳機框結合銷，拉起扳機框。

選擇器基座會一起被拉出，直接抽出來。

使用工具分解。

以上為大部分解。必須正確使用工具，以免螺紋變形磨損。

■大部分解的順序與零件名稱

●主體部位　槍管機匣總成

① 擊錘簧　擊錘簧銷　緩衝機蓋
② 機匣蓋
③ 後彈簧總成：後彈簧止擋銷　復進簧部　復進簧筒　後彈簧軸
④ 槍機體
⑤ 槍機總成：擊錘止擋　退殼勾　槍機　擊針　退殼勾簧
⑥ 擊錘
⑦ 上護手
⑧ 下護手
⑨ 活塞總成：活塞連桿　固定螺　活塞連桿止擋銷　活塞連桿　止擋銷
⑩ 制退避火罩　制退避火罩　止擋螺及彈簧基座
刺刀座　腳架固定筒　皿狀基座　前槍揹帶環　兩腳架

扳機室總成

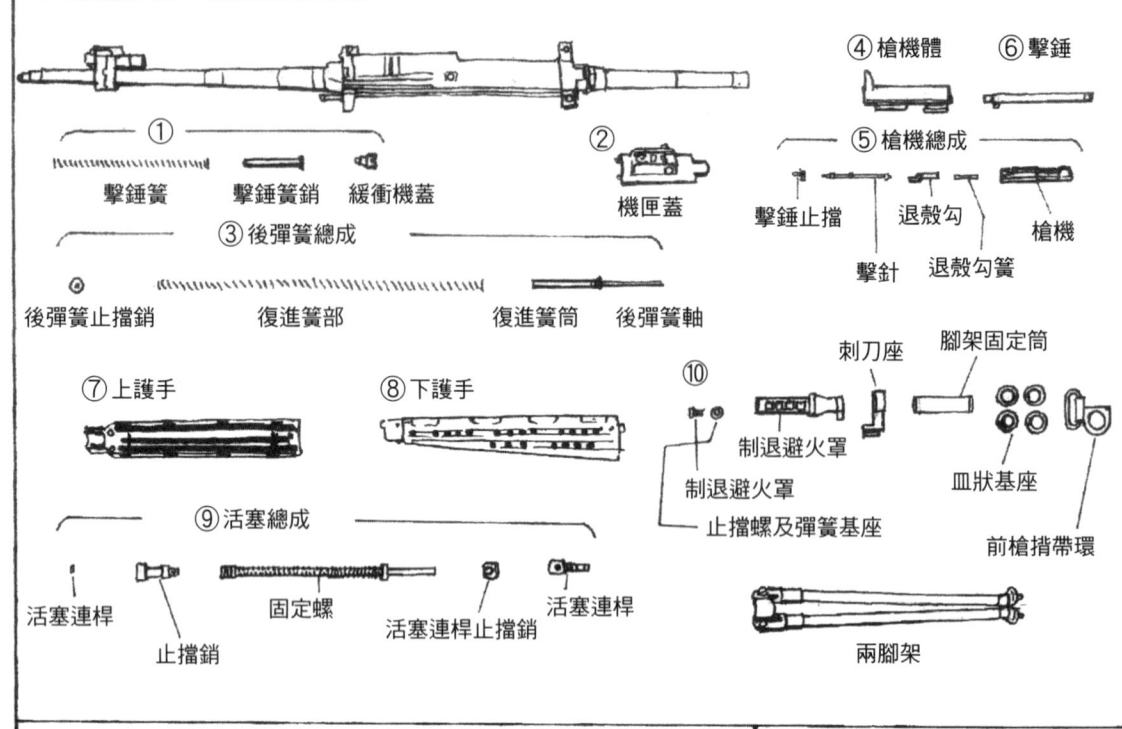

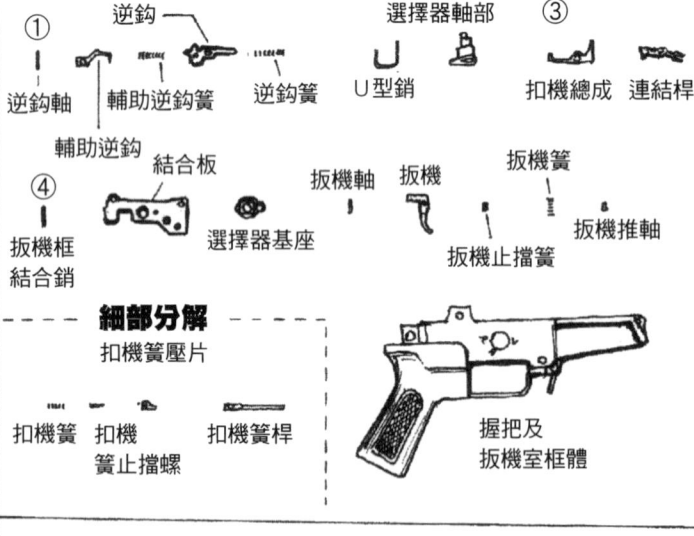

① 逆鉤軸　輔助逆鉤簧　逆鉤　逆鉤簧　輔助逆鉤　結合板
② 射擊模式選擇器軸部　U型銷　選擇器基座
③ 扣機總成　連結桿　扳機軸　扳機　扳機簧　扳機止擋簧　扳機推軸
④ 扳機框結合銷

細部分解
扣機簧壓片
扣機簧　扣機簧止擋螺　扣機簧桿
握把及扳機室框體

槍托總成

托肩板　附屬工具室蓋　槍托　槍托底板　附屬工具（槍膛刷等）

分解必須在3分鐘內完成，結合則要在5分鐘內完成才行喔～

報告班長，請班長示範。

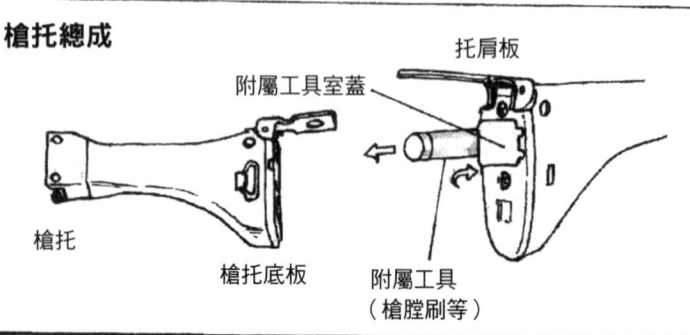

蠢蛋！像俺這麼行的示範給你看也沒用啦～就讓俺在2分鐘以內分解給你小子看。

■槍迷之頁

咱們的64式比起當時美軍制式步槍M14，在各方面都比較優秀呢！

口徑同為7.62㎜，重量為4.3kg，雖比M14的4.05kg還要重一點，但全長與M14的112㎝相比，只有99㎝，比較符合日本人的體格。

為了提高命中精準度，不僅裝有兩腳架，槍機拉柄也裝在正上方，藉此減少橫向震動。此外，槍口也裝有制退避火罩，憑藉這些巧思，即便連發也有辦法命中，這在當時而言算是世界罕見。

槍管壽命據說為3萬7,000發，耐用性堪比輕機槍。

至於64式的缺點，包括操作性不佳、構造過於複雜，量產比較耗時。而日本國造武器最大的問題，自然就是製造單價過高（64式約17萬日圓，M16A1約2萬日圓，1984年調查）。

不僅分解之後重新組合相當麻煩，射擊模式選擇器只裝在右側也是個大問題。

摺疊式的前後瞄準具在射擊時可能還會因後座力而倒下。

最重要的是沒有實戰經驗啦！

64式步槍使用的7.62㎜NATO子彈是發射藥減少20%左右的減裝彈。

雖然減裝彈的初速比較慢，但性能與普通彈並無太大差異，命中精準度也很高。當然，64式也能發射普通彈。

那種東西就免了。

嗯，咱們日本從以前就對敵人很仁慈呢！三八式的6.5㎜口徑也是基於「殘忍殺生並非人道，槍傷只要能在戰場上讓敵兵失去戰鬥力即可」的意見而決定。這種減裝彈就我國地形來說，只要能打到500ｍ左右即可，因此不需使用威力過大的普通彈。

89式5.56mm步槍

這就是目前※用以取代64式步槍的新型步槍89式。優先配賦戰鬥職種，因此有不少非戰鬥職種的隊員還碰不到。

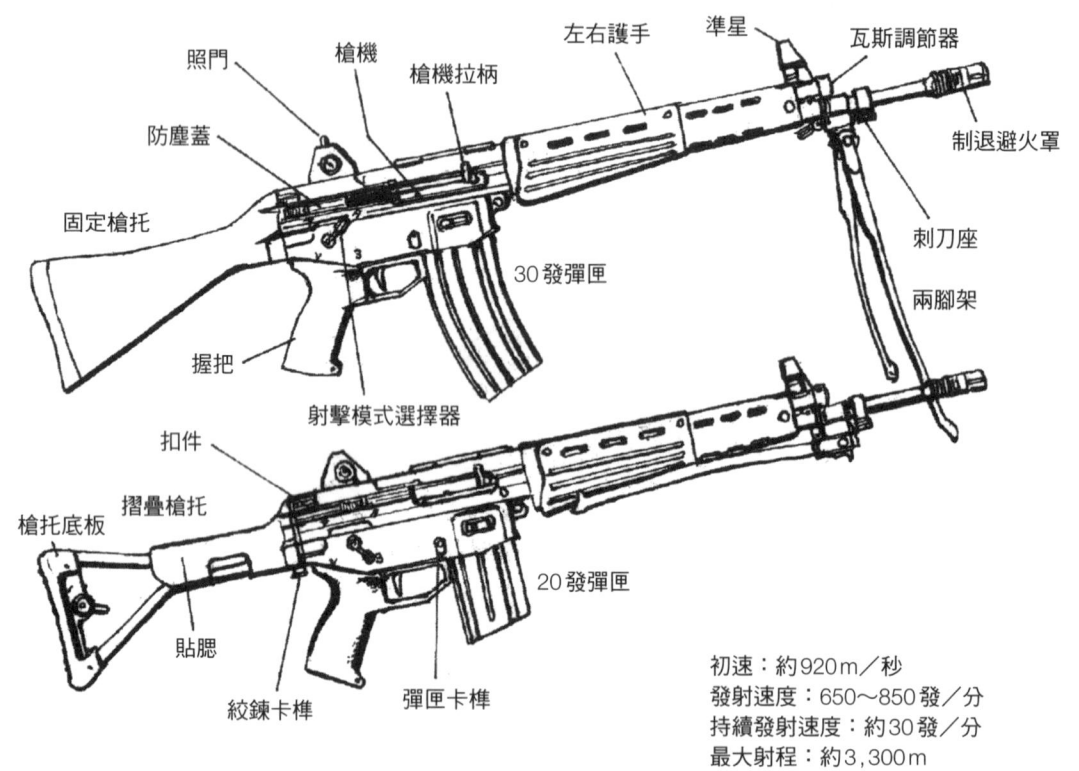

新步槍真好，什麼時候才有機會打打看呢～

部件標示： 照門、槍機、槍機拉柄、左右護手、準星、瓦斯調節器、防塵蓋、制退避火罩、固定槍托、刺刀座、30發彈匣、兩腳架、握把、射擊模式選擇器、扣件、摺疊槍托、槍托底板、貼腮、絞鍊卡榫、彈匣卡榫、20發彈匣

初速：約920m／秒
發射速度：650～850發／分
持續發射速度：約30發／分
最大射程：約3,300m

DATA
使用彈：5.56mm×45彈
全長：約916mm（固定、摺疊槍托）／
　　　約670mm（摺疊槍托摺疊時）
槍管長：420mm
重量：約3,500g
裝彈數：20發、30發
瞄準基線：44cm
膛線：6條右旋（纏度17.8cm）
扳機拉力：2,500～4,300g

摺疊式槍托是供空降部隊或裝甲戰鬥車輛組員使用。

※2005年時。

■89式的研製

真是的，明明就因為美軍任性而生出使用7.62㎜彈的64式的說。

美軍卻在越戰使用小口徑的5.56㎜步槍M16，並採用改良型的M16A1作為制式步槍，NATO也跟進採用5.56㎜子彈作為第2種NATO規格彈，使歐美進入小口徑步槍時代。

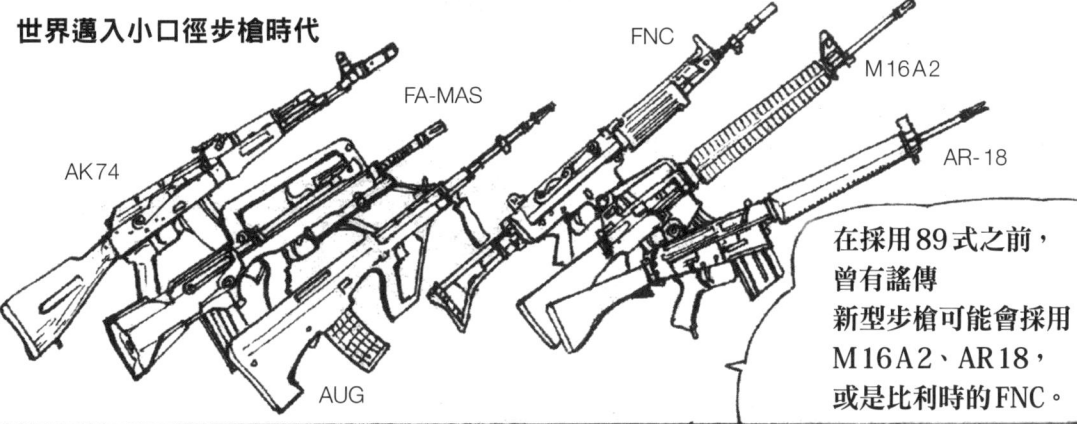

世界邁入小口徑步槍時代

AK74　FA-MAS　FNC　M16A2　AR-18　AUG

在採用89式之前，曾有謠傳新型步槍可能會採用M16A2、AR18，或是比利時的FNC。

89式的研發工作，在制式採用64式的翌年便已開始進行。豐和工業參考與M16同為阿瑪萊特產品的AR18著手研製。

新型步槍的口徑為5.56㎜，採氣動式設計，具備直式槍托，可摺疊更理想，採用限制點放機構，以這些項目作為性能目標開始設計試製。

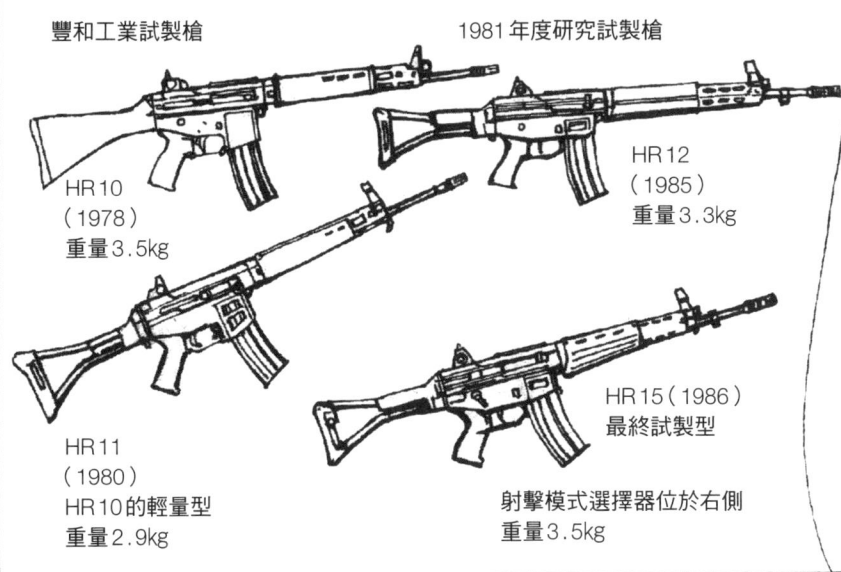

豐和工業試製槍

HR10（1978）重量3.5kg

HR11（1980）HR10的輕量型 重量2.9kg

1981年度研究試製槍

HR12（1985）重量3.3kg

HR15（1986）最終試製型 射擊模式選擇器位於右側 重量3.5kg

豐和工業的HR10、HR11性能頗佳，因此防衛廳技術研究本部也投入協助，於1981年正式開始研製新型步槍。HR15的改良型HR16於1989年獲制式採用為89式5.56㎜步槍。

■使用法
○操作

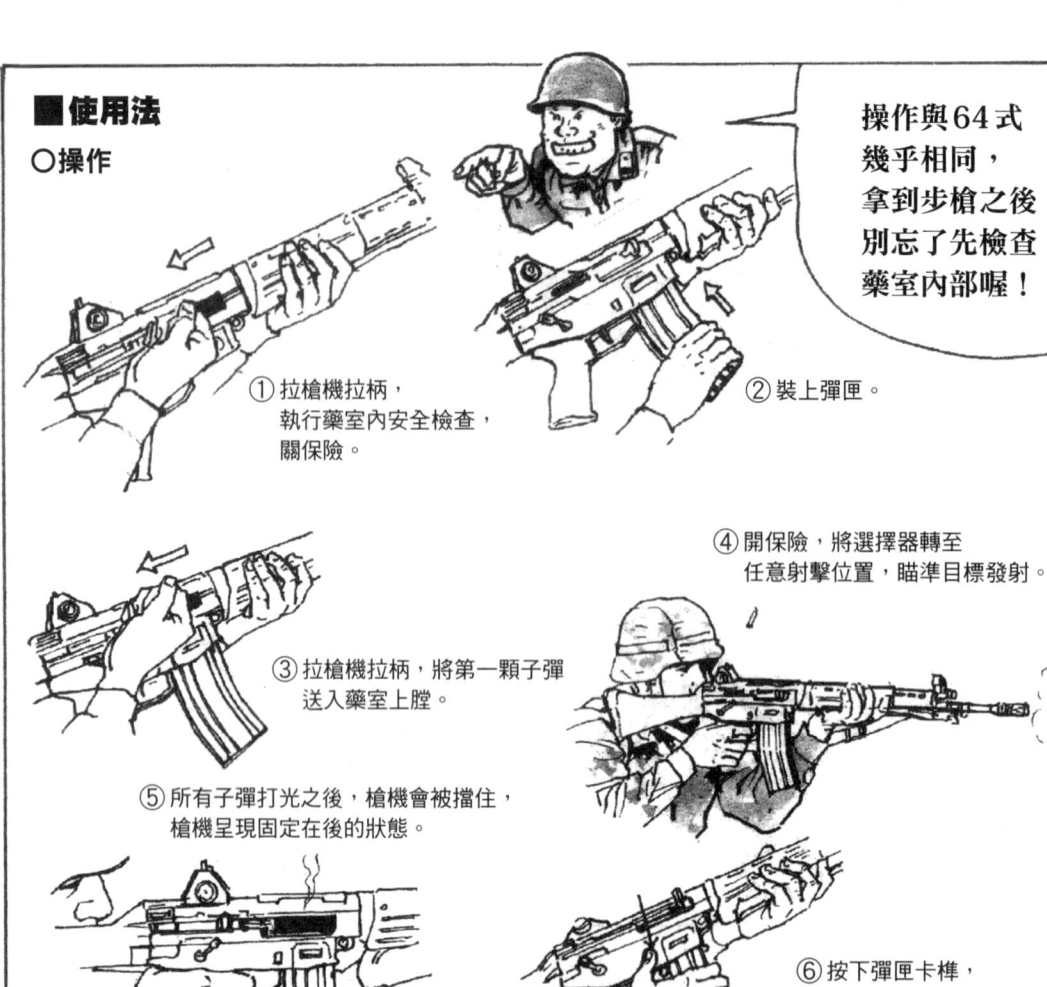

操作與64式幾乎相同，拿到步槍之後別忘了先檢查藥室內部喔！

① 拉槍機拉柄，執行藥室內安全檢查，關保險。

② 裝上彈匣。

③ 拉槍機拉柄，將第一顆子彈送入藥室上膛。

④ 開保險，將選擇器轉至任意射擊位置，瞄準目標發射。

⑤ 所有子彈打光之後，槍機會被擋住，槍機呈現固定在後的狀態。

⑥ 按下彈匣卡榫，取下彈匣。

○射擊模式選擇器

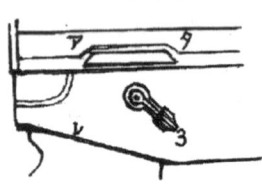

ア＝保險
タ＝單發
レ＝連發
3＝3發點放

3發點放與連發一樣，即便不放開扳機也只會射擊3發，可在實戰中減少彈藥消耗。

準星可調整。

準星卡榫按下此處即可轉動準星。

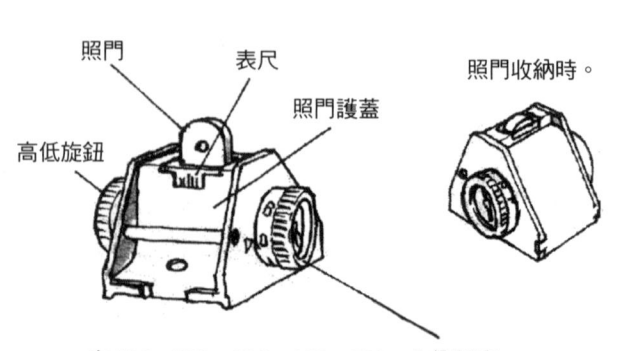

照門
表尺
照門護蓋
高低旋鈕
照門收納時。

有100、200、300、400、500、收納刻度，轉到收納狀態時，照門就會收進護蓋裡面。

○摺疊槍托

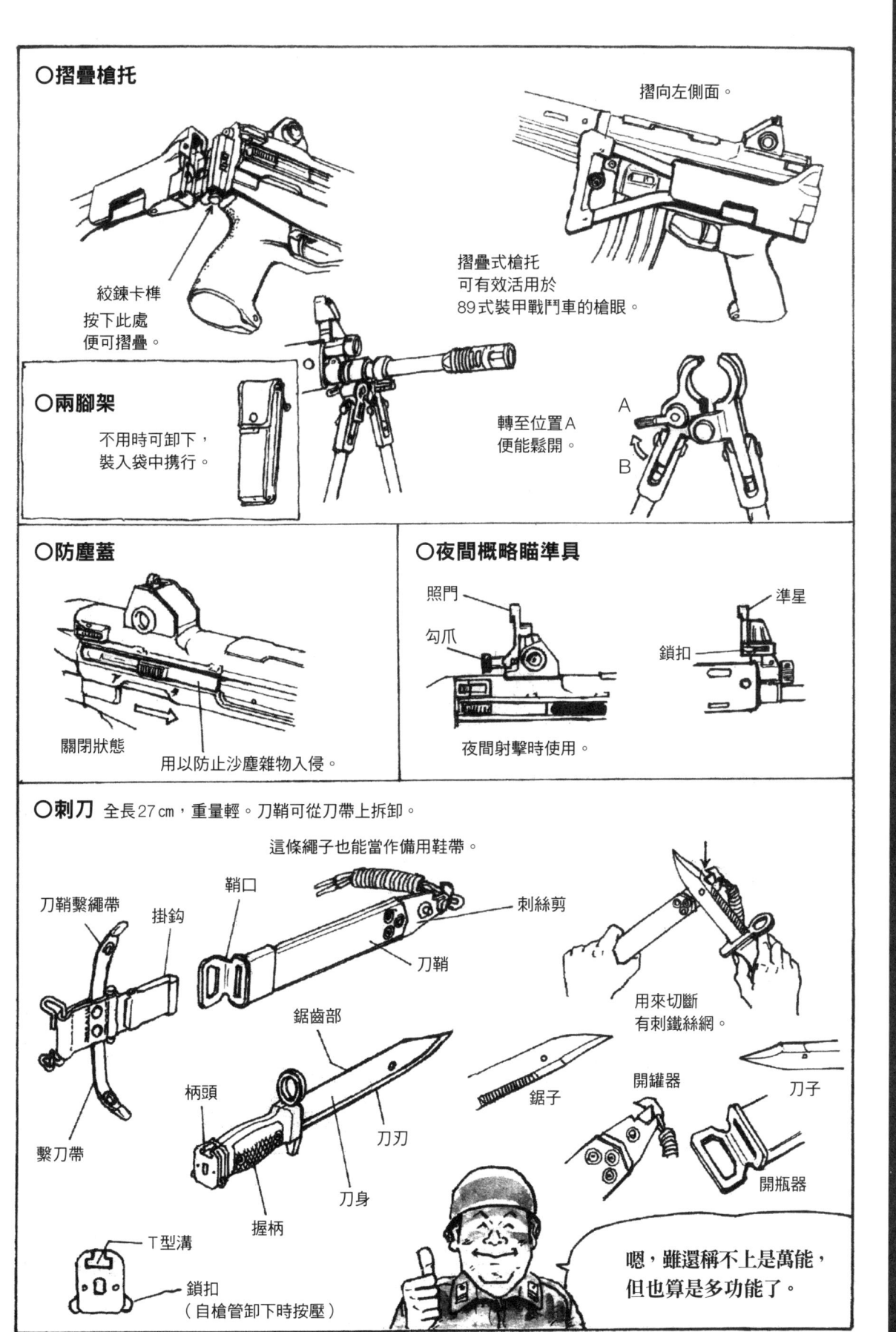

摺向左側面。

絞鍊卡榫
按下此處
便可摺疊。

摺疊式槍托
可有效活用於
89式裝甲戰鬥車的槍眼。

○兩腳架

不用時可卸下，
裝入袋中携行。

轉至位置A
便能鬆開。

A
B

○防塵蓋

關閉狀態
用以防止沙塵雜物入侵。

○夜間概略瞄準具

照門
勾爪
準星
鎖扣

夜間射擊時使用。

○刺刀　全長27cm，重量輕。刀鞘可從刀帶上拆卸。

這條繩子也能當作備用鞋帶。

刀鞘繫繩帶
掛鉤
鞘口
刺絲剪
刀鞘

用來切斷
有刺鐵絲網。

繫刀帶
柄頭
鋸齒部
鋸子
開罐器
刀子
刀刃
刀身
握柄
開瓶器

T型溝
鎖扣
（自槍管卸下時按壓）

嗯，雖還稱不上是萬能，
但也算是多功能了。

■89式的大部分解

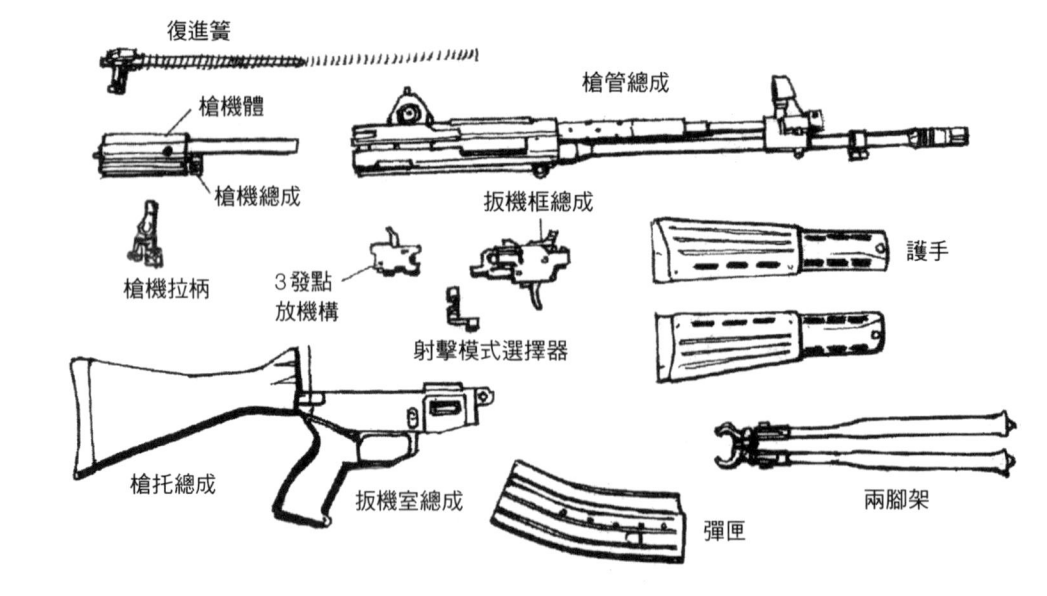

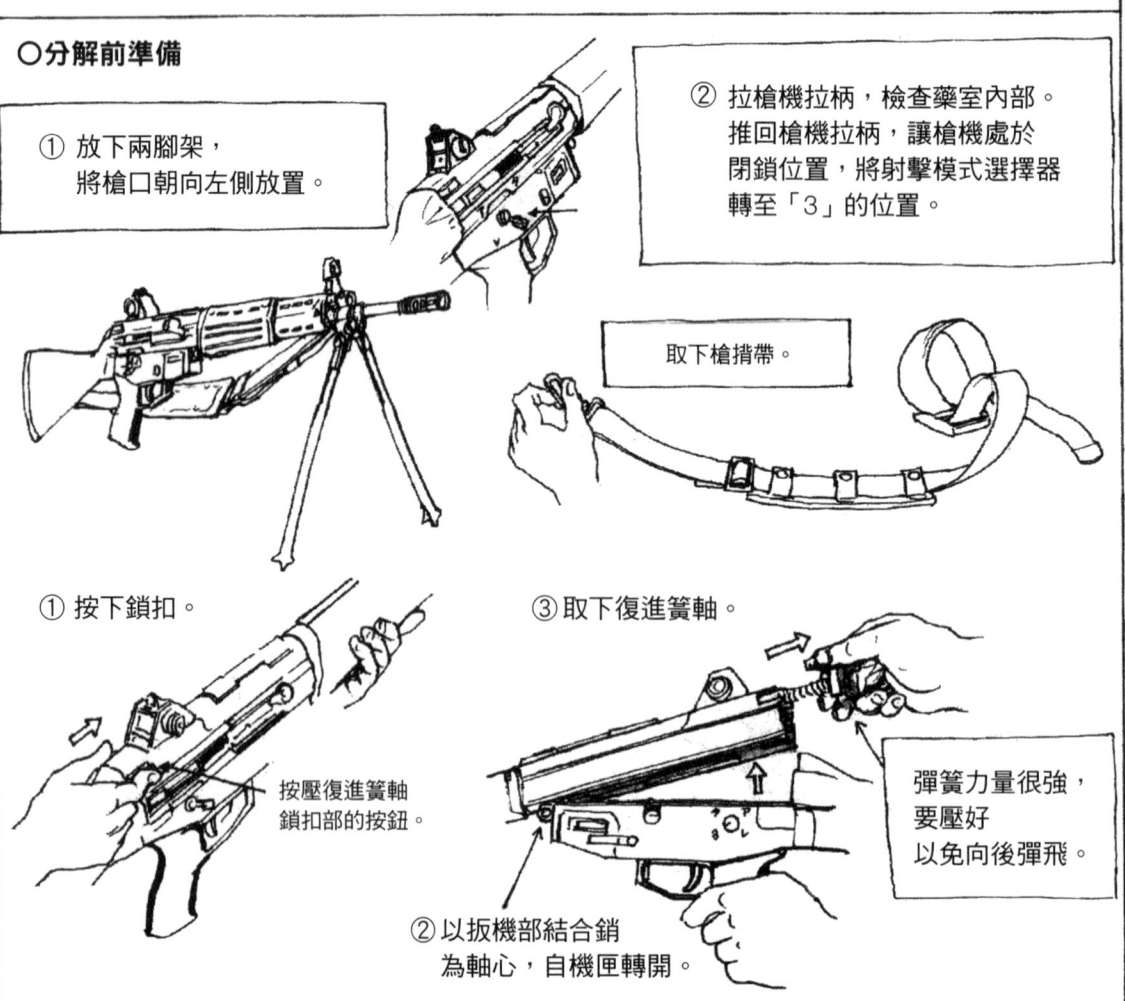

- 復進簧
- 槍機體
- 槍管總成
- 槍機總成
- 扳機框總成
- 護手
- 槍機拉柄
- 3發點放機構
- 射擊模式選擇器
- 槍托總成
- 扳機室總成
- 彈匣
- 兩腳架

○分解前準備

① 放下兩腳架，將槍口朝向左側放置。

② 拉槍機拉柄，檢查藥室內部。推回槍機拉柄，讓槍機處於閉鎖位置，將射擊模式選擇器轉至「3」的位置。

取下槍揹帶。

① 按下鎖扣。

按壓復進簧軸鎖扣部的按鈕。

② 以扳機部結合銷為軸心，自機匣轉開。

③ 取下復進簧軸。

彈簧力量很強，要壓好以免向後彈飛。

④拔出槍機拉柄。

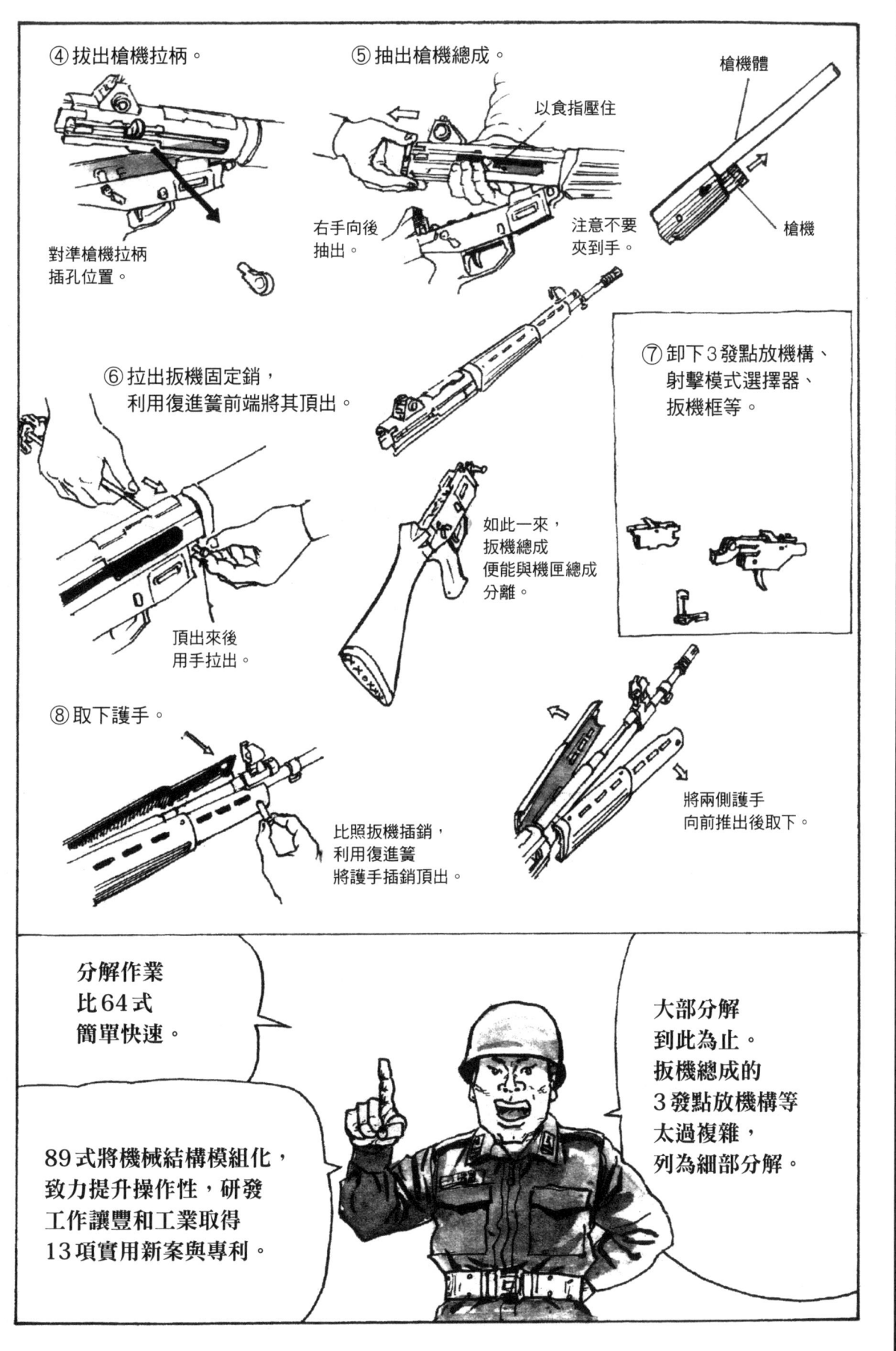

⑤抽出槍機總成。

對準槍機拉柄插孔位置。

右手向後抽出。

以食指壓住

注意不要夾到手。

槍機體

槍機

⑥拉出扳機固定銷，利用復進簧前端將其頂出。

頂出來後用手拉出。

如此一來，扳機總成便能與機匣總成分離。

⑦卸下3發點放機構、射擊模式選擇器、扳機框等。

⑧取下護手。

比照扳機插銷，利用復進簧將護手插銷頂出。

將兩側護手向前推出後取下。

大部分解到此為止。扳機總成的3發點放機構等太過複雜，列為細部分解。

分解作業比64式簡單快速。

89式將機械結構模組化，致力提升操作性，研發工作讓豐和工業取得13項實用新案與專利。

■與64式的差異

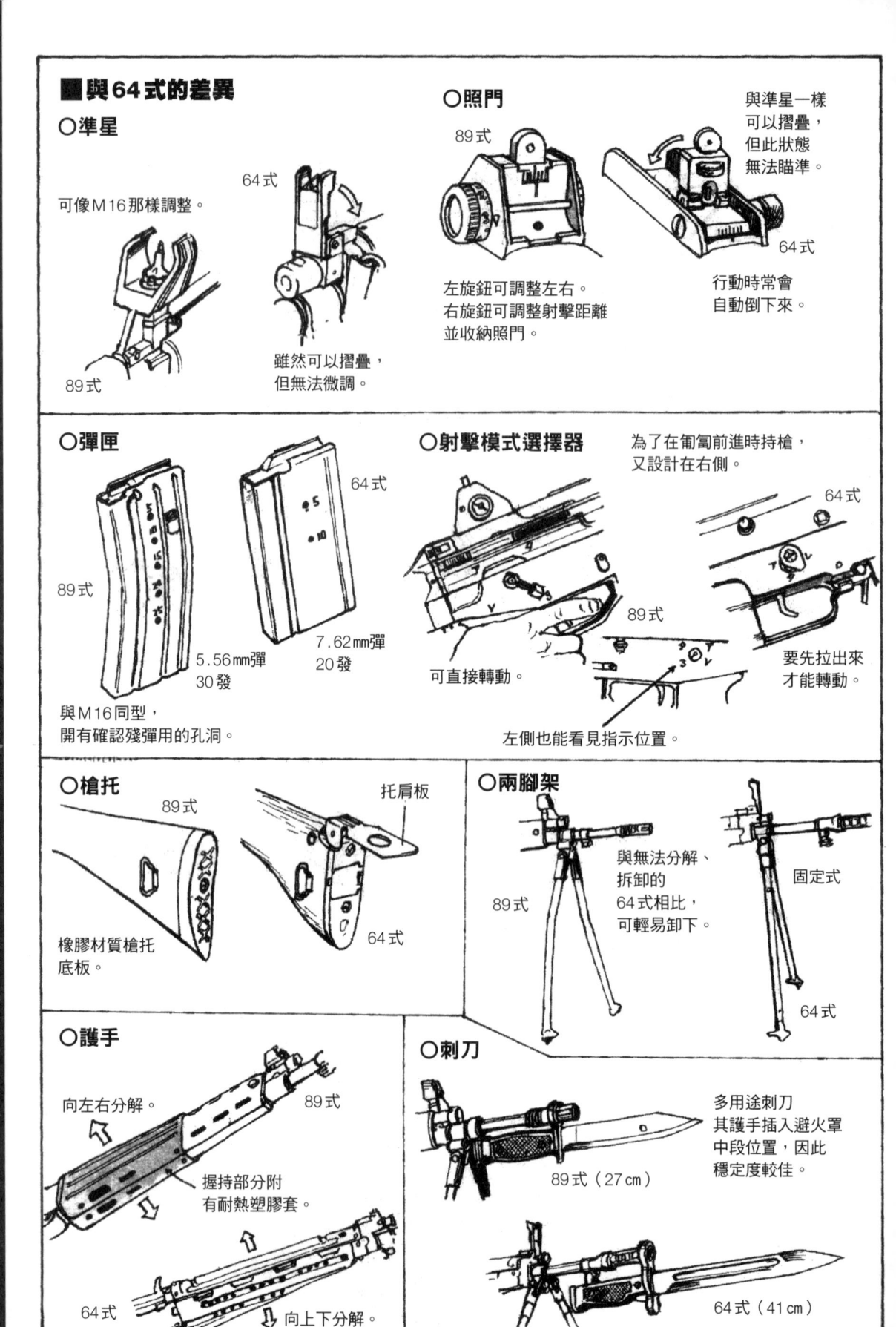

○準星

可像M16那樣調整。

64式

89式

雖然可以摺疊，但無法微調。

○照門

89式

左旋鈕可調整左右。
右旋鈕可調整射擊距離並收納照門。

與準星一樣可以摺疊，但此狀態無法瞄準。

64式

行動時常會自動倒下來。

○彈匣

89式
5.56mm彈
30發

64式
7.62mm彈
20發

與M16同型，開有確認殘彈用的孔洞。

○射擊模式選擇器

為了在匍匐前進時持槍，又設計在右側。

89式

可直接轉動。
左側也能看見指示位置。

64式

要先拉出來才能轉動。

○槍托

89式

托肩板

64式

橡膠材質槍托底板。

○兩腳架

89式

與無法分解、拆卸的64式相比，可輕易卸下。

固定式

64式

○護手

向左右分解。

89式

握持部分附有耐熱塑膠套。

64式

向上下分解。

○刺刀

多用途刺刀
其護手插入避火罩中段位置，因此穩定度較佳。

89式（27cm）

64式（41cm）

射擊基礎

這回要來講射擊前的知識，沒記好的話可是不準上場開槍的喔！

哎呀～這不是多打一點槍，身體就能自然記住的東西嗎，計算前置量和風偏響數實在很傷腦筋的說。

○彈道的特性

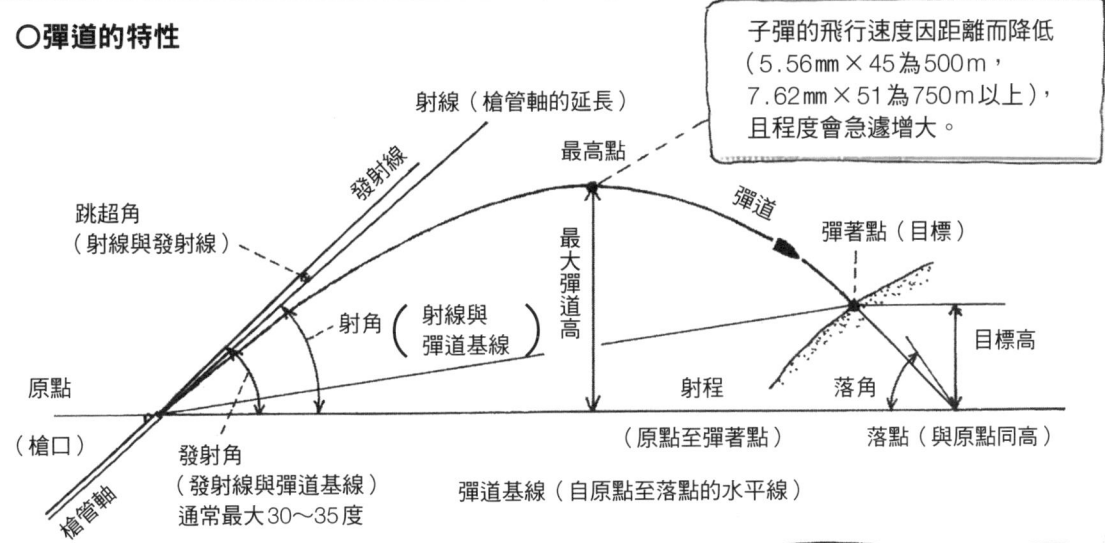

子彈的飛行速度因距離而降低（5.56mm×45為500m，7.62mm×51為750m以上），且程度會急遽增大。

- 射線（槍管軸的延長）
- 發射線
- 跳超角（射線與發射線）
- 射角（射線與彈道基線）
- 最高點
- 最大彈道高
- 彈道
- 彈著點（目標）
- 目標高
- 落角
- 落點（與原點同高）
- 原點（槍口）
- 發射角（發射線與彈道基線）通常最大30～35度
- 槍管軸
- 射程（原點至彈著點）
- 彈道基線（自原點至落點的水平線）

發射後的子彈會因重力、空氣阻力影響，導致彈道呈現拋物線狀。而拋物線的形狀依射角、初速等條件有所差異。

射擊地面目標時，彈道大致比較低伸，只要記得最大彈道高一般不會超越人的身高（1.7m）即可。64式的射程為400m，89式為500m以下。

○射彈散布

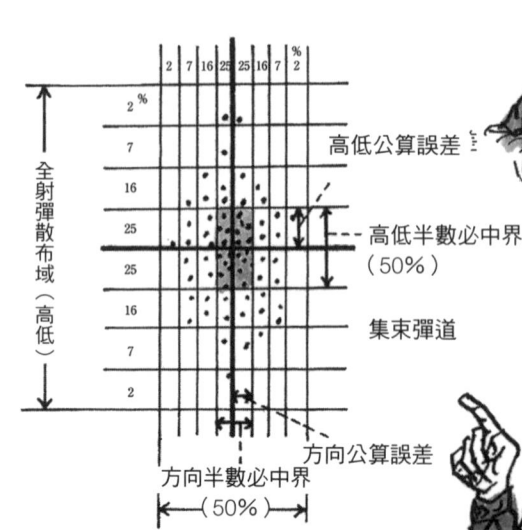

對同一目標發射多數子彈時，各射彈會分布於一定範圍內，稱為射彈散布。

全射彈散布域（高低）
高低公算誤差
高低半數必中界（50%）
集束彈道
方向公算誤差
方向半數必中界（50%）
全射彈散布域（方向）

射彈散布的特性如左圖，方向（左右）與高低（上下）誤差各自散布於8倍區域內，最集中的區域稱為必中（命中）界，可看到落在兩者重疊區域內的子彈占全彈的25%。

○被彈域

依射彈散布於地面產生的橢圓形地區稱為被彈域。被彈域的圓形依射程而有所不同，縱長方向隨距離增加而變短，寬度則是會增加。

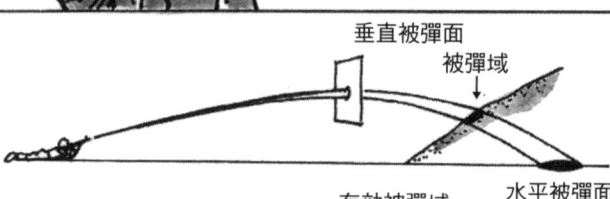

垂直被彈面
被彈域
水平被彈面

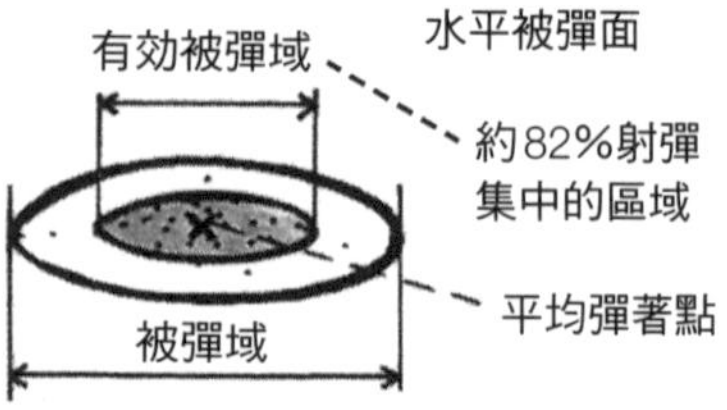

有效被彈域
約82%射彈集中的區域
平均彈著點
被彈域

○危險界

自地面至集束彈道中心之高度，站立人員身高以下之區域。

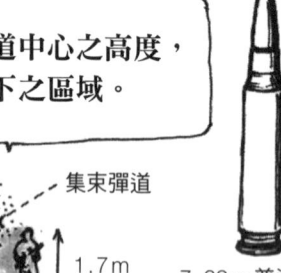

集束彈道
1.7m
危險界

危險界除了射程之外，也會受地形影響，特別是目標附近有斜面時最具差異。

○子彈效力

7.62mm普通彈

橙黃色

曳光時間
約1.5秒
（5.56mm彈）
約0.8秒

步槍彈除了對人員等具有殺傷效果，近距離也能貫穿航空器、一般車輛等。

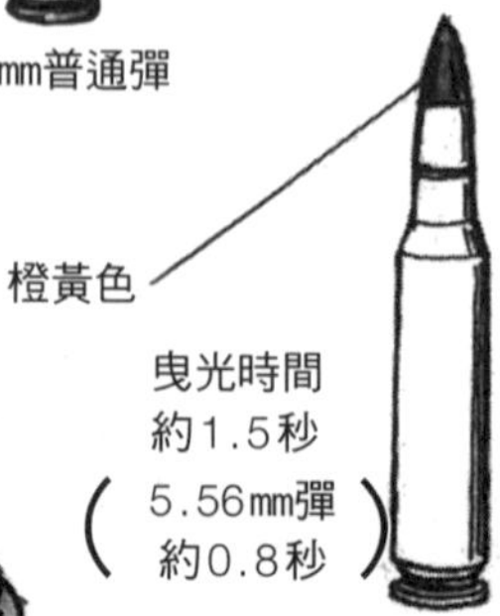

- 對土沙等的貫穿力為射程400m，對普通土約70cm。
- 對裝甲板（軟鐵鋼板及輕合金）為射程300m各貫穿約10mm及27mm，但40度以下的角度則會彈開。
- 曳光彈
效力等同普通彈，曳光可視距離為距槍口約50～750m。

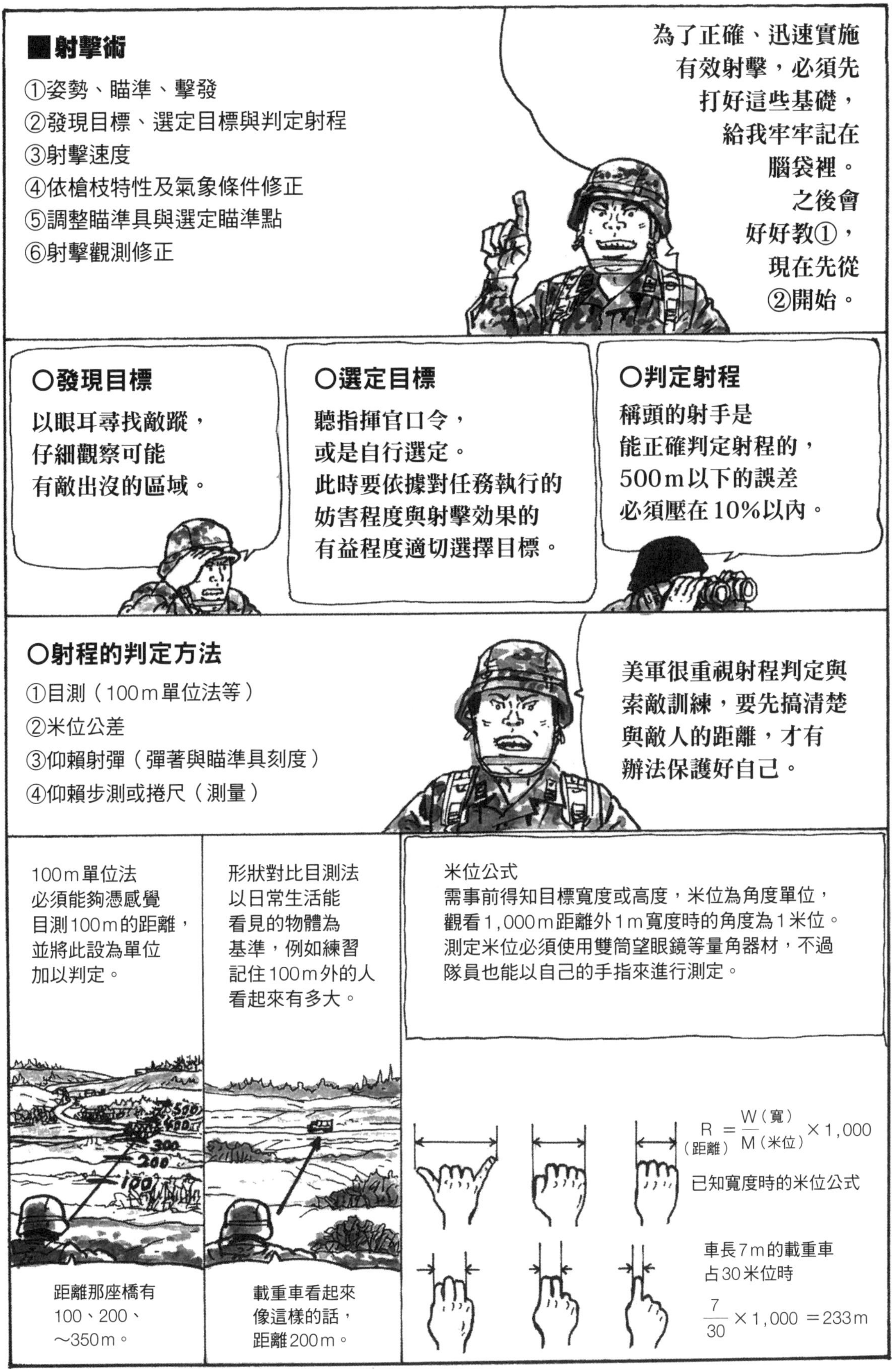

■射擊術
①姿勢、瞄準、擊發
②發現目標、選定目標與判定射程
③射擊速度
④依槍枝特性及氣象條件修正
⑤調整瞄準具與選定瞄準點
⑥射擊觀測修正

為了正確、迅速實施有效射擊，必須先打好這些基礎，給我牢牢記在腦袋裡。之後會好好教①，現在先從②開始。

○發現目標
以眼耳尋找敵蹤，仔細觀察可能有敵出沒的區域。

○選定目標
聽指揮官口令，或是自行選定。此時要依據對任務執行的妨害程度與射擊效果的有益程度適切選擇目標。

○判定射程
稱頭的射手是能正確判定射程的，500m以下的誤差必須壓在10%以內。

○射程的判定方法
①目測（100m單位法等）
②米位公差
③仰賴射彈（彈著與瞄準具刻度）
④仰賴步測或捲尺（測量）

美軍很重視射程判定與索敵訓練，要先搞清楚與敵人的距離，才有辦法保護好自己。

100m單位法
必須能夠憑感覺目測100m的距離，並將此設為單位加以判定。

形狀對比目測法
以日常生活能看見的物體為基準，例如練習記住100m外的人看起來有多大。

米位公式
需事前得知目標寬度或高度，米位為角度單位，觀看1,000m距離外1m寬度時的角度為1米位。測定米位必須使用雙筒望眼鏡等量角器材，不過隊員也能以自己的手指來進行測定。

$$R_{(距離)} = \frac{W_{(寬)}}{M_{(米位)}} \times 1,000$$

已知寬度時的米位公式

車長7m的載重車占30米位時

$$\frac{7}{30} \times 1,000 = 233m$$

距離那座橋有100、200、～350m。

載重車看起來像這樣的話，距離200m。

○射擊速度

為了發揮射擊效果，能夠連發會比較好，但為了防止槍管溫度上升或發生故障，必須限制射擊速度。

舊軍講求一發必中，就連重機槍都要求必須精準射擊呢！

○單發

每1發都要瞄準。

真假的～應該只是想要節省子彈吧！

○連發

射擊2發以上，1次連發會射擊2～3發，稱為短連發。依據狀況與目標，有時是6～10連發。

89式有3發點放功能，必須有效活用。像你這種傢伙，給你連發的話保證沒兩下就會把彈匣打光啦！

○依槍枝特性修正偏差

不只是槍，只要是道具，就會有製造上的誤差，因此瞄準點與彈著點並不一定會一致，必須修正瞄準具。

○修正風的影響

風向與風速對彈道造成的影響相當大。

- 決定修正量

  方向修正量（響數）＝0.4RV

  R＝100m單位射程

  V＝風速（m/s）

此公式適用於射程400m以下、風速10m/s以下（半量修正量為1/2）。

- 例：風向1時，風速5m/s、射程300m時的計算要領

$0.4RV = 0.4 \times 3 \times 5 = 6$ 風向1時半量＝3
因此向右轉3響。

（89式的方向修正量為4/15RV，

上述計算為 $\frac{4}{15} \times 3 \times 5 \times \frac{1}{2} = 2$

因此是轉2響）

12時（無修正風）
全量修正風
半量修正風

○依風向修正

哇～這種計算實在是很頭痛，我不會心算啊～

■各種射擊

依目標種類、狀態、友軍狀態、天候等的射擊術。

○射擊地面移動目標

①對人員的前置量
・接近或後退。

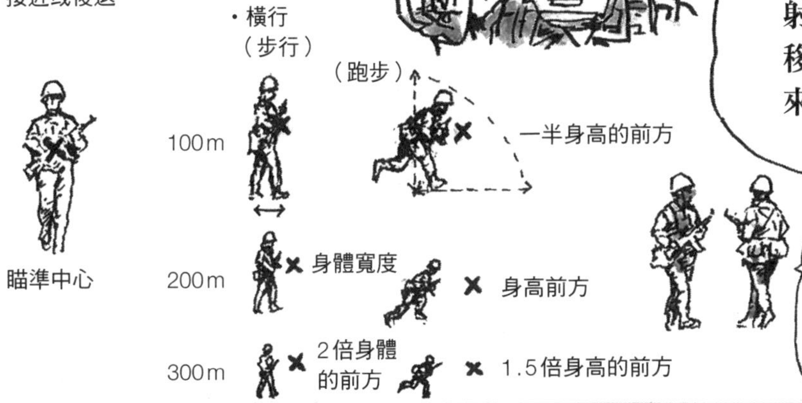

	・橫行（步行）	（跑步）
100m		一半身高的前方
200m	身體寬度	身高前方
300m	2倍身體的前方	1.5倍身高的前方

瞄準中心

為了讓射彈抵達目標，射擊必須依據射程、移動速度來取其前置量。

半前置量
目標以大約45度移動時，前置量須減半。

②對車輛的前置量
・接近或後退的車輛要瞄準目標中心。
・對橫行目標，以其車長為1單位前置量（車長7m時）。

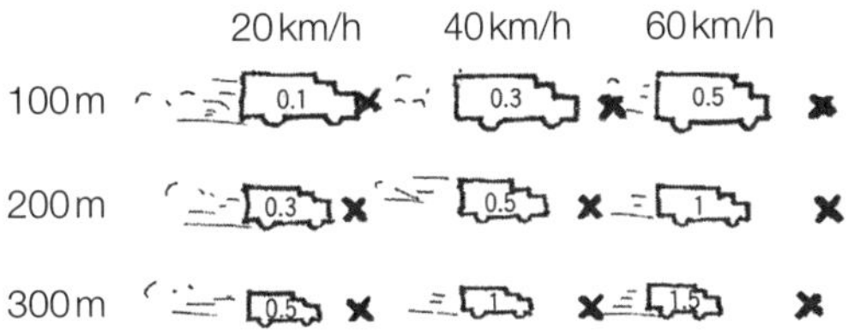

	20km/h	40km/h	60km/h
100m	0.1	0.3	0.5
200m	0.3	0.5	1
300m			

$$\text{所要前置量} = \frac{\text{車輛速度 (m/s)} \times \text{子彈至目標的飛行時間 (S)}}{\text{車輛長度 (m)}}$$

例：射程300m，射擊橫向20km/s行駛、車長7m的車輛

$$\text{所要前置量} = \frac{5.5 \times 0.6}{7} = 0.47 \quad \text{答：0.5前置量}$$

$$\left(\text{89式的前置量} = \frac{5.6 \times \frac{300}{920}}{7} = 0.27 \quad \text{答：0.3前置量}\right)$$

步槍初速

○射擊空中目標

目標包括低空飛行的運輸機、聯絡機、直升機、滑翔機，或是降落中的傘兵等，但步槍能發揮的效果實在不值得期待。

決定齊射瞄準點的標定點法。

想定點位於電線桿1/2上方。

傘兵若位於射程300m以下要瞄準雙腿，以上則瞄準身高1倍下方位置。

以橫長為1單位前置量

維持1前置量進行追蹤

有效射程的最大發射速度

■超越射擊

超越友軍部隊的射擊，絕對不能讓新兵這樣幹喔～

| 200m以內 | 4m以上 |

・間隙射擊
自友軍部隊之間或側翼射擊，安全間隙如右表。

30m以內	3m以上
50m以內	5m以上
100m以內	10m以上

○自移動車輛射擊

射程 \ 速度	20km/h	40km/h	60km/h
100m	1	1.5	2.5
200m	1.5	3	5
300m	2.5	5	7.5

前置量
與射擊移動目標相反，要瞄準目標後方。

○夜間射擊（霧／煙內等的射擊）

發現目標與判定射程、正確瞄準相當困難，操作與瞄準都比較花時間。

日本人的眼睛在晚上也很利，夜視鏡太奢侈，不准用！

・照明下
射擊會受照明位置、種類、光度等（照明彈、探照燈等）影響，無法期待與白天射擊有同等效果。

・無照明下
無法瞄準，僅限近距離射擊。
一般會使用標定設備或夜間概略瞄準具。

・被照明時
難以發現、捕捉目標，若目標太亮，有時會看到雙重準星，要從目標下方開始瞄準。

標定設備
白天先做好標定方向、距離等的設備。

照門　準星
89式用夜間概略瞄具

視線
槍軸

無標定設備時，要把下巴放在槍托上，雙眼自槍管上方瞄準目標。射擊時槍口稍微下壓。

■射擊口令

射擊口令的下達，必須順序正確、簡潔明確才行。聽好了，沒有口令絕對不准擅自開槍!!

・數字念法
1	么
2	兩
3	三
4	四
5	五
6	六
7	拐
8	八
9	勾
10	十
100	么百
300	三百
600	六百

○射擊開始的口令

①射手注意＝讓接下來要待命射擊的射手做好姿勢，喊「5號」、「7號」等個人編號。

②方向＝確認目標 
　甲：「右前方」、「前方」等。
　乙：「該松樹方向」、「煙囪方向」等。
　丙：「○○向左30米位」、「○○向右2根指幅」等。
　丁：由指揮官等射擊，指名「班長射擊方向」、「機槍彈著向右1根指幅」等。瞄準目標、讓射手觀看瞄準線。

③目標＝說明位置、種類、狀況等。
　「該松樹方向、向右移動中的敵兵」等。

④射程＝喊「400」等數字。
⑤前置量＝針對移動目標。
⑥射擊速度＝「單發」、「短連發」、「3發點放」、「6連發」等。

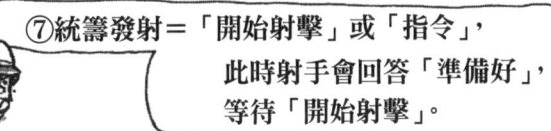

⑦統籌發射＝「開始射擊」或「指令」，此時射手會回答「準備好」，等待「開始射擊」。

○射擊中止、結束口令

①暫停＝「暫停射擊」，射手維持瞄準，關保險待機。若為同一目標，則下令「繼續射擊」。

②結束＝「停止射擊」，射手退出子彈，等待下個指示。

・射擊修正口令
下達「暫停射擊」口令，修正射程與瞄準點；下達「繼續射擊」預令，繼續開始射擊。

・請求複誦口令
若射手無法理解口令，會喊「目標不明」、「射程不明」等，請求複誦。

・口令更正
若要將射程200m更正為300m，會下達「更正」、「300」、「開始射擊」口令。

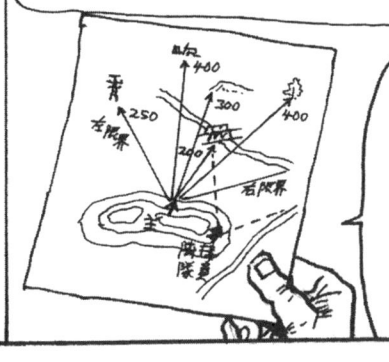

如果有像這樣的射擊圖，下口令的人與射手都能一目了然。記得把自己的射擊區域與旁邊隊員的位置都畫上去。

射擊預習訓練

就是說啊，班長，又不是骷○13！米位、前置量、響數什麼的就交給指揮官去處理吧！

前回沒考慮到你們的能耐，內容塞太多，講的也太深奧了。

咱們只要碰碰碰一直開就會中啦！

好，我知道了。但在那之前，得先做好射擊姿勢才行。

嗚～還要等下次喔……

做什麼都要先從形式開始啦，這是日本的傳統。

○正確的姿勢

臉頰貼住槍托上端，減緩頭部緊張。

與目標方向保持直線，眼睛與照門的間隔維持一定。

抵肩時，將槍托底板抵住肩窩附近，為避免發射時的後座力導致偏移，要以右手臂直直將槍抵緊肩窩。

左手肘置於槍的正下方，但不影響兩肩水平。

抵肩

肩峰
三角肌
大胸肌
僧帽肌

重點在於讓全身放輕鬆，使姿勢能夠長時間維持在同一狀態。

■轉至射擊姿勢前的姿勢

○立槍

提槍！

提槍
左腳向前跨出半步。

○提槍

（戰鬥行動、移動時等使用的姿勢。）

用槍！

用槍
左腳向前跨出一步。

立槍！

○用槍

（戰鬥行動間，特別是突擊時使用。）

再來再來，
快要變成
射擊姿勢了，
給我好好練。

左腳併回
右腳的同時，
提槍姿勢改回
立槍。

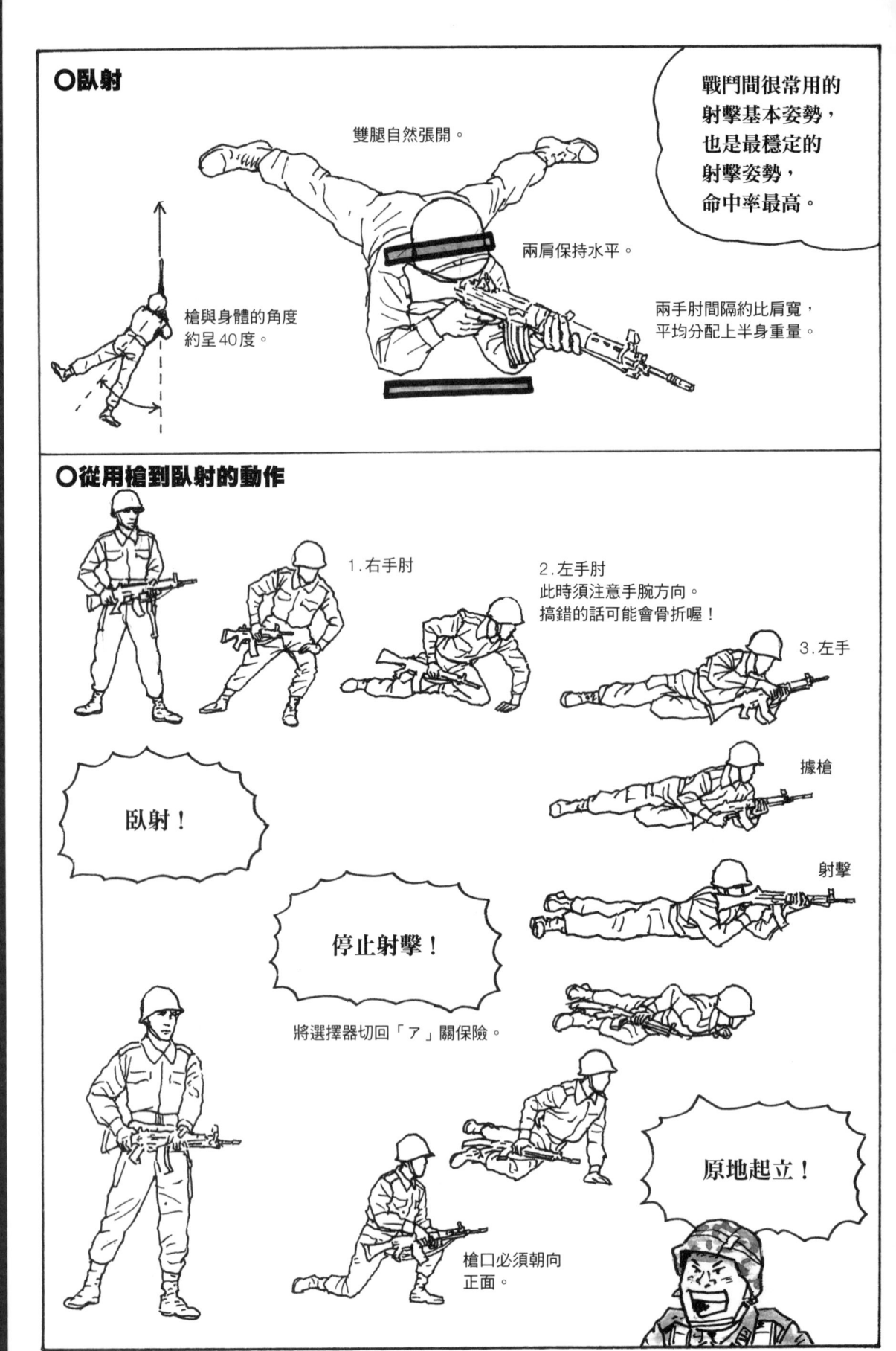

○臥射

戰鬥間很常用的射擊基本姿勢，也是最穩定的射擊姿勢，命中率最高。

雙腿自然張開。

兩肩保持水平。

槍與身體的角度約呈40度。

兩手肘間隔約比肩寬，平均分配上半身重量。

○從用槍到臥射的動作

1. 右手肘

2. 左手肘
此時須注意手腕方向。
搞錯的話可能會骨折喔！

3. 左手

據槍

臥射！

射擊

停止射擊！

將選擇器切回「ア」關保險。

原地起立！

槍口必須朝向正面。

○使用兩腳架臥射

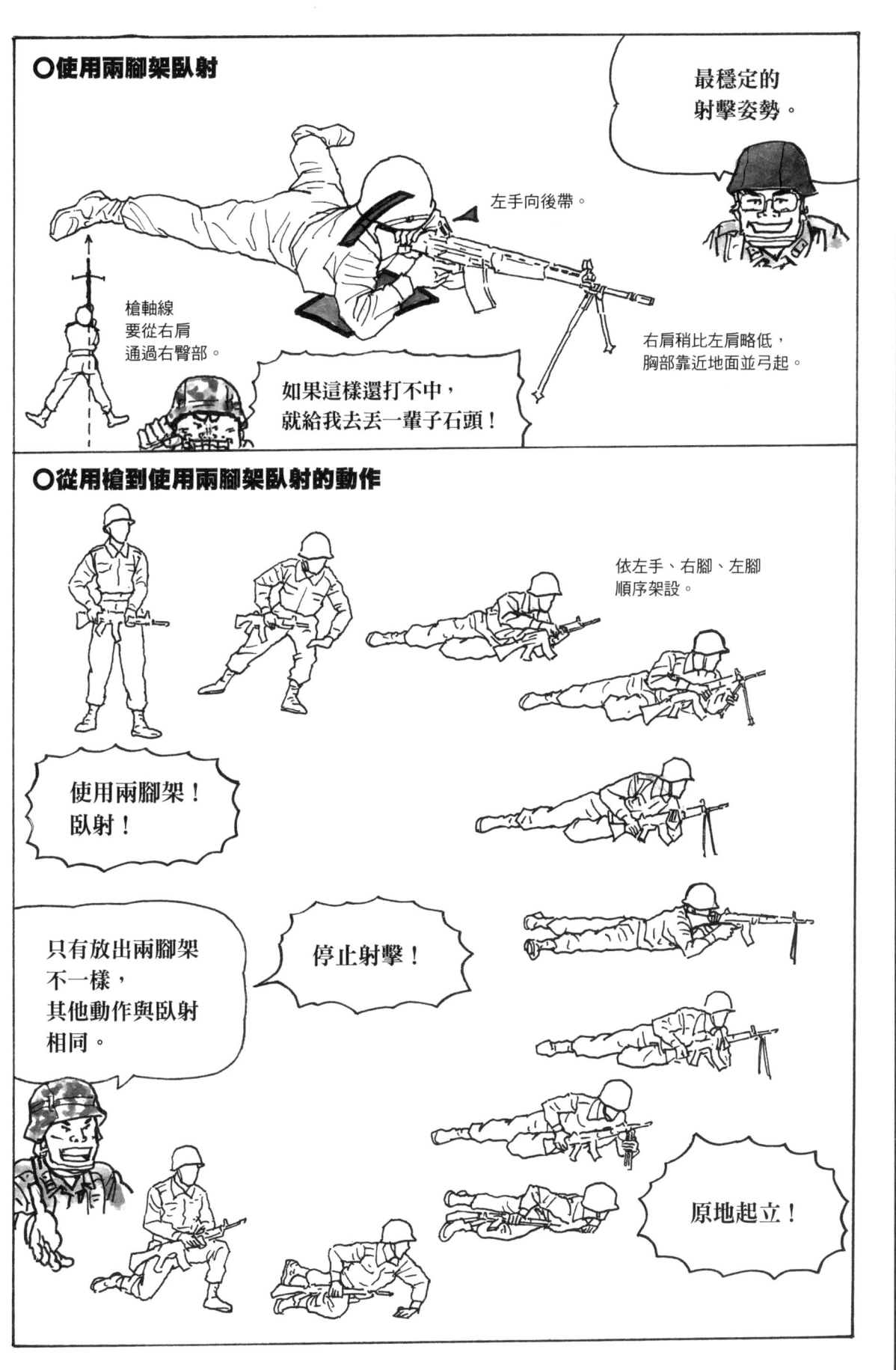

最穩定的射擊姿勢。

左手向後帶。

槍軸線要從右肩通過右臀部。

右肩稍比左肩略低，胸部靠近地面並弓起。

如果這樣還打不中，就給我去丟一輩子石頭！

○從用槍到使用兩腳架臥射的動作

依左手、右腳、左腳順序架設。

使用兩腳架！臥射！

停止射擊！

只有放出兩腳架不一樣，其他動作與臥射相同。

原地起立！

○跪射

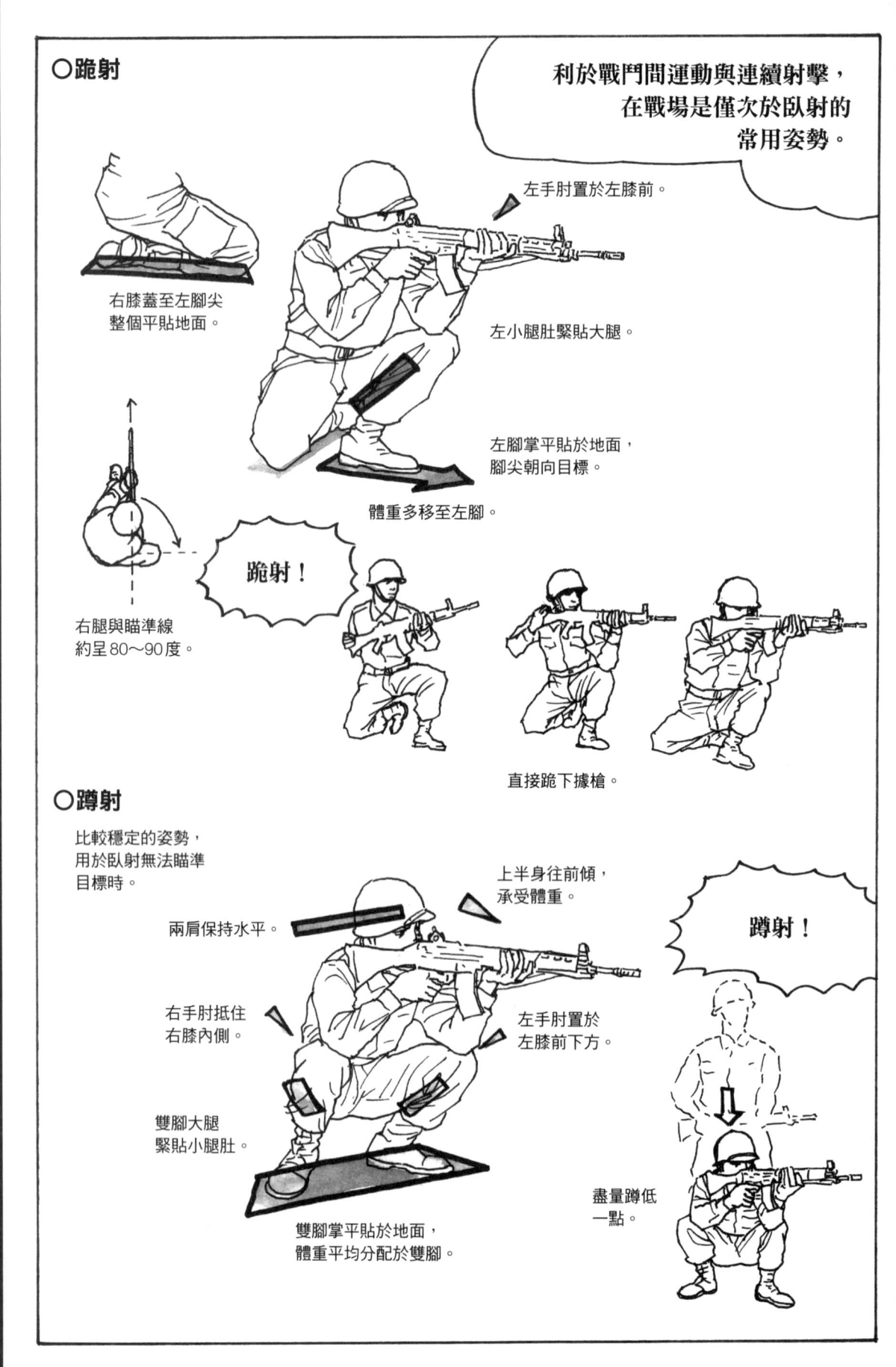

利於戰鬥間運動與連續射擊，在戰場是僅次於臥射的常用姿勢。

右膝蓋至左腳尖整個平貼地面。

左手肘置於左膝前。

左小腿肚緊貼大腿。

左腳掌平貼於地面，腳尖朝向目標。

體重多移至左腳。

右腿與瞄準線約呈80～90度。

跪射！

直接跪下據槍。

○蹲射

比較穩定的姿勢，用於臥射無法瞄準目標時。

兩肩保持水平。

上半身往前傾，承受體重。

右手肘抵住右膝內側。

左手肘置於左膝前下方。

雙腳大腿緊貼小腿肚。

雙腳掌平貼於地面，體重平均分配於雙腳。

蹲射！

盡量蹲低一點。

■瞄準練習

○瞄準

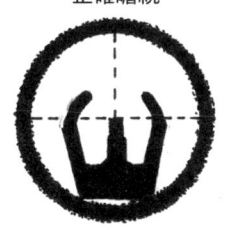

正確瞻視
準星尖位於照門中心。

正確對準
準星尖置於瞄準點。

正確瞄準
正確瞻視與對準兩相重合。

過高　　正確

偏左　　　　偏右

過低

未正確瞄準。

○光線對瞄準造成的影響

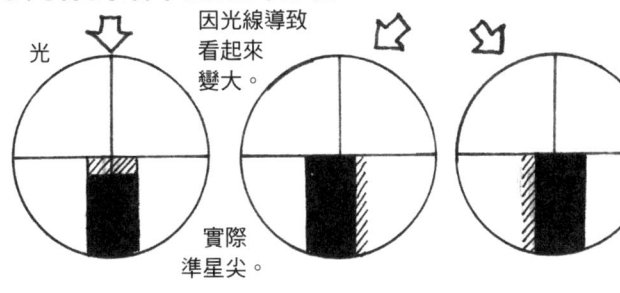

光

因光線導致看起來變大。

實際準星尖。

直接開槍的話，彈著就會各往下、左、右偏。

正確

向左傾斜　　　向右傾斜

未正確據槍。

○停止呼吸的方法

射擊時會暫時停止呼吸，但方法依射手而異。
有人會先吐氣後再憋氣，有人則是吸完氣就憋氣。

以呼吸檢查據槍姿勢是否正確。

十字絲位於正下方為正確。

手肘並未正確支撐。

以左手肘為軸心，將身體向右調整姿勢。

○扣引扳機的方法

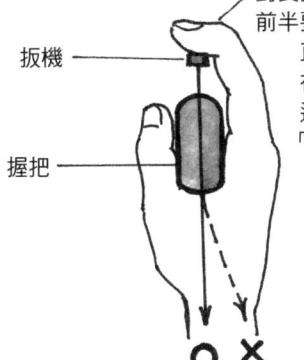

扳機

握把

對食指稍微施力，前半要快、後半要慢，直直向後扣引。
在新訓教育隊會教說這感覺就像是「闇夜降霜」。

① 「急扣」
右手太過用力，扳機扣引過急，使槍產生動搖，讓射彈亂飛。

② 「慢扣」
太過謹慎，在瞄準不正確時擊發。

③ 「萎縮」
太在意槍的後座力，身體過於僵硬，導致瞄準線偏移。

■彈匣交換練習

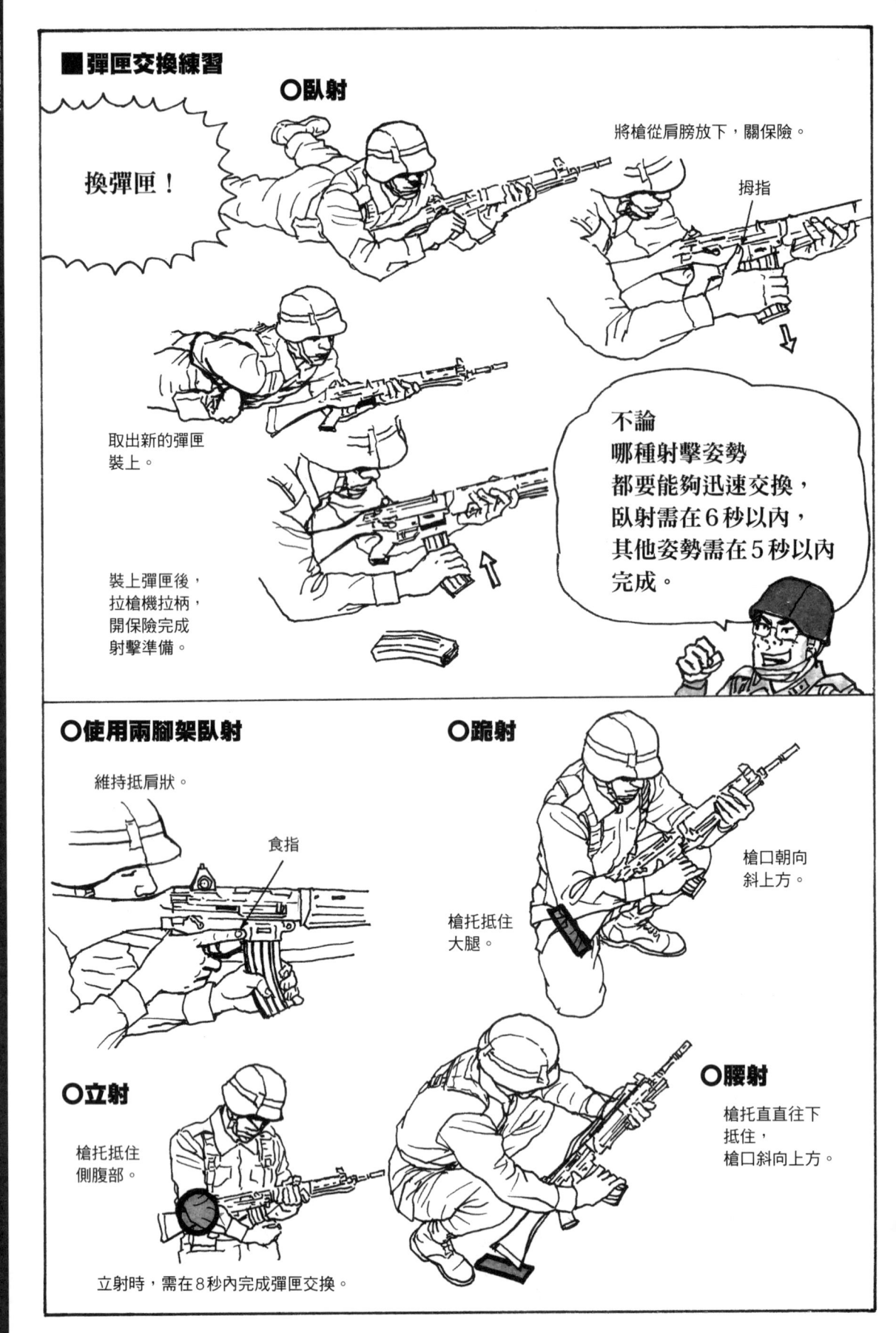

○臥射

換彈匣！

將槍從肩膀放下，關保險。

拇指

取出新的彈匣裝上。

裝上彈匣後，拉槍機拉柄，開保險完成射擊準備。

不論哪種射擊姿勢都要能夠迅速交換，臥射需在6秒以內，其他姿勢需在5秒以內完成。

○使用兩腳架臥射

維持抵肩狀。

食指

○跪射

槍口朝向斜上方。

槍托抵住大腿。

○立射

槍托抵住側腹部。

立射時，需在8秒內完成彈匣交換。

○腰射

槍托直直往下抵住，槍口斜向上方。

12.7mm重機槍

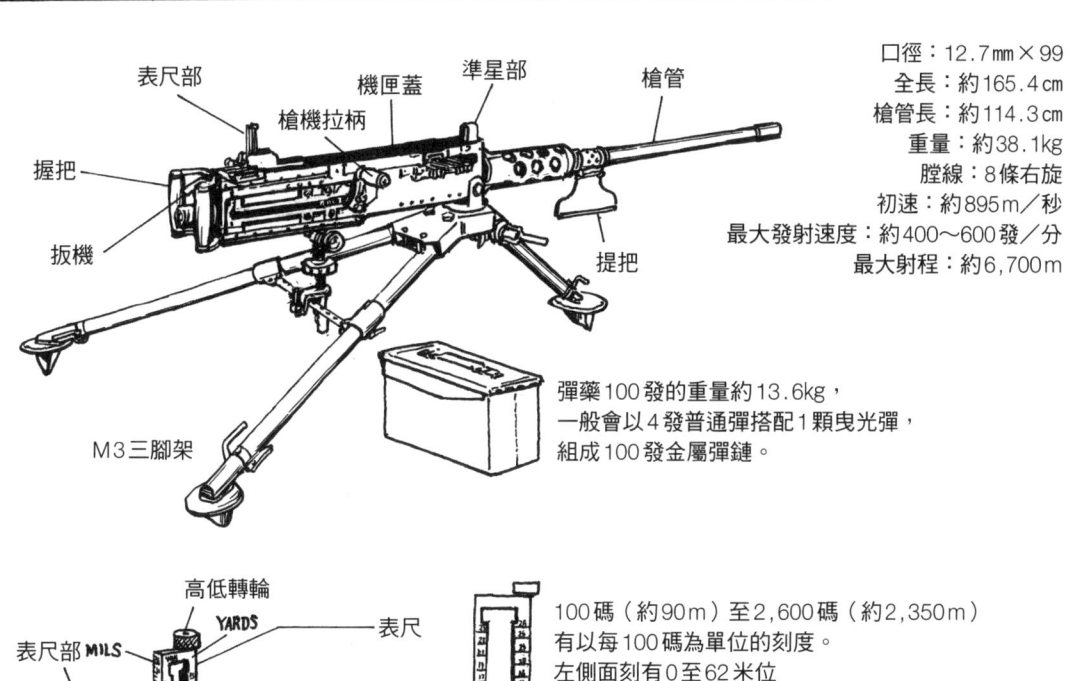

重機槍主要是用來對付航空器與輕裝甲車，可在短時間內集中發射大量子彈將之擊毀。

M2重機槍自美軍於1933年制式採用以來，現今仍是世界許多國家用於第一線的武器，堪稱此一級別最為優秀的傑作機槍。

各部名稱： 表尺部、機匣蓋、準星部、槍管、握把、槍機拉柄、扳機、提把、M3三腳架

口徑：12.7mm×99
全長：約165.4cm
槍管長：約114.3cm
重量：約38.1kg
膛線：8條右旋
初速：約895m／秒
最大發射速度：約400～600發／分
最大射程：約6,700m

彈藥100發的重量約13.6kg，一般會以4發普通彈搭配1顆曳光彈，組成100發金屬彈鏈。

表尺部細節： 高低轉輪、YARDS、表尺、表尺部MILS、遊標、表尺座、方向轉輪（左右）、固定照門、方向刻度板

100碼（約90m）至2,600碼（約2,350m）有以每100碼為單位的刻度。左側面刻有0至62米位以2米位為單位的刻度。

放倒表尺後使用，可對應至射程500碼（約450m）。

五〇機槍又重又難用，而且噪音還很大，但卻相當可靠呢～

自衛隊戰鬥聖經篇

119

■使用法
○操作

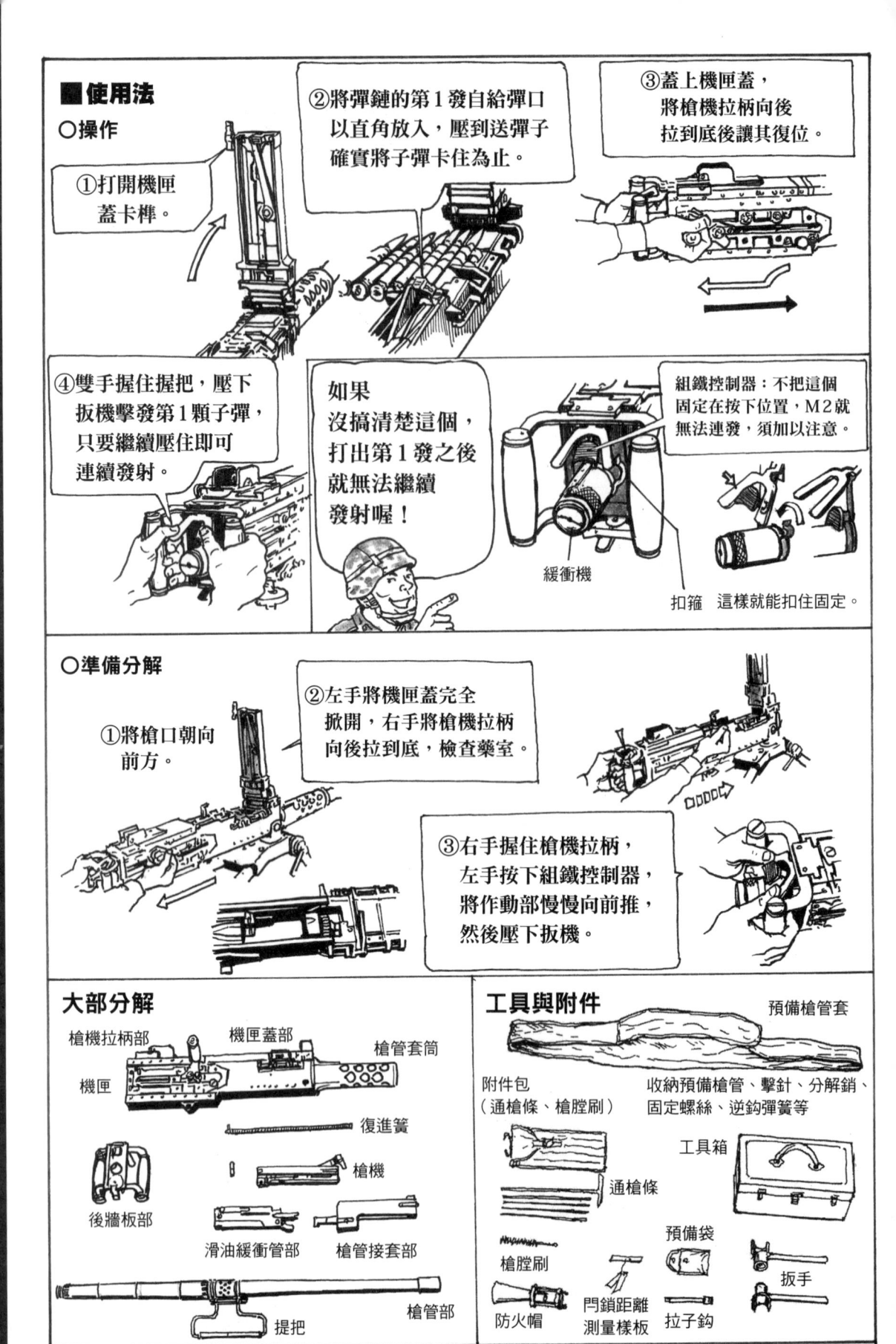

① 打開機匣蓋卡榫。

② 將彈鏈的第1發自給彈口以直角放入，壓到送彈子確實將子彈卡住為止。

③ 蓋上機匣蓋，將槍機拉柄向後拉到底後讓其復位。

④ 雙手握住握把，壓下扳機擊發第1顆子彈，只要繼續壓住即可連續發射。

如果沒搞清楚這個，打出第1發之後就無法繼續發射喔！

組鐵控制器：不把這個固定在按下位置，M2就無法連發，須加以注意。

緩衝機

扣箍　這樣就能扣住固定。

○準備分解

① 將槍口朝向前方。

② 左手將機匣蓋完全掀開，右手將槍機拉柄向後拉到底，檢查藥室。

③ 右手握住槍機拉柄，左手按下組鐵控制器，將作動部慢慢向前推，然後壓下扳機。

大部分解

- 槍機拉柄部
- 機匣蓋部
- 槍管套筒
- 機匣
- 復進簧
- 槍機
- 後牆板部
- 滑油緩衝管部
- 槍管接套部
- 提把
- 槍管部

工具與附件

- 預備槍管套
- 附件包（通槍條、槍膛刷）
- 收納預備槍管、擊針、分解銷、固定螺絲、逆鉤彈簧等
- 工具箱
- 通槍條
- 預備袋
- 槍膛刷
- 防火帽
- 閂鎖距離測量樣板
- 拉子鉤
- 扳手

■分解

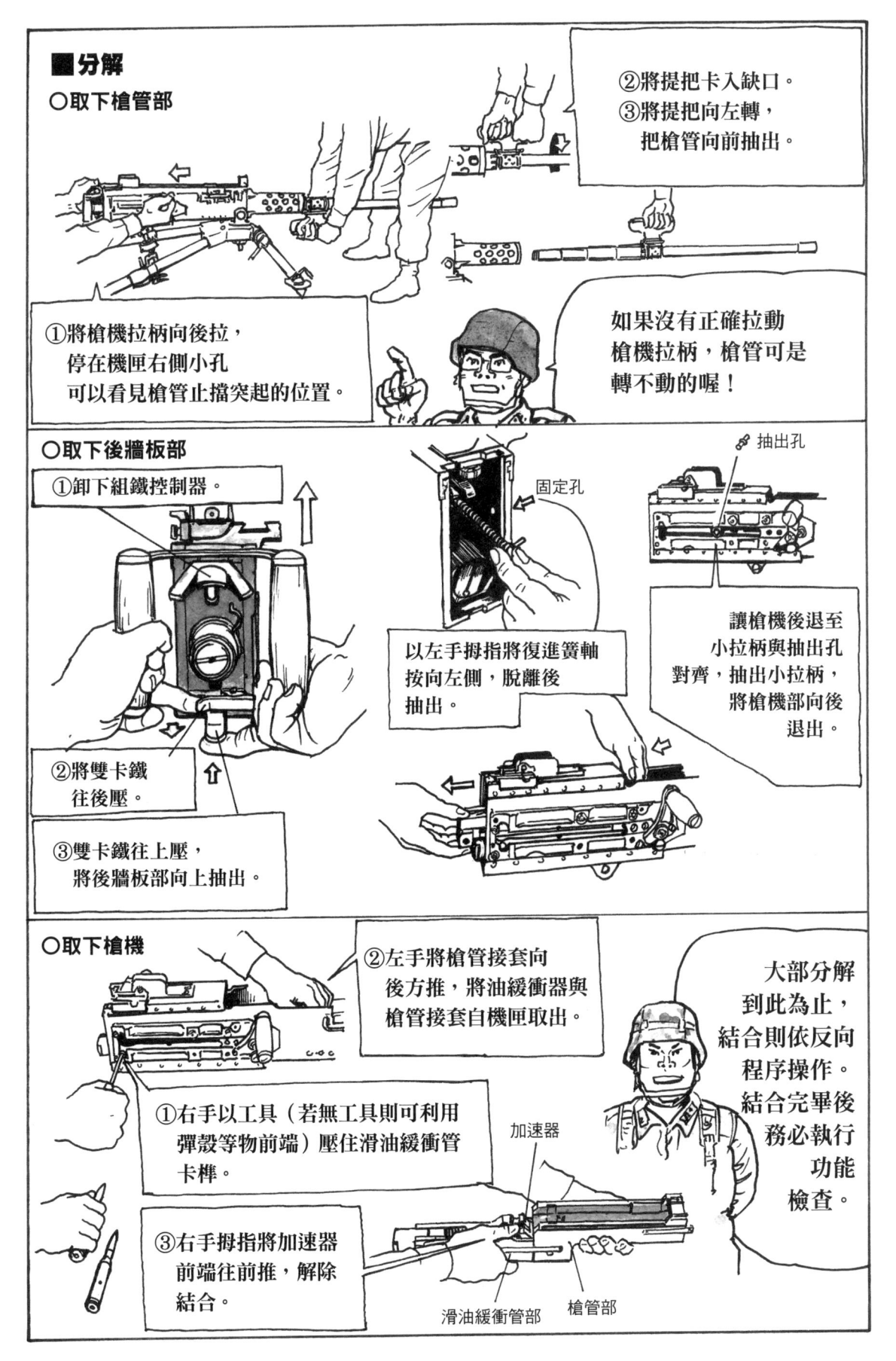

○取下槍管部

②將提把卡入缺口。
③將提把向左轉，把槍管向前抽出。

①將槍機拉柄向後拉，停在機匣右側小孔可以看見槍管止擋突起的位置。

如果沒有正確拉動槍機拉柄，槍管可是轉不動的喔！

○取下後牆板部

①卸下組鐵控制器。

②將雙卡鐵往後壓。

③雙卡鐵往上壓，將後牆板部向上抽出。

固定孔

以左手拇指將復進簧軸按向左側，脫離後抽出。

抽出孔

讓槍機後退至小拉柄與抽出孔對齊，抽出小拉柄，將槍機部向後退出。

○取下槍機

②左手將槍管接套向後方推，將油緩衝器與槍管接套自機匣取出。

①右手以工具（若無工具則可利用彈殼等物前端）壓住滑油緩衝管卡榫。

③右手拇指將加速器前端往前推，解除結合。

加速器

滑油緩衝管部　槍管部

大部分解到此為止，結合則依反向程序操作。結合完畢後務必執行功能檢查。

■閂鎖距離規正及發火時間調整

為調整閂鎖距離與發火時間，必須使用這兩個工具。

閂鎖距離是指槍機推送子彈進入膛內完成閉鎖，槍機前端與槍管後端所產生之間隙。更換槍管及分解組合後，為了適當調整發射速度，必須歸正這個間隙距離。

閂鎖距離樣板
發火時間樣板

①讓作動部充分後退，使撞針縮入後再度前推。然後將槍機稍往後拉，放鬆復進簧力，讓閉鎖鐵前端與槍機貼合。

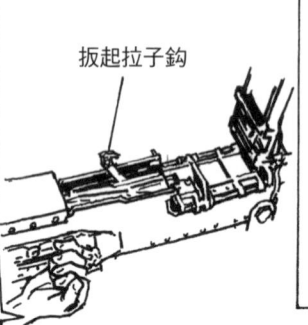

扳起拉子鉤

○若不使用樣板

將槍管接套轉至槍管與槍機接觸為止，然後轉回3響。這是一般作法，若連發速度沒有上來，則要多轉回1響。

②首先將GO 202樣板插入槍機前面的T型溝槽與槍管復座之間，若閂鎖距離過窄無法插入，可逐響轉動調整。若距離過大，要在樣板卡入時逐響轉動槍管檢查。

③接著試插206樣板。若無法插入，就代表閂鎖距離已正確規正。

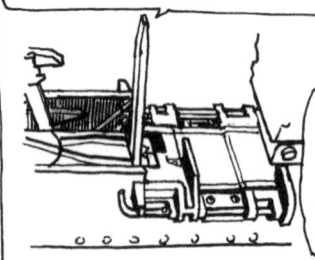

夾住樣板壓下扳機檢查。

○發火時間

為了不讓重機槍的命中精準度降低，復進即將完成之前，會在一規定間隔位置再度擊發，這稱為發火時間。若有更換槍管，閂鎖距離也必須一起經常調整才行。

將樣板插入槍管接套前端與機匣給彈路後端面之間。

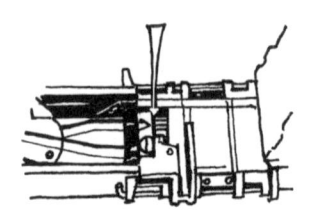

若插入厚樣板不能擊發，插入薄樣板則能擊發，便是在正確位置。

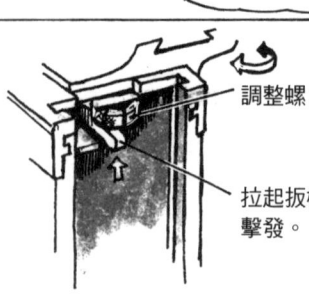

調整螺
拉起扳機桿擊發。

若插入厚樣板可擊發，要向左轉調整。
若插入薄樣板不能擊發，則向右轉調整。

■防空射擊

射擊目標包括直進高速機、低空飛行的慢速機等航空器,以及降落中的傘兵等。

對航空器射擊時,會依據高度與速度瞄準敵機前方進行射擊。

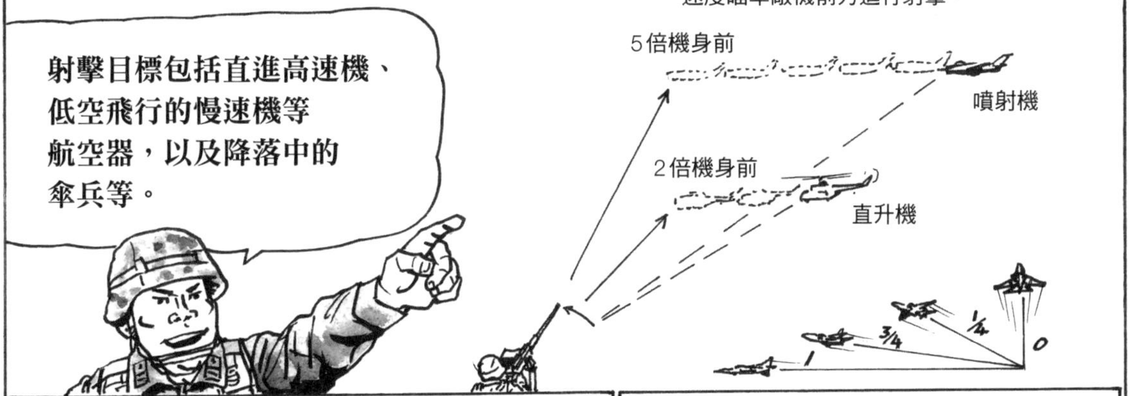

5倍機身前 — 噴射機
2倍機身前 — 直升機

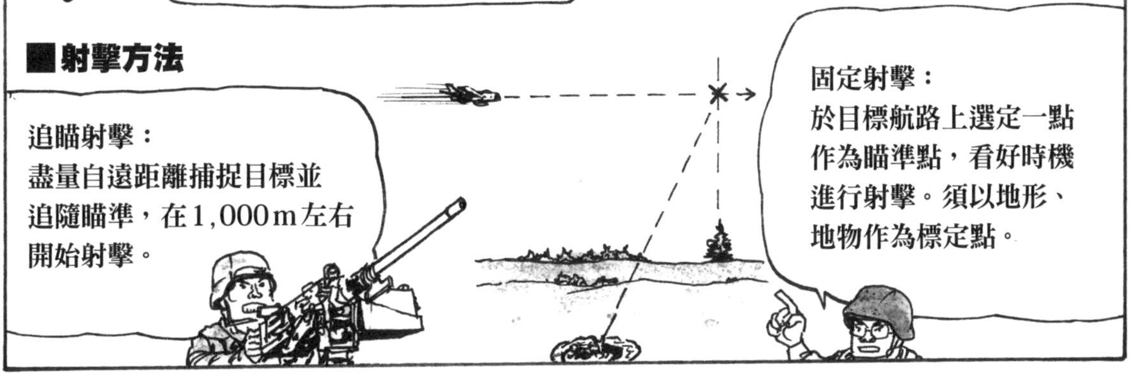

※機長18m是以噴射戰鬥機為準。

對橫行目標的前置量 射程1,000m 機長18m時

目標速度(km/h)	100	200	300
前置量(米位)	約43	約86	約130
機身倍數	約2.5	約5	約7.5

依飛行方向的前置量修正率

橫行目標	1
接近橫行目標	3/4
接近直進目標	1/4
直進目標	0

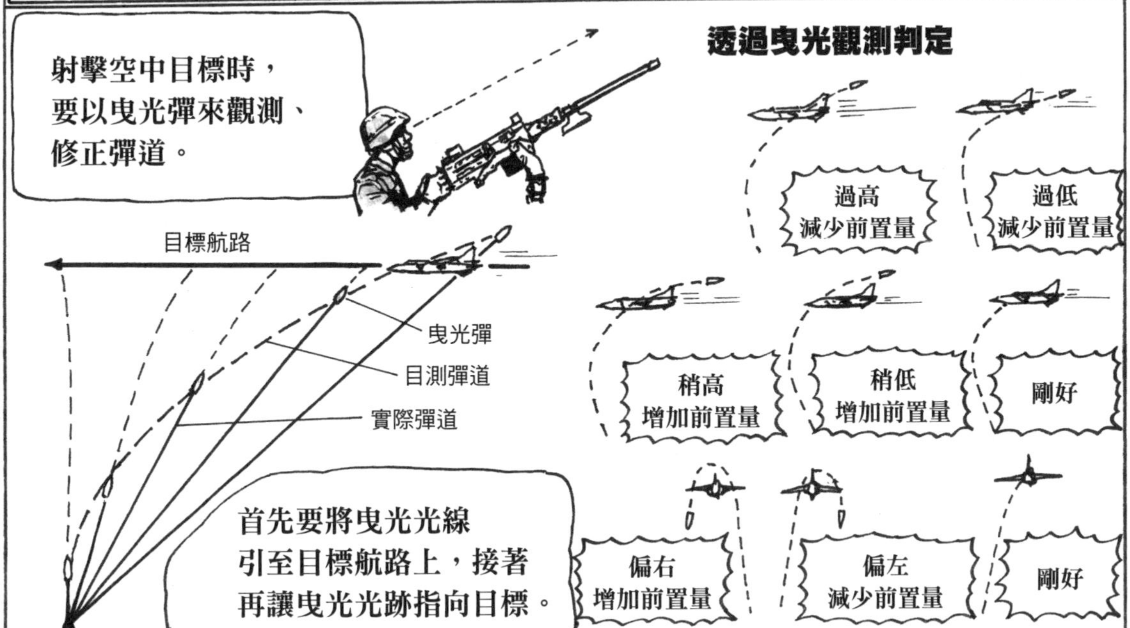

射擊空中目標時,要以曳光彈來觀測、修正彈道。

透過曳光觀測判定

- 曳光彈
- 目測彈道
- 實際彈道

過高 減少前置量
過低 減少前置量
稍高 增加前置量
稍低 增加前置量
剛好
偏右 增加前置量
偏左 減少前置量
剛好

首先要將曳光光線引至目標航路上,接著再讓曳光光跡指向目標。

■射擊方法

追瞄射擊:
盡量自遠距離捕捉目標並追隨瞄準,在1,000m左右開始射擊。

固定射擊:
於目標航路上選定一點作為瞄準點,看好時機進行射擊。須以地形、地物作為標定點。

○環型瞄準具

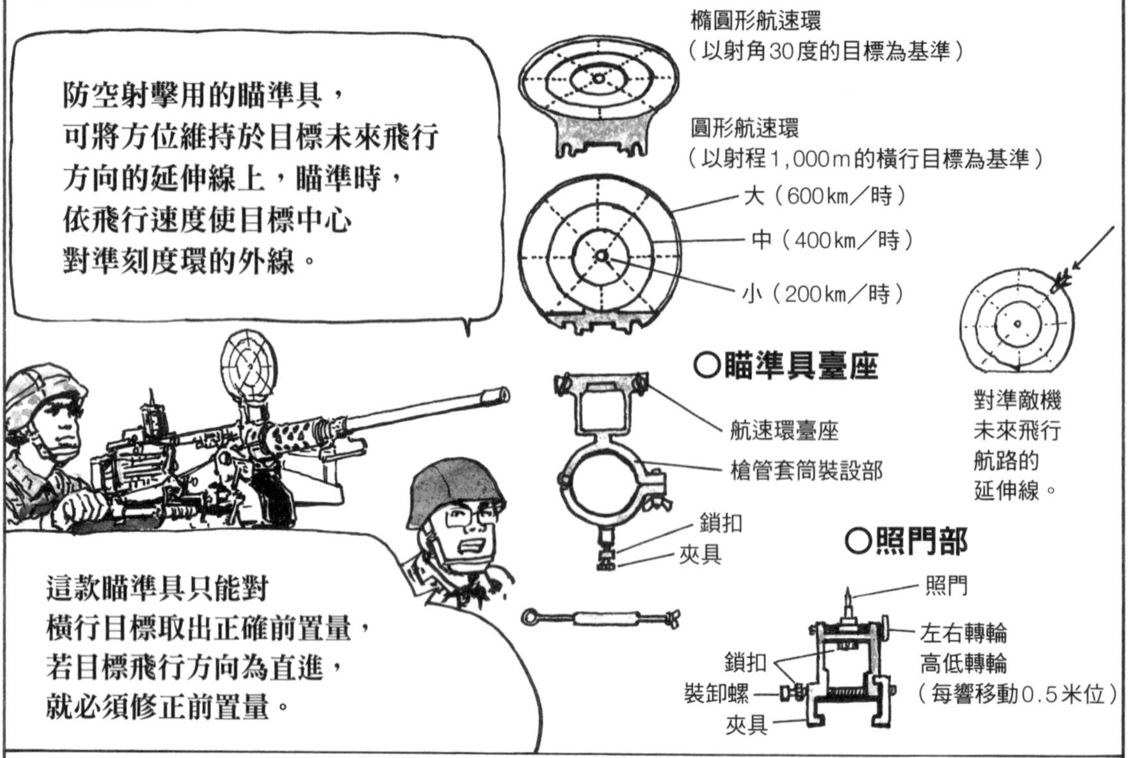

防空射擊用的瞄準具，可將方位維持於目標未來飛行方向的延伸線上，瞄準時，依飛行速度使目標中心對準刻度環的外線。

橢圓形航速環
（以射角30度的目標為基準）

圓形航速環
（以射程1,000m的橫行目標為基準）

- 大（600km／時）
- 中（400km／時）
- 小（200km／時）

對準敵機未來飛行航路的延伸線。

這款瞄準具只能對橫行目標取出正確前置量，若目標飛行方向為直進，就必須修正前置量。

○瞄準具臺座

- 航速環臺座
- 槍管套筒裝設部
- 鎖扣
- 夾具

○照門部

- 照門
- 左右轉輪
- 高低轉輪（每響移動0.5米位）
- 鎖扣
- 裝卸螺
- 夾具

○重機槍搬運

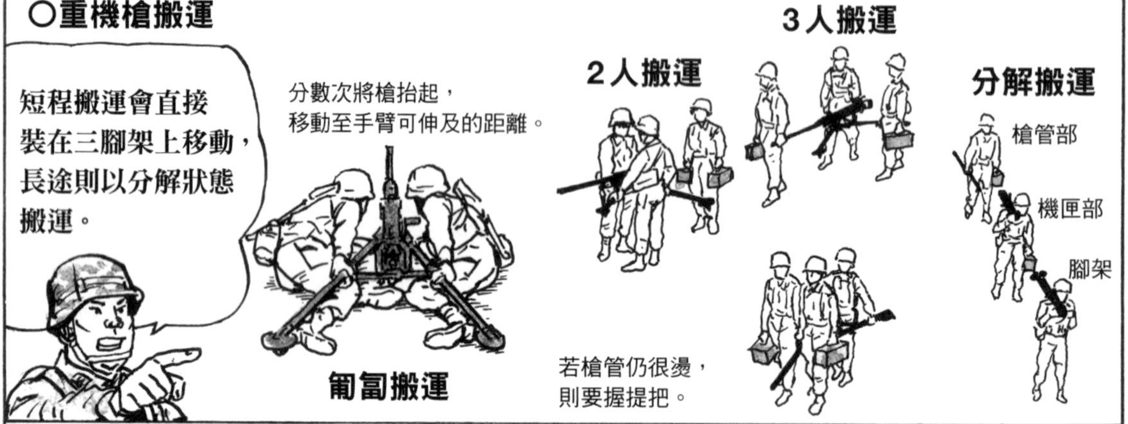

短程搬運會直接裝在三腳架上移動，長途則以分解狀態搬運。

分數次將槍抬起，移動至手臂可伸及的距離。

匍匐搬運

2人搬運　若槍管仍很燙，則要握提把。

3人搬運

分解搬運
- 槍管部
- 機匣部
- 腳架

○彈藥

比步槍子彈大，破壞力也高出許多。

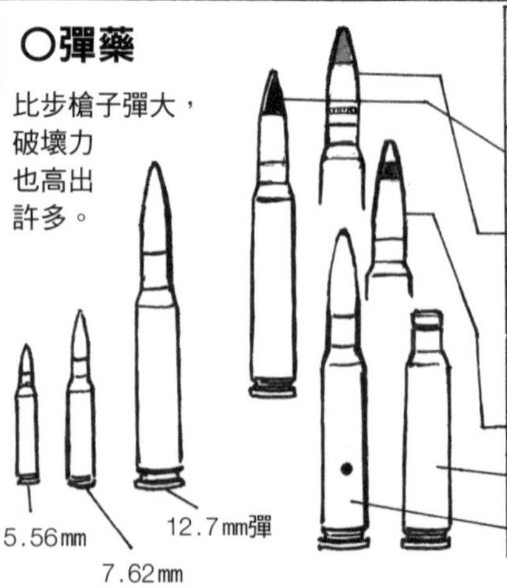

5.56mm　12.7mm彈　7.62mm

66式M2普通彈	無	貫穿力	射程180m　沙35cm　黏土70cm　混凝土5cm
M2穿甲彈	黑	貫穿力　對裝甲板	射程180m：2.5cm　550m：1.8cm
M1曳光彈	紅	槍口前80～1,600m曳光	
M17曳光彈	茶	槍口前90～1,450m輝曳光	
M1燃燒彈	灰	可讓非裝甲車輛起火燃燒	
M8穿甲燃燒彈	銀	可讓輕裝甲車輛內部起火燃燒	
M20曳光穿甲燃燒彈	銀前端紅	對直升機有效	
66式空包彈	無彈頭，以紅蠟封口		
M2假彈	無	側面有3個小孔，無底火	

會將2種以上彈種依使用目的，按比例組合使用。

■槍架

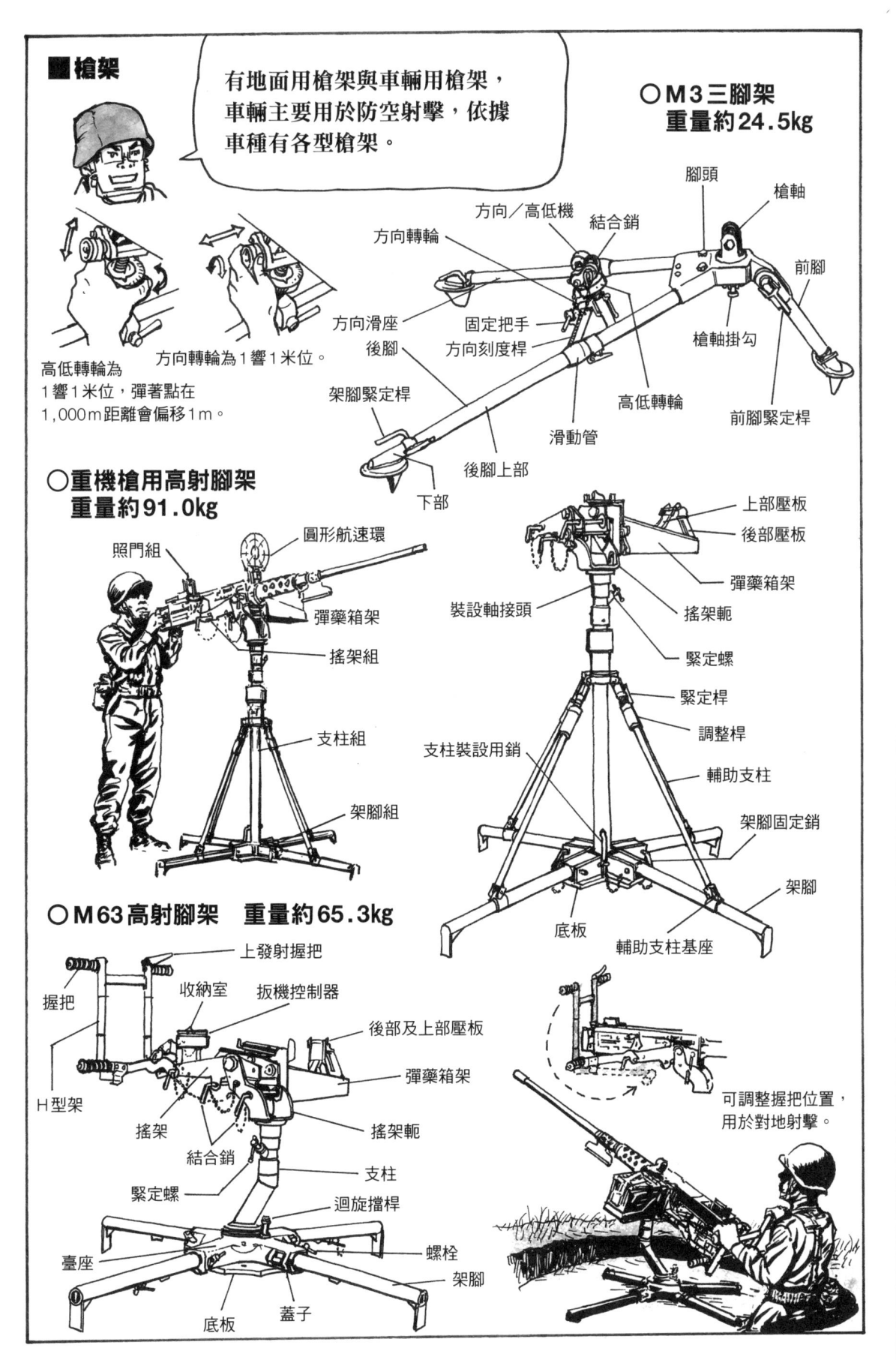

有地面用槍架與車輛用槍架，車輛主要用於防空射擊，依據車種有各型槍架。

高低轉輪為1響1米位，彈著點在1,000m距離會偏移1m。

方向轉輪為1響1米位。

○M3三腳架　重量約24.5kg

- 腳頭
- 槍軸
- 方向／高低機結合銷
- 方向轉輪
- 前腳
- 方向滑座
- 固定把手
- 槍軸掛勾
- 後腳
- 方向刻度桿
- 架腳緊定桿
- 高低轉輪
- 前腳緊定桿
- 滑動管
- 後腳上部
- 下部

○重機槍用高射腳架　重量約91.0kg

- 照門組
- 圓形航速環
- 彈藥箱架
- 搖架組
- 支柱組
- 架腳組

- 上部壓板
- 後部壓板
- 彈藥箱架
- 裝設軸接頭
- 搖架軛
- 緊定螺
- 緊定桿
- 調整桿
- 支柱裝設用銷
- 輔助支柱
- 架腳固定銷
- 架腳
- 底板
- 輔助支柱基座

○M63高射腳架　重量約65.3kg

- 上發射握把
- 收納室
- 扳機控制器
- 握把
- 後部及上部壓板
- 彈藥箱架
- H型架
- 搖架
- 搖架軛
- 結合銷
- 支柱
- 緊定螺
- 迴旋擋桿
- 臺座
- 螺栓
- 架腳
- 底板
- 蓋子

可調整握把位置，用於對地射擊。

125

62式7.62mm機槍

> 這就是咱名聞世界的62式機槍，具有高精準度、高生產性、槍管更換迅速等特色，全面超越M60。

> 這款機槍這麼厲害喔……

※連續發射速度：在不加熱槍管的狀態下可連續發射的射速。減裝藥：64式步槍用的發射藥量減少型子彈。

性能
初速○約770m／秒
◎約850m／秒
最大發射速度
○約600發／分以下
◎約650發／分以下
連續發射速度※：約80發/分
最大發射距離
○約3,500m
◎約3,700m
（○＝減裝藥，◎＝常裝藥）
62式7.62mm三腳機槍

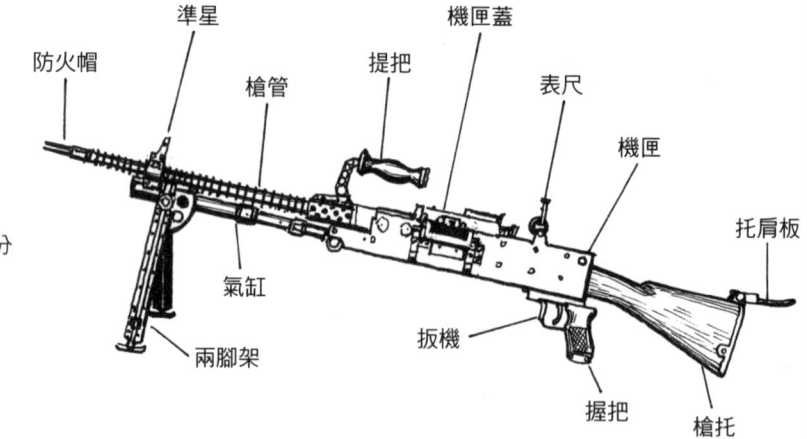

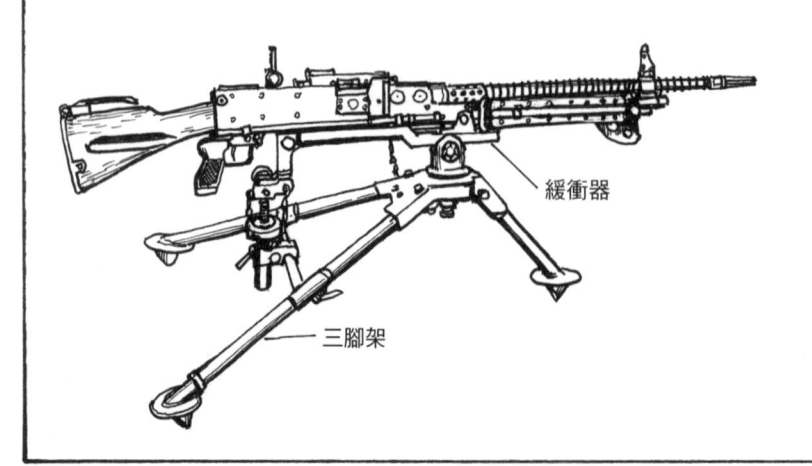

標註：防火帽、準星、槍管、提把、機匣蓋、表尺、機匣、托肩板、氣缸、兩腳架、扳機、握把、槍托、緩衝器、三腳架

DATA
口徑：7.62mm×51
全長：約120cm（槍托摺疊）
槍管長：52cm
瞄準基線：59cm
總重：約10.7kg
槍管重量：約2kg
三腳架重量：約7kg
膛線：4條右旋
（纏度25.4cm，與64式步槍相同）

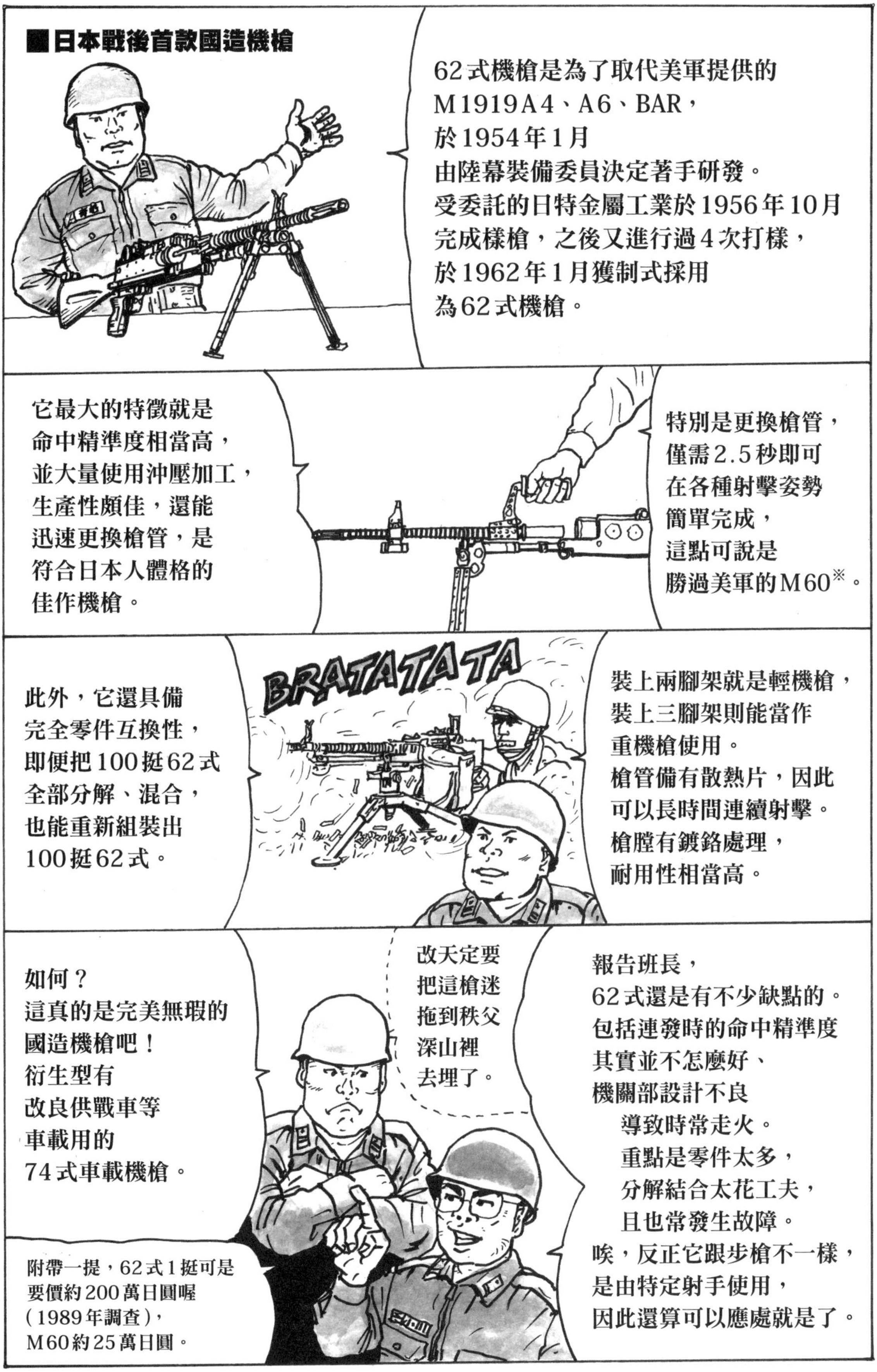

■日本戰後首款國造機槍

62式機槍是為了取代美軍提供的M1919A4、A6、BAR，於1954年1月由陸幕裝備委員決定著手研發。受委託的日特金屬工業於1956年10月完成樣槍，之後又進行過4次打樣，於1962年1月獲制式採用為62式機槍。

它最大的特徵就是命中精準度相當高，並大量使用沖壓加工，生產性頗佳，還能迅速更換槍管，是符合日本人體格的佳作機槍。

特別是更換槍管，僅需2.5秒即可在各種射擊姿勢簡單完成，這點可說是勝過美軍的M60※。

※M60據說無法在臥射狀態更換槍管。

此外，它還具備完全零件互換性，即便把100挺62式全部分解、混合，也能重新組裝出100挺62式。

裝上兩腳架就是輕機槍，裝上三腳架則能當作重機槍使用。槍管備有散熱片，因此可以長時間連續射擊。槍膛有鍍鉻處理，耐用性相當高。

如何？這真的是完美無瑕的國造機槍吧！衍生型有改良供戰車等車載用的74式車載機槍。

改天定要把這槍迷拖到秩父深山裡去埋了。

報告班長，62式還是有不少缺點的。包括連發時的命中精準度其實並不怎麼好、機關部設計不良導致時常走火。重點是零件太多，分解結合太花工夫，且也常發生故障。唉，反正它跟步槍不一樣，是由特定射手使用，因此還算可以應處就是了。

附帶一提，62式1挺可是要價約200萬日圓喔（1989年調查），M60約25萬日圓。

■使用法

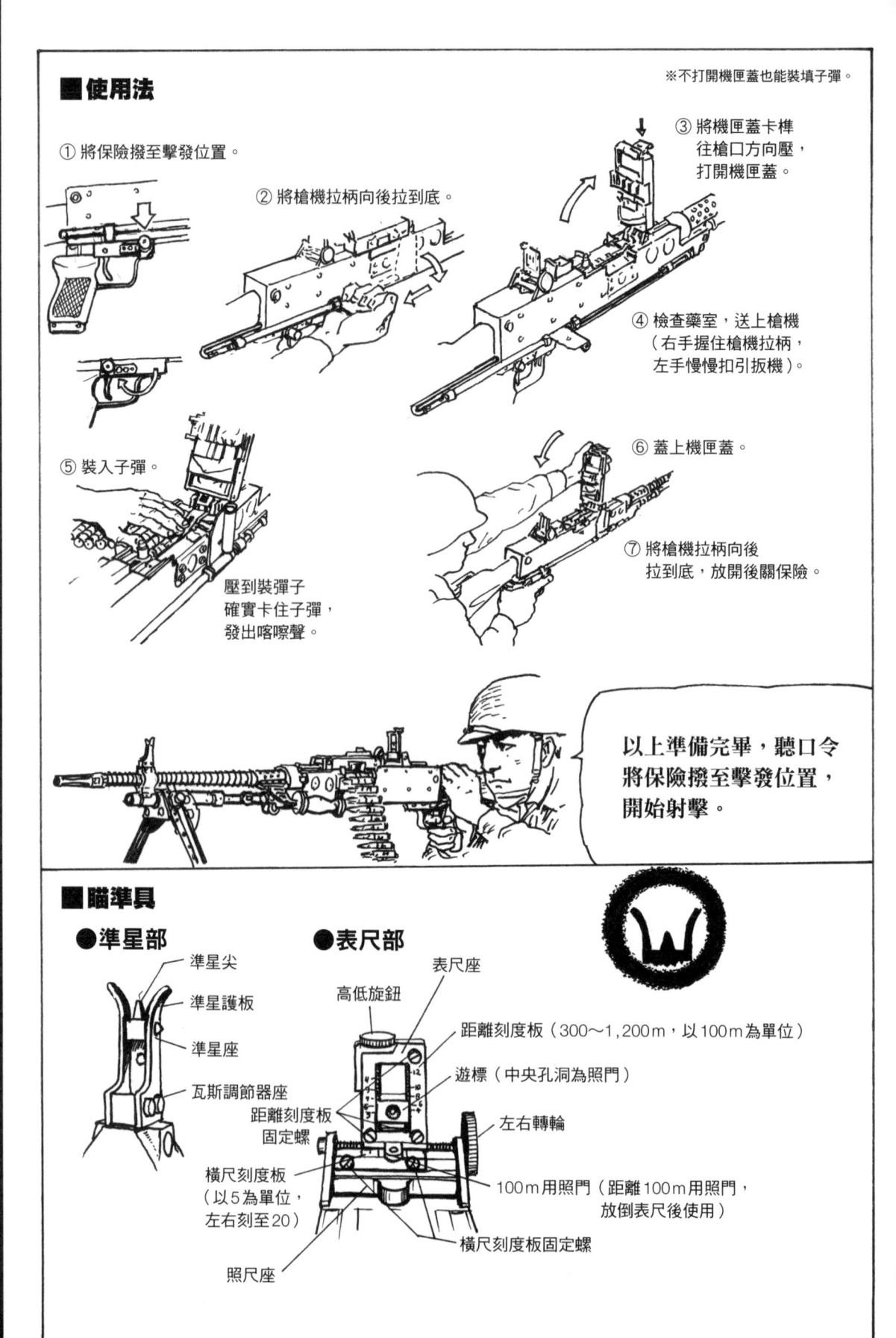

※不打開機匣蓋也能裝填子彈。

① 將保險撥至擊發位置。

② 將槍機拉柄向後拉到底。

③ 將機匣蓋卡榫往槍口方向壓，打開機匣蓋。

④ 檢查藥室，送上槍機（右手握住槍機拉柄，左手慢慢扣引扳機）。

⑤ 裝入子彈。壓到裝彈子確實卡住子彈，發出喀嚓聲。

⑥ 蓋上機匣蓋。

⑦ 將槍機拉柄向後拉到底，放開後關保險。

以上準備完畢，聽口令將保險撥至擊發位置，開始射擊。

■瞄準具

●準星部

- 準星尖
- 準星護板
- 準星座
- 瓦斯調節器座
- 距離刻度板固定螺
- 橫尺刻度板（以5為單位，左右刻至20）
- 照尺座

●表尺部

- 表尺座
- 高低旋鈕
- 距離刻度板（300～1,200m，以100m為單位）
- 遊標（中央孔洞為照門）
- 左右轉輪
- 100m用照門（距離100m用照門，放倒表尺後使用）
- 橫尺刻度板固定螺

62式7.62mm機槍

128

■射擊姿勢

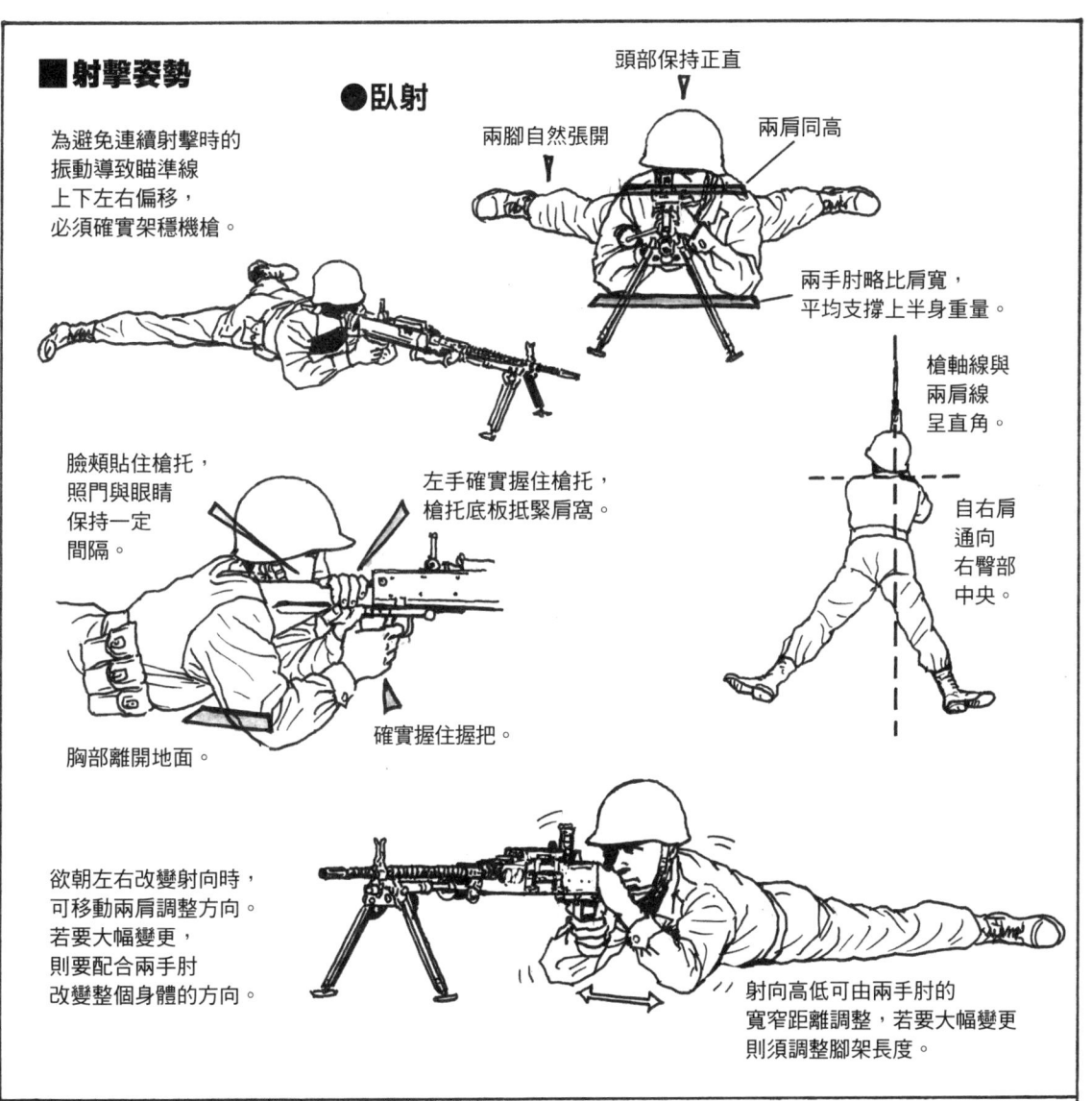

●臥射

頭部保持正直

為避免連續射擊時的振動導致瞄準線上下左右偏移，必須確實架穩機槍。

兩腳自然張開

兩肩同高

兩手肘略比肩寬，平均支撐上半身重量。

槍軸線與兩肩線呈直角。

臉頰貼住槍托，照門與眼睛保持一定間隔。

左手確實握住槍托，槍托底板抵緊肩窩。

自右肩通向右臀部中央。

胸部離開地面。

確實握住握把。

欲朝左右改變射向時，可移動兩肩調整方向。若要大幅變更，則要配合兩手肘改變整個身體的方向。

射向高低可由兩手肘的寬窄距離調整，若要大幅變更則須調整腳架長度。

■突擊射擊姿勢

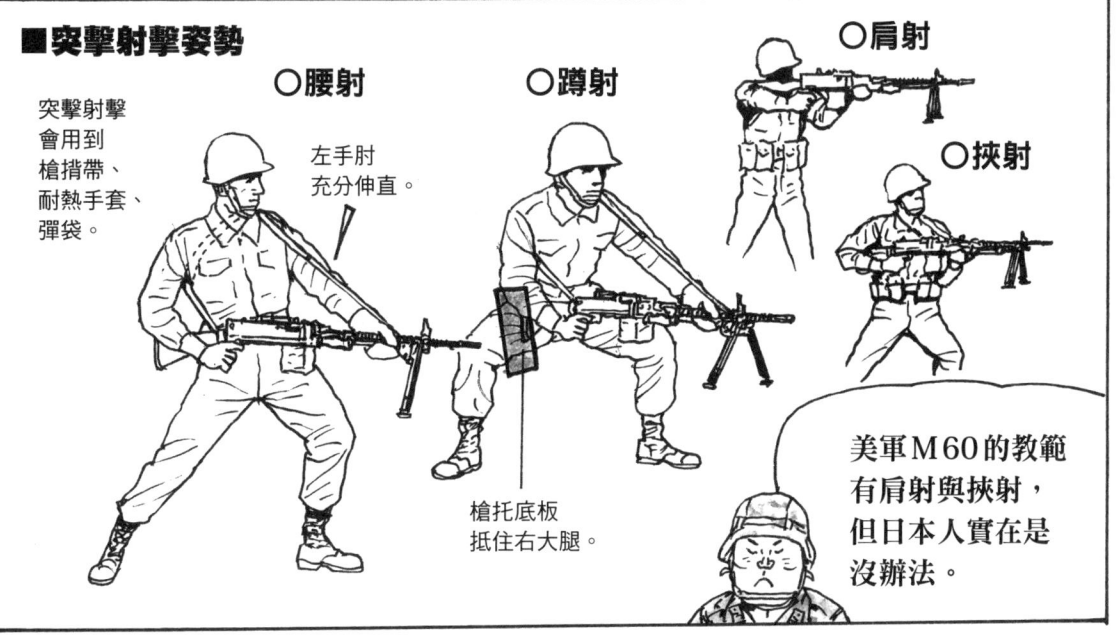

○腰射　　○蹲射　　○肩射　　○挾射

突擊射擊會用到槍揹帶、耐熱手套、彈袋。

左手肘充分伸直。

槍托底板抵住右大腿。

美軍M60的教範有肩射與挾射，但日本人實在是沒辦法。

■普通分解

○分解準備

放下兩腳架，槍口朝向左方。

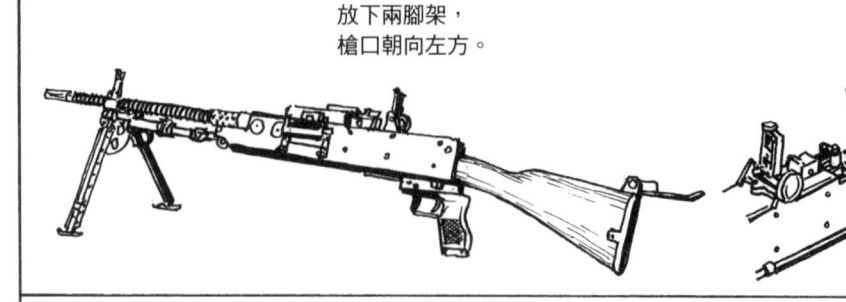

檢查藥室，蓋上機匣蓋。

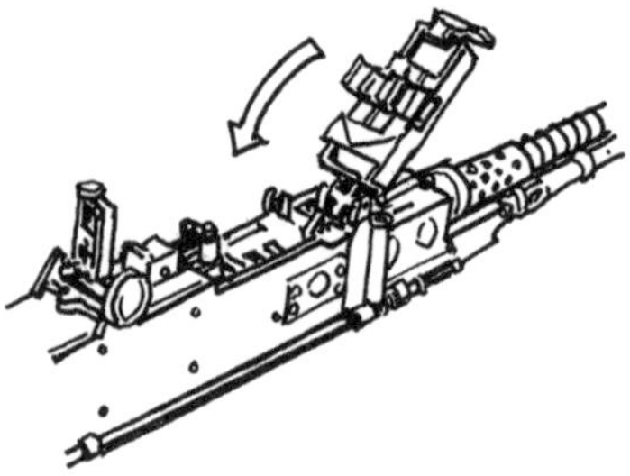

○主要部分分解程序

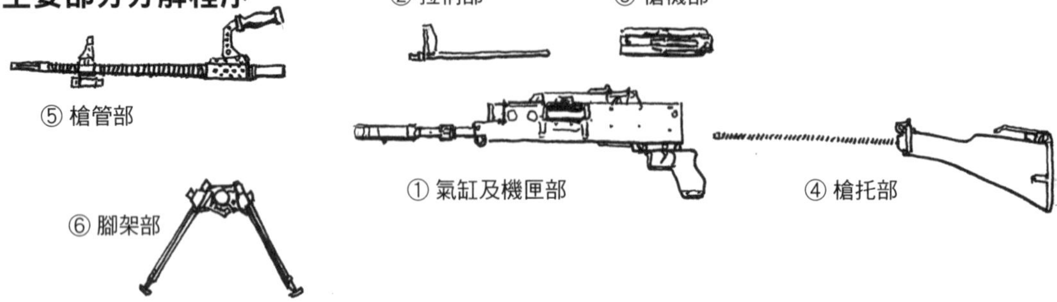

② 拉柄部
③ 槍機部
⑤ 槍管部
① 氣缸及機匣部
④ 槍托部
⑥ 腳架部

○槍托部

後牆板插銷（設計成無法完全抽出的構造，不要硬拔）。

後牆板

機匣

槍托

① 打開機匣蓋，以螺絲起子將後牆板插銷向右推出。

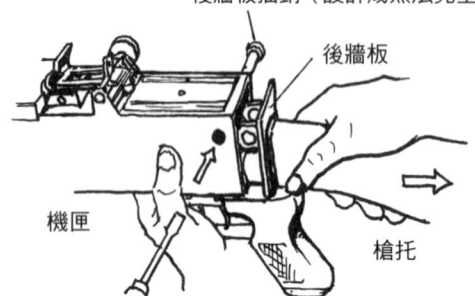

② 將槍托稍微往上提，向後抽出。

○拉柄及槍機、槍機體

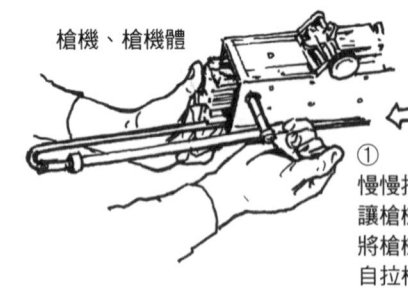

槍機、槍機體

拉柄

槍機

槍機體

機匣

① 慢慢拉槍機拉柄，讓槍機、槍機體後退，將槍機拉柄自拉柄軸取出。

② 接著取出槍機、槍機體，並分離槍機與槍機體。

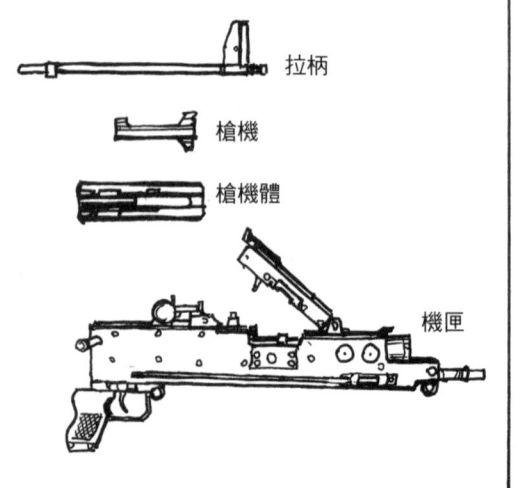

○槍管部

提把

槍管固定環

槍管固定環止擋

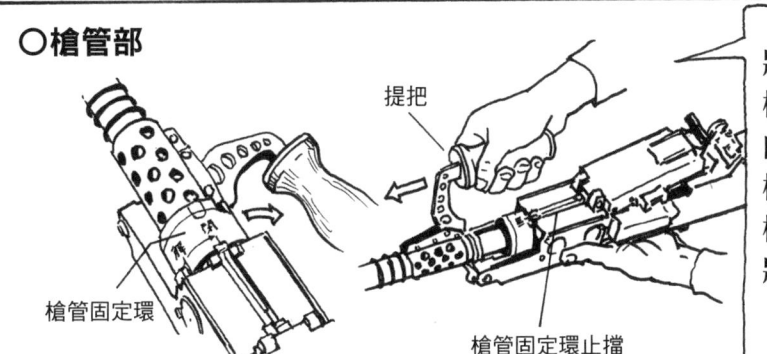

將提把後端的突起卡入槍管固定環缺口，然後向右轉，將「解」字對準槍管固定環止擋，槍管解除咬合，將槍管往前抽出。

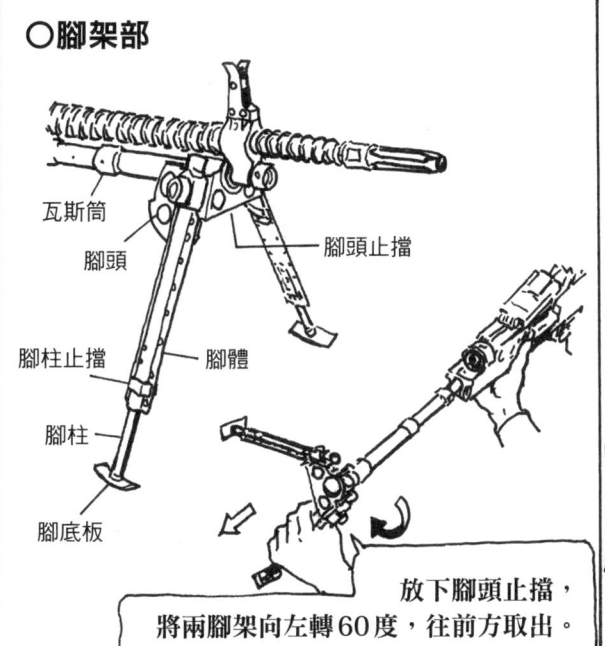

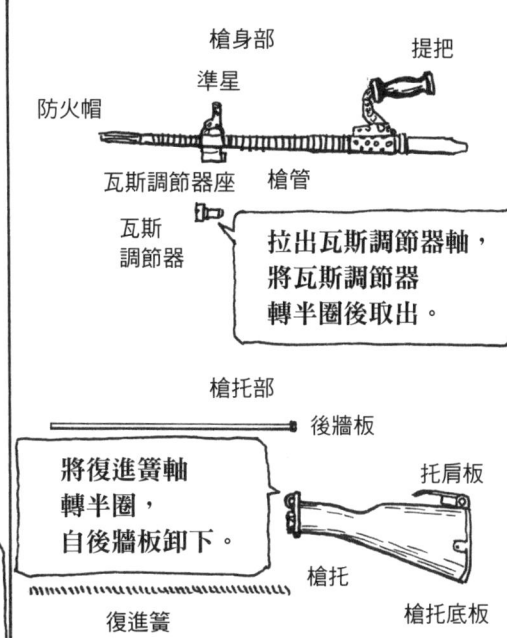

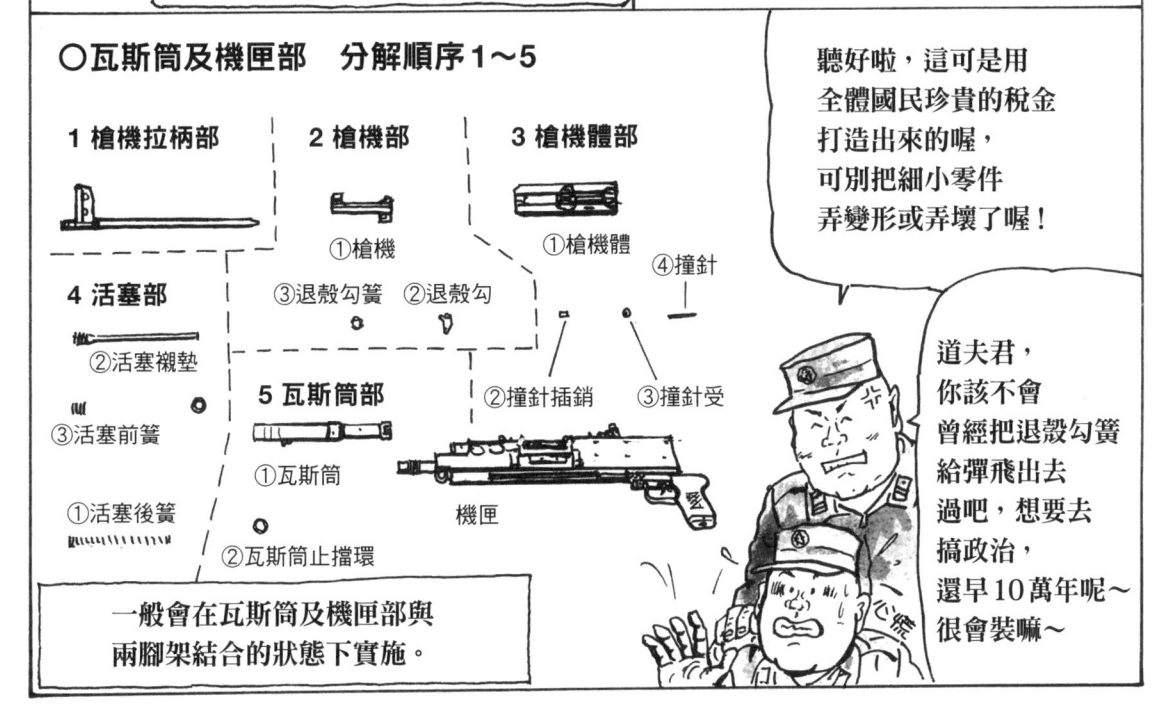

○腳架部

瓦斯筒
腳頭
腳柱止擋
腳柱
腳底板
腳頭止擋
腳體

放下腳頭止擋，將兩腳架向左轉60度，往前方取出。

槍身部
準星
防火帽
瓦斯調節器座　槍管
瓦斯調節器
提把

拉出瓦斯調節器軸，將瓦斯調節器轉半圈後取出。

槍托部
後牆板
托肩板
槍托
復進簧
槍托底板

將復進簧軸轉半圈，自後牆板卸下。

○瓦斯筒及機匣部　分解順序1～5

1 槍機拉柄部

2 槍機部
①槍機

3 槍機體部
①槍機體
③退殼勾簧　②退殼勾
④撞針

4 活塞部
②活塞襯墊
③活塞前簧
①活塞後簧

5 瓦斯筒部
①瓦斯筒
②瓦斯筒止擋環

②撞針插銷　③撞針受

機匣

一般會在瓦斯筒及機匣部與兩腳架結合的狀態下實施。

聽好啦，這可是用全體國民珍貴的稅金打造出來的喔，可別把細小零件弄變形或弄壞了喔！

道夫君，你該不會曾經把退殼勾簧給彈飛出去過吧，想要去搞政治，還早10萬年呢～很會裝嘛～

●分解槍機部

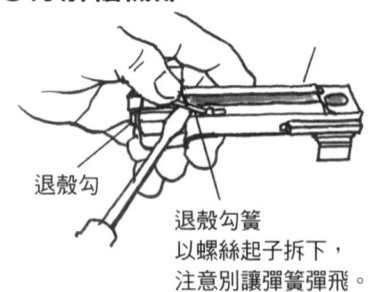

○槍機體部

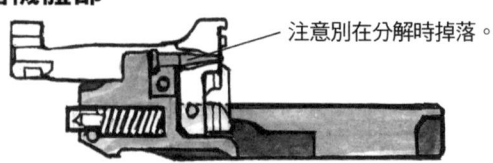

注意別在分解時掉落。

退殼勾

退殼勾簧
以螺絲起子拆下，
注意別讓彈簧彈飛。

○活塞部

活塞

瓦斯筒

機匣

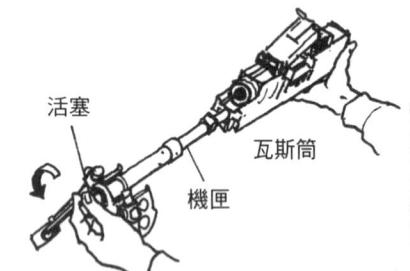

○瓦斯筒部
以螺絲起子拆下
瓦斯筒止擋環，
將瓦斯筒旋轉90度，
自瓦斯筒基座卸下。

○腳架部

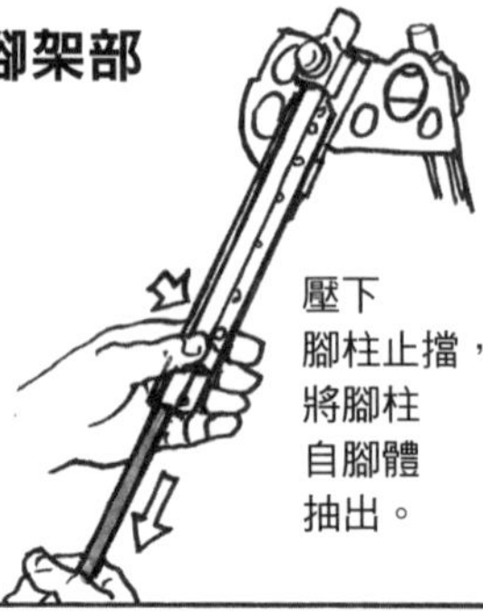

壓下
腳柱止擋，
將腳柱
自腳體
抽出。

●三腳架機槍的分解與結合

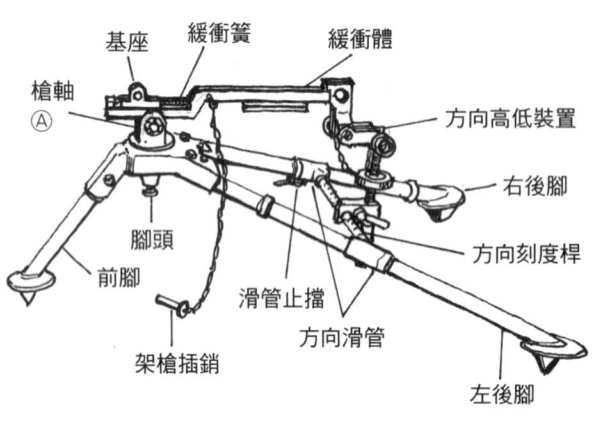

基座　緩衝簧　緩衝體

槍軸Ⓐ

方向高低裝置

右後腳

腳頭

方向刻度桿

前腳

滑管止擋

方向滑管

架槍插銷

左後腳

方向高低裝置

方向螺

方向輔助刻度

結合銷Ⓑ

方向轉輪

上部高低螺

高低刻度

高低輔助刻度

高低轉輪

方向刻度桿

方向滑座

方向固定桿

下部高低螺

○分解

①抽出架槍插銷。
②慢慢向後退出機槍。

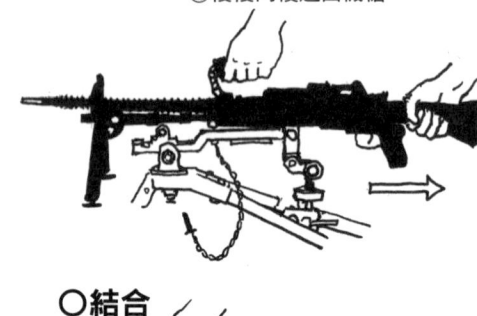

○結合

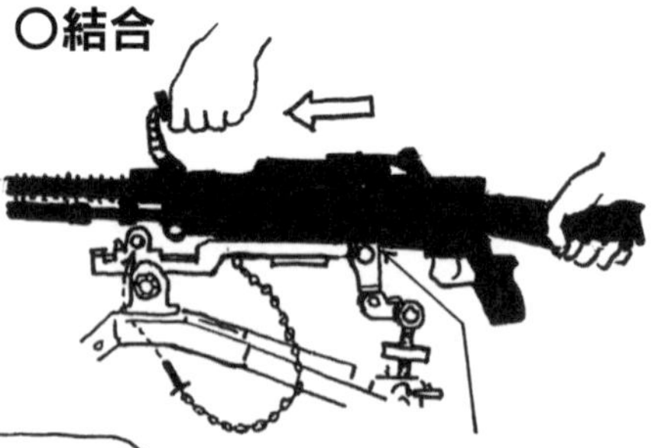

①將機匣緩衝器裝設底座
對準緩衝器溝槽後
向前滑入。
②將機匣孔洞對準緩衝器
孔洞，插入架槍插銷。

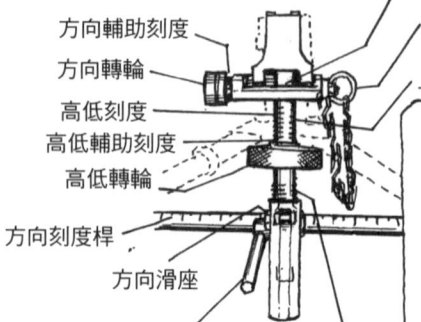

分解三腳架與緩衝器時，
首先要抽出Ⓐ結合銷，
移除螺帽後抽出Ⓑ結合銷。
轉鬆方向固定桿
拆下高低裝置，
拉起掛勾卸下槍軸。

5.56mm機槍 MINIMI

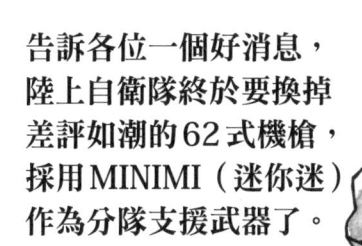

告訴各位一個好消息，陸上自衛隊終於要換掉差評如潮的62式機槍，採用MINIMI（迷你迷）作為分隊支援武器了。

喔!!報告班長，這真是太讚了。

這可是美軍也有採用的比利時造小型輕機槍呢！

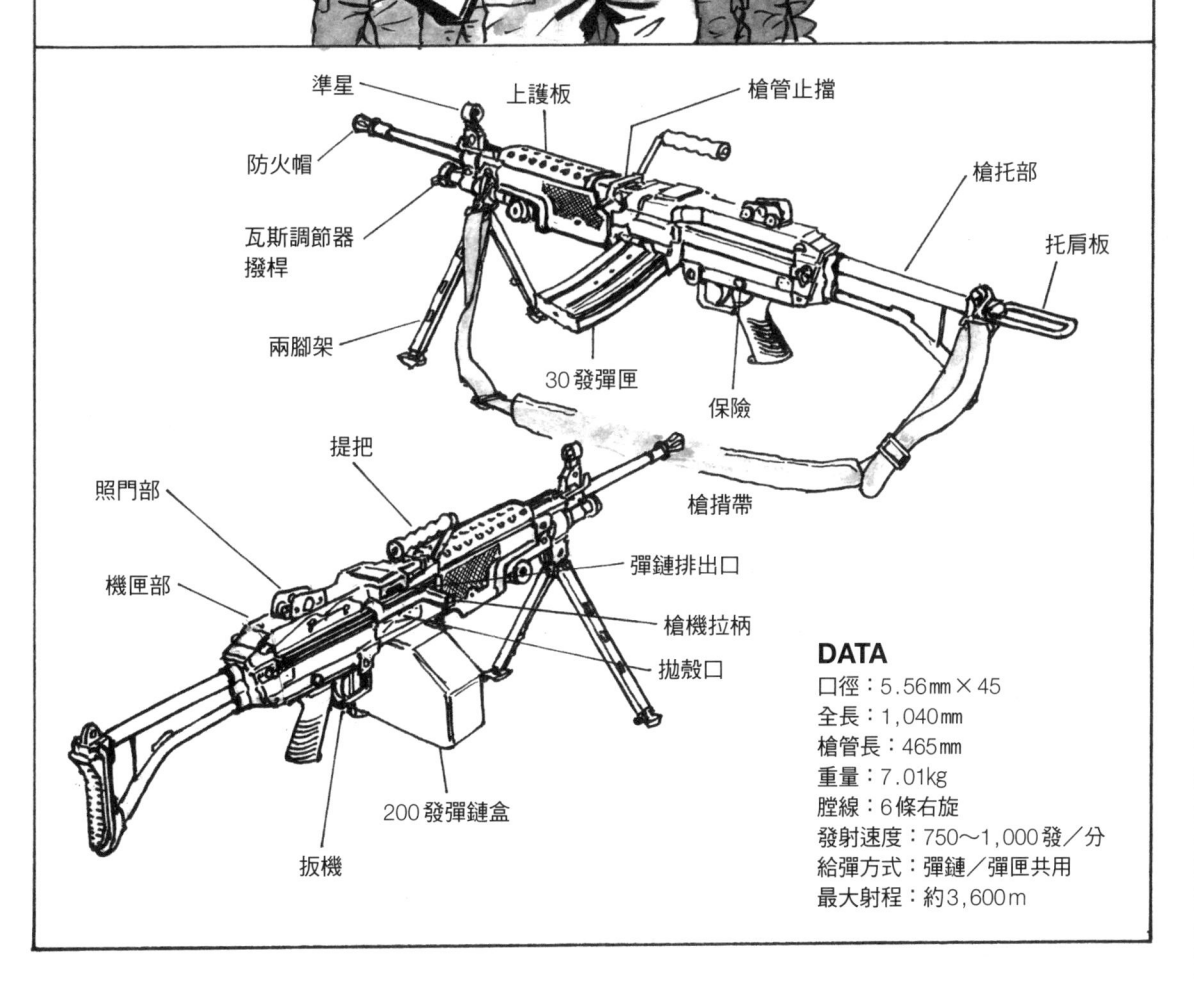

部件標示：
- 準星
- 上護板
- 槍管止擋
- 防火帽
- 槍托部
- 托肩板
- 瓦斯調節器撥桿
- 兩腳架
- 30發彈匣
- 保險
- 提把
- 照門部
- 槍揹帶
- 機匣部
- 彈鏈排出口
- 槍機拉柄
- 拋殼口
- 200發彈鏈盒
- 扳機

DATA
口徑：5.56mm×45
全長：1,040mm
槍管長：465mm
重量：7.01kg
膛線：6條右旋
發射速度：750～1,000發／分
給彈方式：彈鏈／彈匣共用
最大射程：約3,600m

※MINIMI（Mini mitrailleuse）：FN的SAW（班用支援武器）專案之小型機槍名稱。

新採用的這款機槍是由比利時FN研製的MINIMI，自衛隊為取代普通科配賦的62式機槍，於1993年開始採購，由住友重機械工業授權生產。

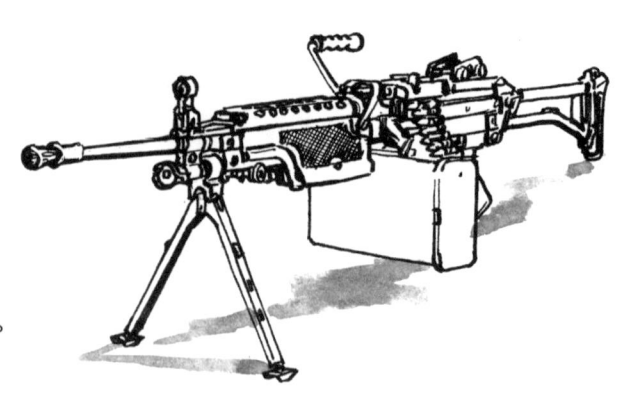

MINIMI是設計作為步兵部隊最小戰鬥單位「班」的支援武器，就把它想成是能使用步槍子彈的輕機槍即可。
伴隨採用5.56㎜口徑的89式步槍，自衛隊也一口氣淘汰了62式機槍。也是有想過在國內自行研製啦！

但美軍也有採用，想必是款優秀的機槍，真是聰明的選擇。

MINIMI相當輕巧，單兵也能攜行，戰鬥時的用法與步槍相仿。

MINIMI的火力約為步槍的12倍，可提供強大支援。

就算把彈鏈盒的子彈打光，也能換上士兵所持89式步槍彈匣繼續射擊。

槍管並無散熱裝置，因此壽命較短，但過熱的槍管卻可輕易更換。

■大部分解

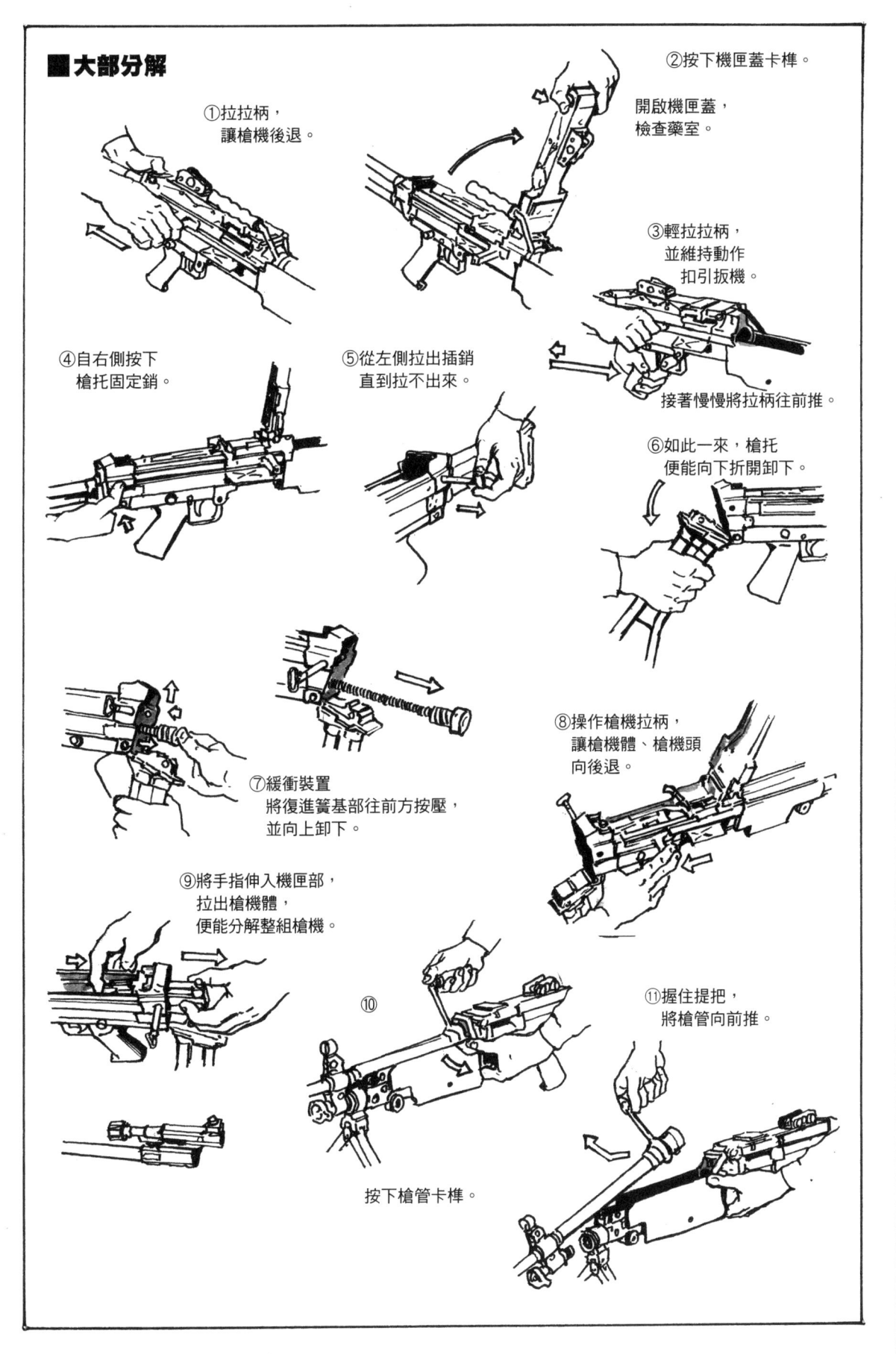

① 拉拉柄，讓槍機後退。

② 按下機匣蓋卡榫。開啟機匣蓋，檢查藥室。

③ 輕拉拉柄，並維持動作扣引扳機。接著慢慢將拉柄往前推。

④ 自右側按下槍托固定銷。

⑤ 從左側拉出插銷直到拉不出來。

⑥ 如此一來，槍托便能向下折開卸下。

⑦ 緩衝裝置將復進簧基部往前方按壓，並向上卸下。

⑧ 操作槍機拉柄，讓槍機體、槍機頭向後退。

⑨ 將手指伸入機匣部，拉出槍機體，便能分解整組槍機。

⑩

⑪ 握住提把，將槍管向前推。

按下槍管卡榫。

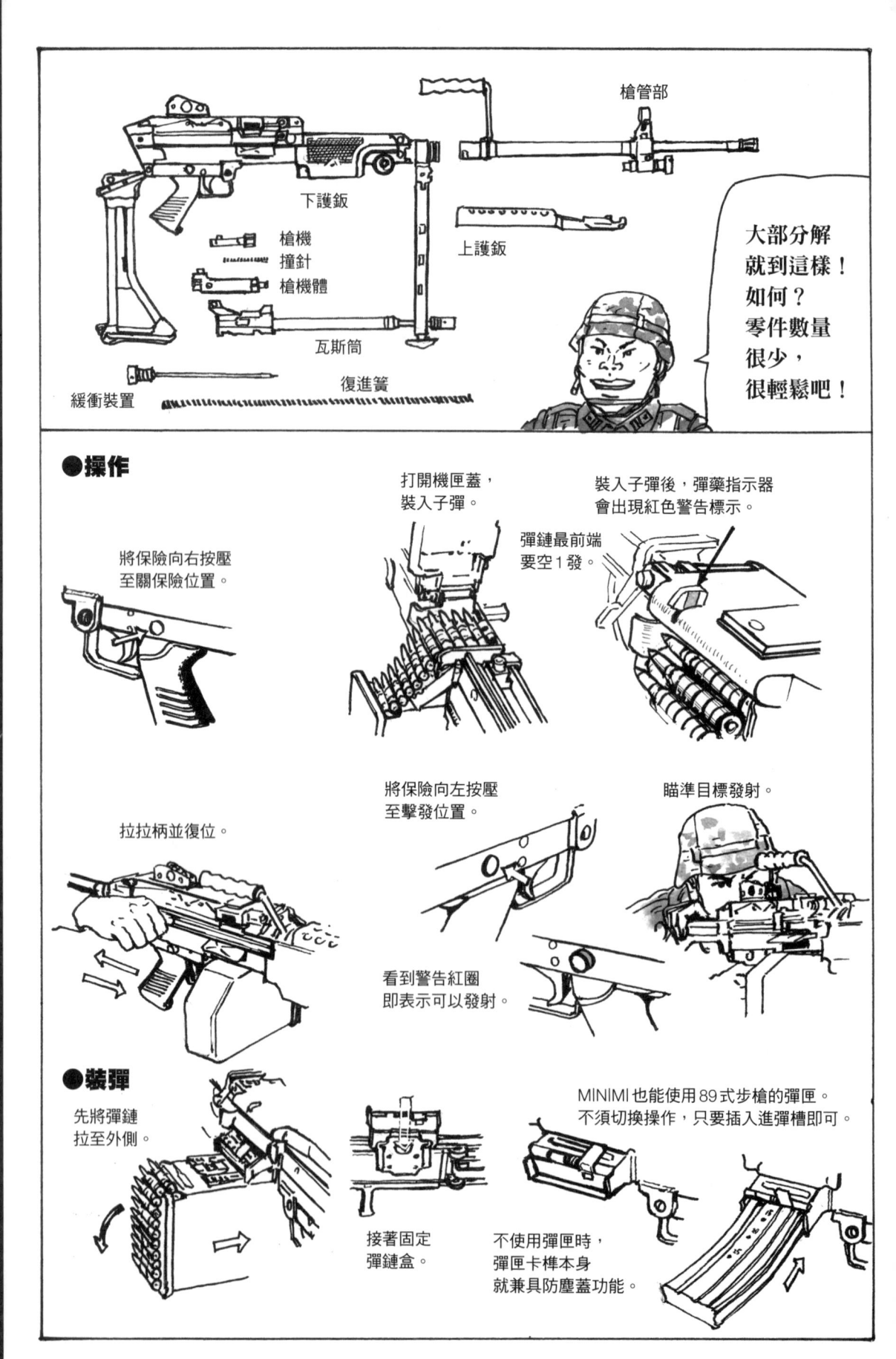

5.56mm機槍 MINIMI

槍管部
下護鈑
槍機
撞針
槍機體
上護鈑
瓦斯筒
緩衝裝置
復進簧

大部分解就到這樣！如何？零件數量很少，很輕鬆吧！

● 操作

將保險向右按壓至關保險位置。

打開機匣蓋，裝入子彈。

裝入子彈後，彈藥指示器會出現紅色警告標示。

彈鏈最前端要空1發。

拉拉柄並復位。

將保險向左按壓至擊發位置。

看到警告紅圈即表示可以發射。

瞄準目標發射。

● 裝彈

先將彈鏈拉至外側。

接著固定彈鏈盒。

MINIMI也能使用89式步槍的彈匣。不須切換操作，只要插入進彈槽即可。

不使用彈匣時，彈匣卡榫本身就兼具防塵蓋功能。

■更換槍管

更換槍管時，也會用到固定於右斜上方45度的搬運提把（也有可動式提把）。

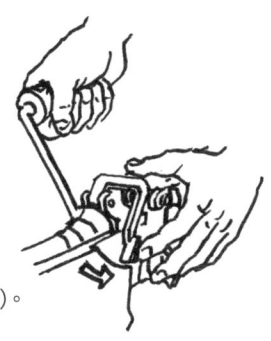

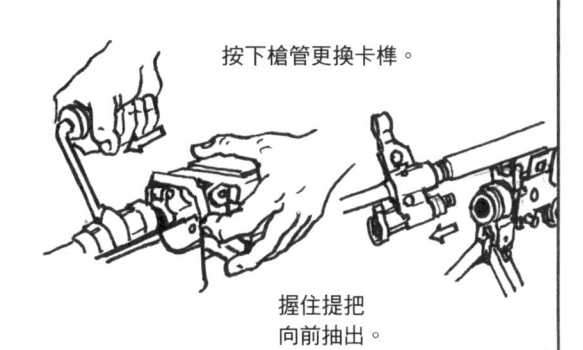

按下槍管更換卡榫。

握住提把向前抽出。

裝上新槍管。

為提升連續射擊性能，MINIMI的槍管更換操作相當簡單，只要一個動作便能迅速完成。
若操作習慣，即使在黑暗中也能於8秒完成。

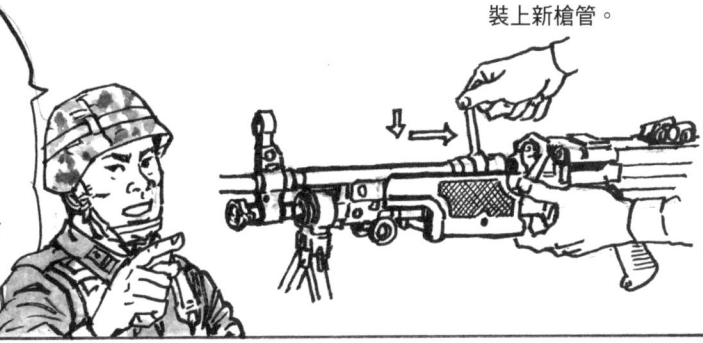

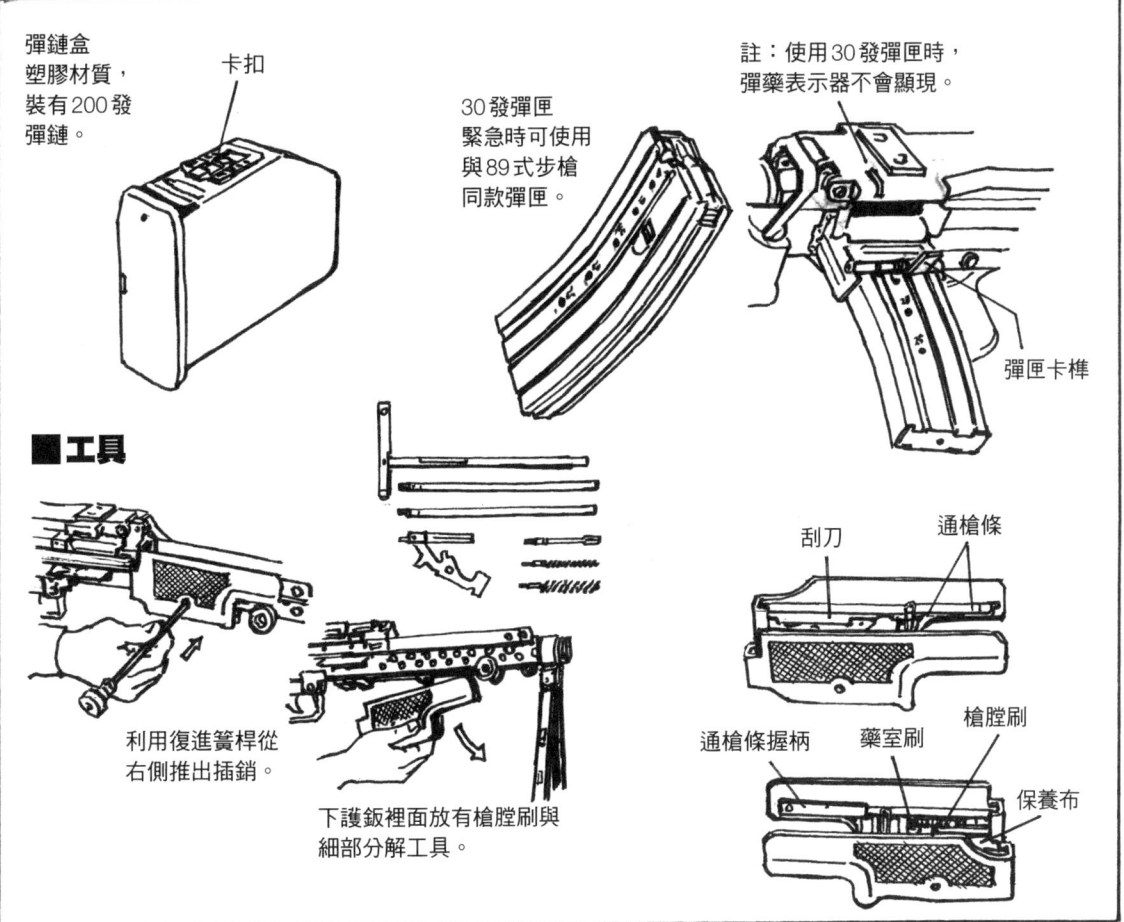

彈鏈盒
塑膠材質，裝有200發彈鏈。

卡扣

30發彈匣
緊急時可使用與89式步槍同款彈匣。

註：使用30發彈匣時，彈藥表示器不會顯現。

彈匣卡榫

■工具

利用復進簧桿從右側推出插銷。

下護鈑裡面放有槍膛刷與細部分解工具。

刮刀　　通槍條

通槍條握柄　藥室刷　槍膛刷

保養布

■射擊姿勢

與62式機槍相同，但重量較輕，因此可以跪射與腰射。

兩腳架每側高度皆能3段調節，即便在起伏地面也能使用。

跪射

兩腳架可摺疊收納於下護鈑，不會礙手礙腳。

腰射

保險

MINIMI只有全自動（連發）射擊模式，因此並無選擇器，僅具備按鈕式保險。
往右按壓為關保險，往左按壓則可射擊。只要牢記在心，即使在黑暗中也能確認保險狀態。

●準星部

●照門部

照門可於300〜1,000m範圍調節

- 表尺
- 左右轉輪
- 高低轉輪
- 橫尺

●瓦斯調節器撥桿

正常 ±750發／分

±1,100發／分

以瓦斯調節器撥桿調整氣體壓力。

N為正常狀態，若因槍枝髒汙導致作動遲緩，可將其轉向另一邊以增加氣體壓力。

手榴彈

往敵人投擲後會爆炸，可殺傷敵人。手榴彈對於近距離戰鬥而言是極為有效的武器。然而，它卻也有炸到自己的危險性，是相當難搞的東西，必須牢記正確使用方法喔！

在電影裡都會一次炸飛2～3人呢～

※把魚炸昏浮上水面後便能輕鬆捕撈，不管哪國的軍隊都幹過這種事。

自衛隊戰鬥裝備篇

自衛隊的手榴彈實彈投擲訓練每年1次。新訓教育隊並不會實施。

我阿公講的「軍隊式捕魚法」※就是用手榴彈去炸魚的樣子。

○手榴彈携行法

繫在彈袋下端的束帶上。

為方便取出，以保險壓板朝上的方式收納。

以手榴彈袋收納3顆。

裝入容器的手榴彈可放入雜物袋或背包中携行。

以保險壓板掛在吊帶上時須注意不要扯掉保險銷，可以用膠帶捆起來。

■構造及功能

為了有效使用手榴彈，必須充分理解各種手榴彈的特性、構造、功能。

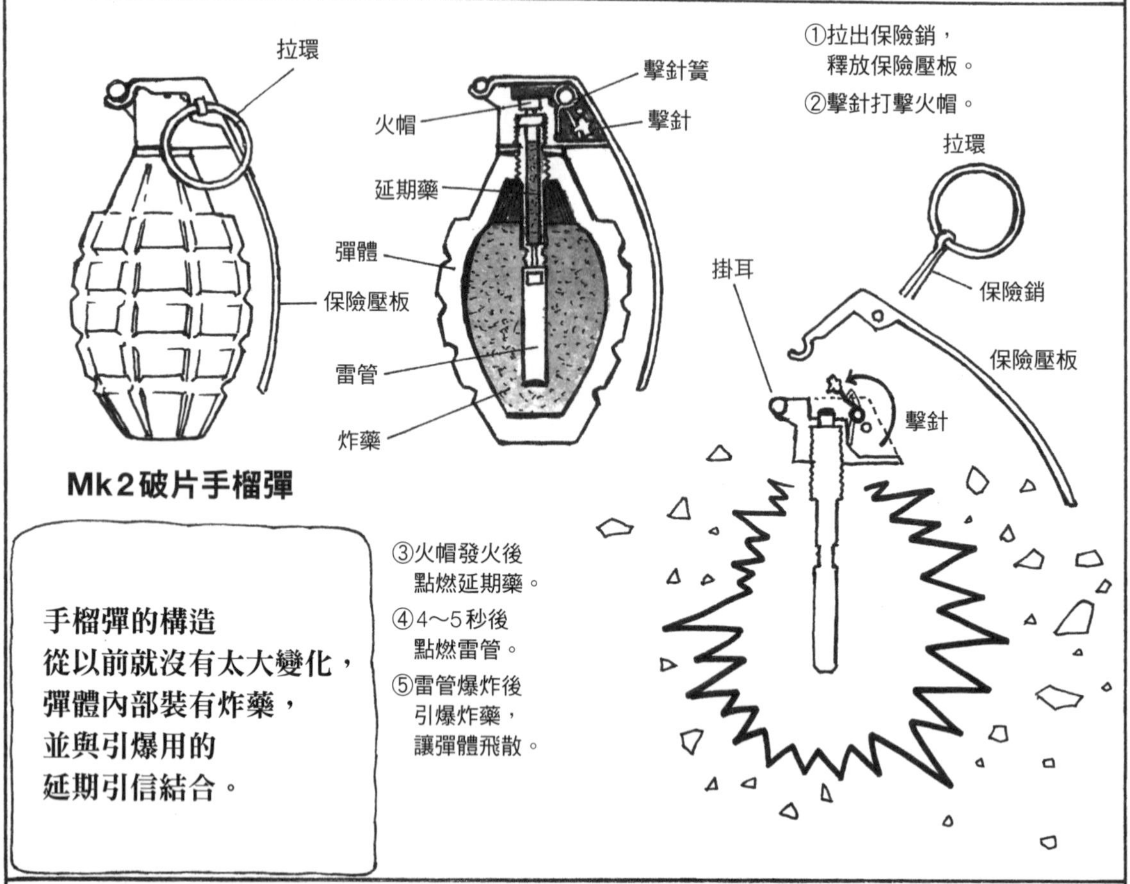

Mk2破片手榴彈

標示：拉環、火帽、擊針簧、擊針、延期藥、彈體、保險壓板、雷管、炸藥

①拉出保險銷，釋放保險壓板。
②擊針打擊火帽。

標示：拉環、保險銷、掛耳、保險壓板、擊針

③火帽發火後點燃延期藥。
④4～5秒後點燃雷管。
⑤雷管爆炸後引爆炸藥，讓彈體飛散。

手榴彈的構造從以前就沒有太大變化，彈體內部裝有炸藥，並與引爆用的延期引信結合。

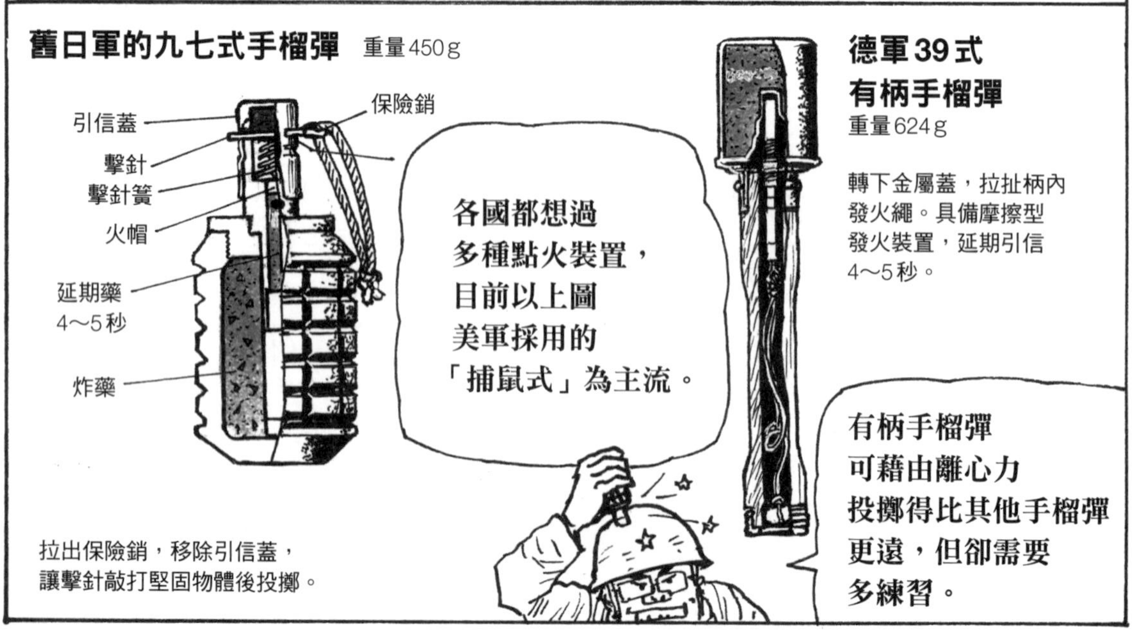

舊日軍的九七式手榴彈　重量450g

標示：引信蓋、擊針、擊針簧、火帽、延期藥4～5秒、炸藥、保險銷

拉出保險銷，移除引信蓋，讓擊針敲打堅固物體後投擲。

各國都想過多種點火裝置，目前以上圖美軍採用的「捕鼠式」為主流。

德軍39式有柄手榴彈
重量624g

轉下金屬蓋，拉扯柄內發火繩。具備摩擦型發火裝置，延期引信4～5秒。

有柄手榴彈可藉由離心力投擲得比其他手榴彈更遠，但卻需要多練習。

■種類及用途

○破片手榴彈

以彈體破片殺傷目標、達成制壓。有效半徑為Mk2型約10m、M26型約15m，延期引信4～5秒。

Mk2 破片手榴彈 重量594g 因外形而被稱為鳳梨，美軍用於第二次世界大戰。

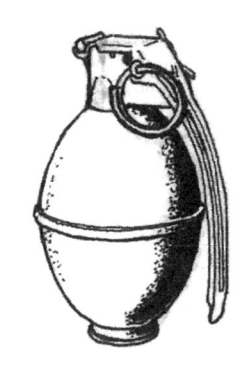

M26A1 破片手榴彈 重量450g 用以取代Mk2，美軍用於越戰。重量較輕但威力較強，炸藥威力高過Mk2。

Mk3A2 攻擊手榴彈 以爆震殺傷、破壞車內或掩體等內部目標，有效半徑約2m。

引信 — 保險銷、壓板、上半部為草綠色

Mk1照明手榴彈 照明或信號用。照明時間約25秒，可照亮直徑200m範圍，引燃可燃物也能發揮燃燒效果。

下半部為黑色

信號發煙管引信附 1型燒夷筒引信附

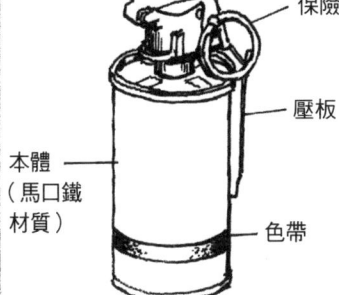

保險銷
壓板
本體（馬口鐵材質）
色帶

發煙管為黃色帶，燒夷筒為紫色帶，皆採黑字標記。

噴煙口為上4、下1（燒夷筒僅有上4）。

延期引信約7秒

投擲後會一分為二並且發光。

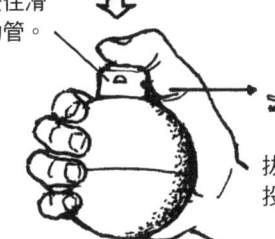

投擲時要連同安全帽按住滑動管。

拔出保險銷後投擲。

催淚球2型／2-1型
安全帽
滑動管
保險銷
拔出保險銷後投擲。
本體（電木材質）

發煙黃磷手榴彈1型

螺紋必須露出3～4圈。
本體由鋼材製成，有6～8條垂直溝槽。

保險銷、壓板皆為草綠色。

底部為圓形。

M21 演習手榴彈 裝設演習用引信，有少量黑色火藥，會發出爆炸聲響與白煙。

軟木塞
投擲訓練用

MK1A1 訓練手榴彈 外觀及重量皆與實彈相同。

■投擲訓練

學會手榴彈的握持方式及發火要領之後，即可依序演練：
1. 遠距離投擲
2. 定向遠投
3. 定距準投
4. 判別各種方向、高低、距離，朝目標正確投擲

●手榴彈的握持方式

以右手虎口緊握保險壓板，其他手指包覆彈體牢牢握持。

拿筷子的國家應該沒有左撇子啦～

手榴彈是以右手投擲為前提設計而成，若要用左手投擲，須以引信朝下的方式握持。

●發火準備

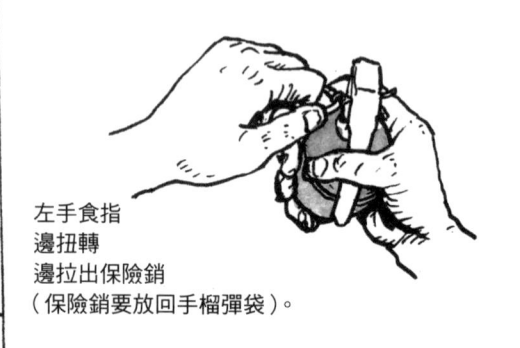

左手食指邊扭轉邊拉出保險銷（保險銷要放回手榴彈袋）。

投擲前絕對不可鬆開保險壓板或調整手榴彈的握持喔！

壓板會一起投出。

●投擲法

○橫手投擲
用於因裝備導致難以上手投擲時。

○下手投擲
投擲距離較短，但比較不會回彈或滾離落下點。

○上手投擲
投擲距離最遠，用於對付高處目標、遠距槍眼、建築物內部目標。

須配合目標臨機應變。

●投擲訓練口令

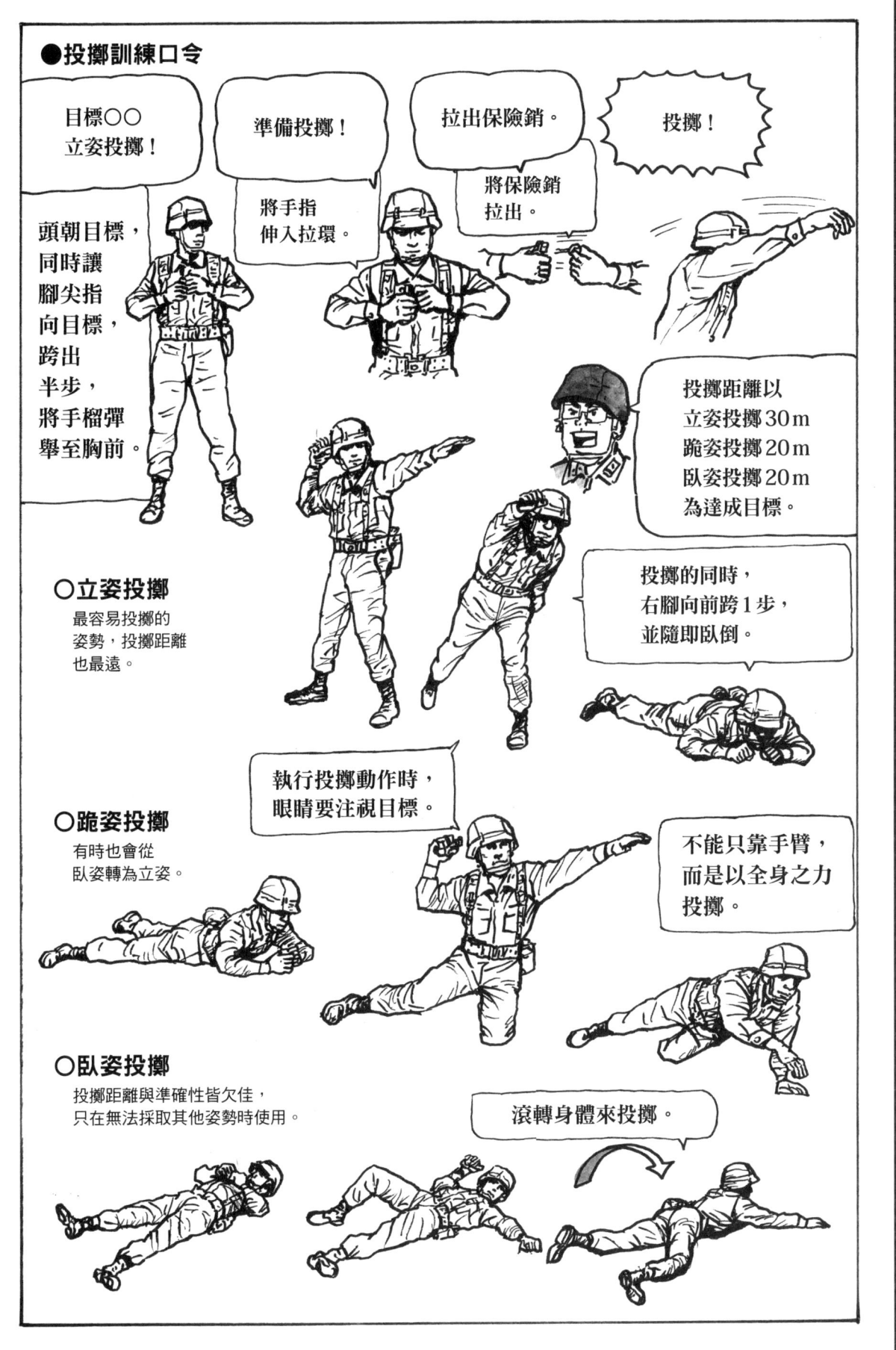

目標○○立姿投擲！

頭朝目標，同時讓腳尖指向目標，跨出半步，將手榴彈舉至胸前。

準備投擲！

將手指伸入拉環。

拉出保險銷。

將保險銷拉出。

投擲！

投擲距離以
立姿投擲30m
跪姿投擲20m
臥姿投擲20m
為達成目標。

○立姿投擲
最容易投擲的姿勢，投擲距離也最遠。

投擲的同時，右腳向前跨1步，並隨即臥倒。

○跪姿投擲
有時也會從臥姿轉為立姿。

執行投擲動作時，眼睛要注視目標。

不能只靠手臂，而是以全身之力投擲。

○臥姿投擲
投擲距離與準確性皆欠佳，只在無法採取其他姿勢時使用。

滾轉身體來投擲。

■手榴彈戰鬥

手榴彈又稱口袋砲兵,這種手投武器的始祖出現於16世紀,並於1904年的日俄戰爭發揮威力。到了1914年～1918年的第一次世界大戰,成為步兵部隊在塹壕戰的主要武器之一。

發火之後馬上投擲,有可能會被敵人丟回來喔!

手榴彈一般用於至近距離戰鬥,用以殺傷目標、破壞武器、設施等,以及施放煙幕。對於掩蔽物內部的目標特別有效。

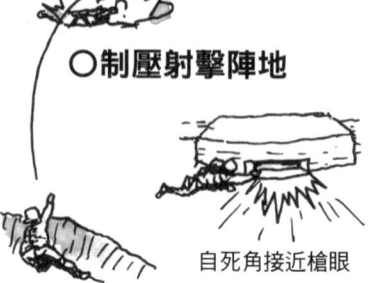

○制壓射擊陣地

自死角接近槍眼

○屋內制壓

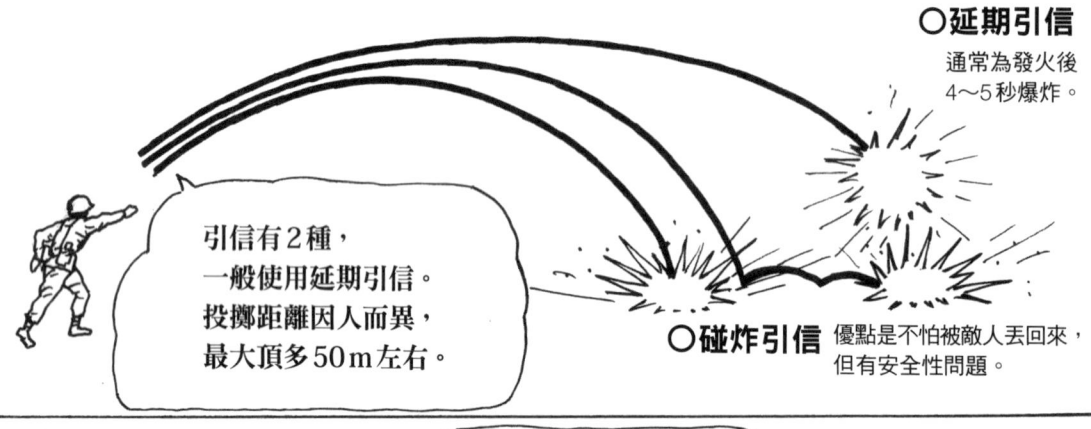

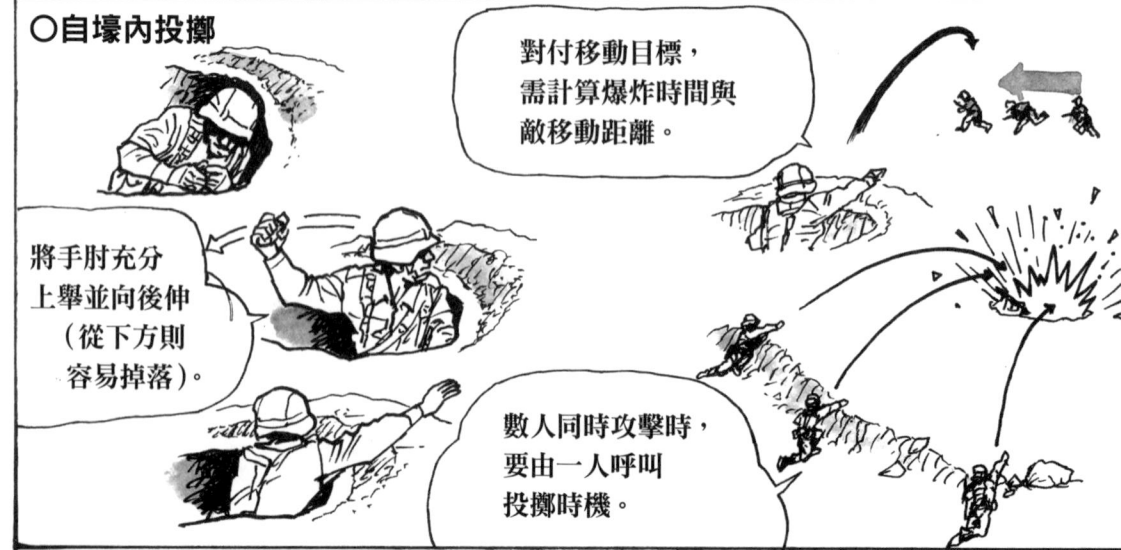

○延期引信
通常為發火後4～5秒爆炸。

引信有2種,一般使用延期引信。投擲距離因人而異,最大頂多50m左右。

○碰炸引信 優點是不怕被敵人丟回來,但有安全性問題。

○自壕內投擲

對付移動目標,需計算爆炸時間與敵移動距離。

將手肘充分上舉並向後伸（從下方則容易掉落）。

數人同時攻擊時,要由一人呼叫投擲時機。

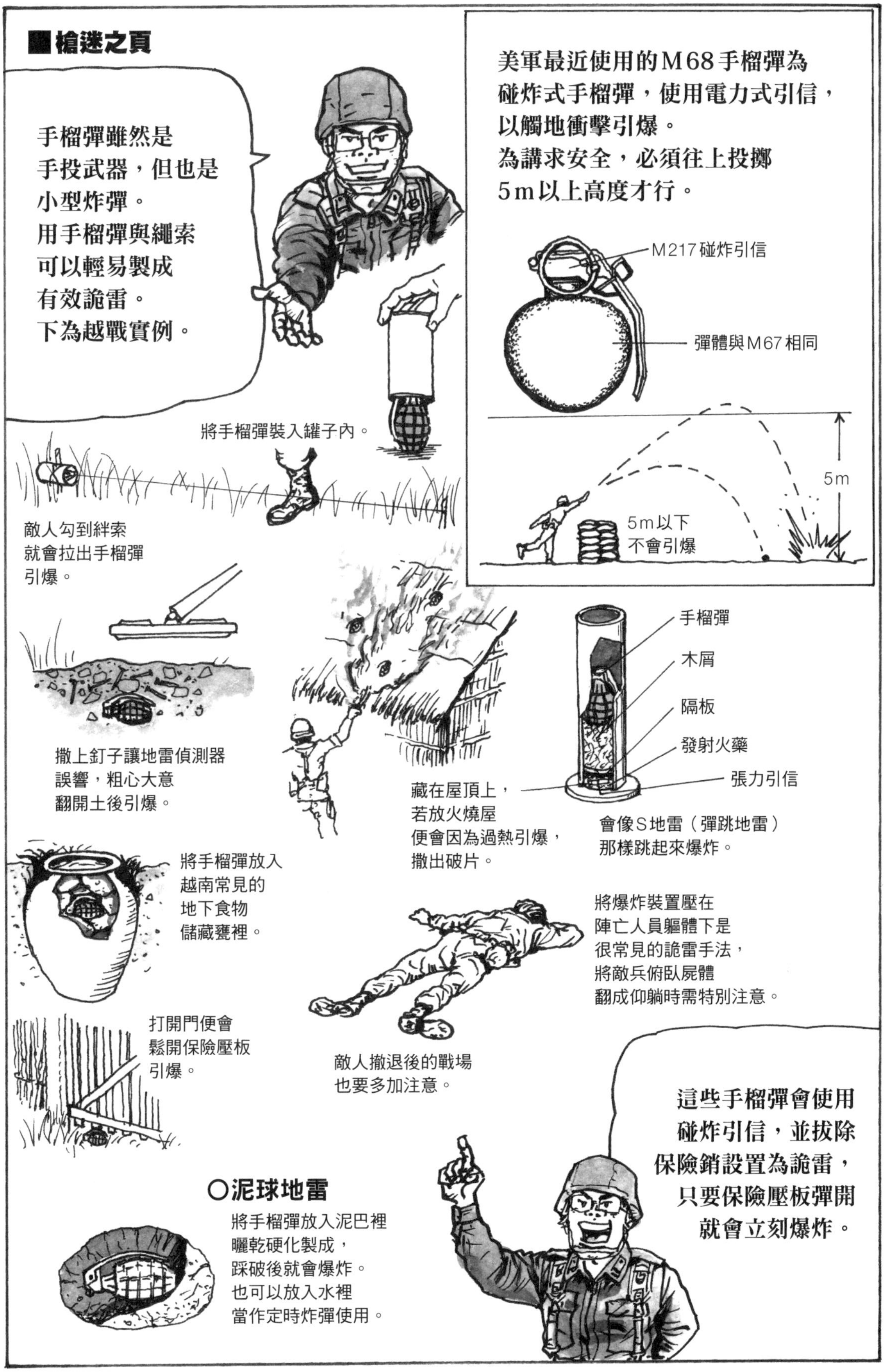

■槍迷之頁

手榴彈雖然是手投武器，但也是小型炸彈。用手榴彈與繩索可以輕易製成有效詭雷。下為越戰實例。

將手榴彈裝入罐子內。

敵人勾到絆索就會拉出手榴彈引爆。

撒上釘子讓地雷偵測器誤響，粗心大意翻開土後引爆。

將手榴彈放入越南常見的地下食物儲藏甕裡。

打開門便會鬆開保險壓板引爆。

藏在屋頂上，若放火燒屋便會因為過熱引爆，撒出破片。

將爆炸裝置壓在陣亡人員軀體下是很常見的詭雷手法，將敵兵俯臥屍體翻成仰躺時需特別注意。

敵人撤退後的戰場也要多加注意。

美軍最近使用的M68手榴彈為碰炸式手榴彈，使用電力式引信，以觸地衝擊引爆。
為講求安全，必須往上投擲5m以上高度才行。

- M217碰炸引信
- 彈體與M67相同

5m以下不會引爆

- 手榴彈
- 木屑
- 隔板
- 發射火藥
- 張力引信

會像S地雷（彈跳地雷）那樣跳起來爆炸。

○泥球地雷

將手榴彈放入泥巴裡曬乾硬化製成，踩破後就會爆炸。也可以放入水裡當作定時炸彈使用。

這些手榴彈會使用碰炸引信，並拔除保險銷設置為詭雷，只要保險壓板彈開就會立刻爆炸。

反裝甲武器

舊軍手上不曾有像樣的武器，只能像小山那樣，拿著竹槍衝M4雪曼戰車啦～

隔壁的阿伯好像是抱著炸藥包鑽下去的樣子。

自衛隊的單兵反裝甲武器有這些～

M31戰防槍榴彈，裝在64式步槍的槍口，以擲彈筒發射。最大射程185m，裝甲貫穿力為250㎜、混凝土500㎜。

89㎜火箭筒，也就是知名的巴祖卡火箭砲，幾乎都已經更新為卡爾・古斯塔夫。

以上是從警察預備隊就開始使用的裝備，全都由美軍提供。

84㎜無後座力砲（卡爾・古斯塔夫）是易操作、易攜行的無後座力砲，除了破甲榴彈之外，還能發射煙幕彈與照明彈，特色是用途較多。

110㎜人攜式破甲榴彈（LAM）是用後即丟的單兵無後座力砲。

■ 89mm火箭筒（M20改4型）

口徑：89mm
全長：153cm
重量：約5.5kg
發射速度：10發／分
發射方式：磁石發電式
有效射程：200m（移動與點目標）
　　　　　600m（面目標）

- 防焰板
- 前筒（約76cm／約1.6kg）
- 瞄準具
- 後筒（約79cm／約4.4kg）
- 電力發射裝置
- 護弓
- 揹帶
- 肩架
- 筒尾鎖、操縱柄、正極接觸裝置
- 蝶型螺栓

發射筒為了方便攜行，可以分解成前筒與後筒兩截。

- 筒身結合榫（取下時要往上頂）
- 結合榫槽
- 掛鉤
- 掛扣
- 筒尾護板

將筒身結合螺向左旋轉，往上分離。

○電力發射裝置
- 保險鈕（上為發射／下為保險）
- 扳機
- 握把

○筒尾鎖
- 插銷及墊圈
- 操縱柄護蓋
- 簧
- 軸

○筒尾鎖內部
- 操縱柄
- 連結桿
- 止擋
- 止動閘
- 裝設扣

○瞄準具
- 瞄準器座
- 射程分劃鈑
- 射程調整螺
- 指標
- 指標靶
- 絞鍊軸
- 目鏡膠圈
- 目鏡蓋
- 瞄準器（可摺疊）

○正極接觸裝置
- 微動開關
- A端子
- B端子
- C端子
- 簧
- 主體
- 撐架
- 插銷
- 開關槓桿

147

○發射程序

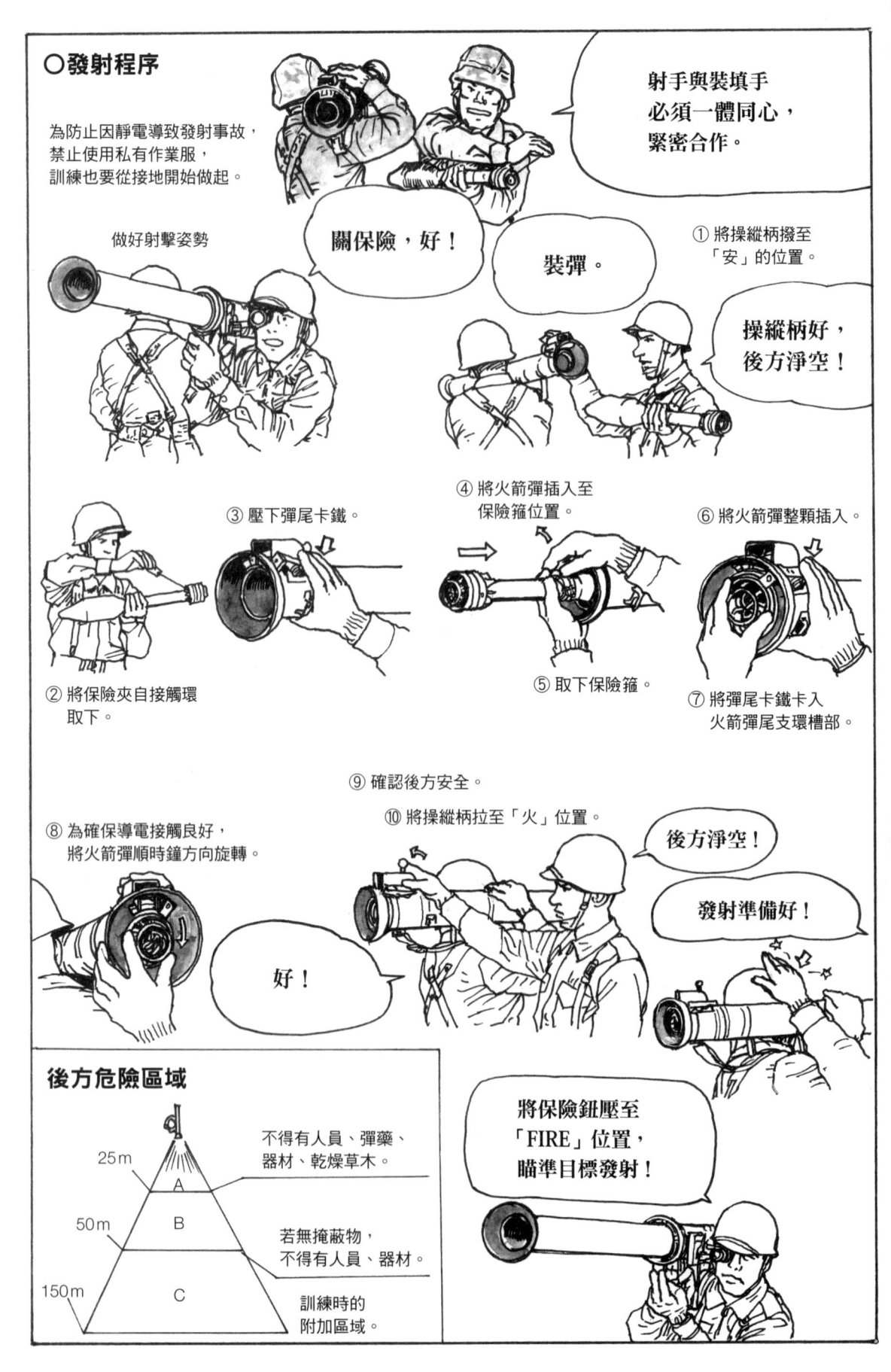

為防止因靜電導致發射事故，禁止使用私有作業服，訓練也要從接地開始做起。

> 射手與裝填手必須一體同心，緊密合作。

做好射擊姿勢

> 關保險，好！

> 裝彈。

① 將操縱柄撥至「安」的位置。

> 操縱柄好，後方淨空！

③ 壓下彈尾卡鐵。

④ 將火箭彈插入至保險箍位置。

⑥ 將火箭彈整顆插入。

② 將保險夾自接觸環取下。

⑤ 取下保險箍。

⑦ 將彈尾卡鐵卡入火箭彈尾支環槽部。

⑧ 為確保導電接觸良好，將火箭彈順時鐘方向旋轉。

⑨ 確認後方安全。
⑩ 將操縱柄拉至「火」位置。

> 後方淨空！

> 發射準備好！

> 好！

後方危險區域

- 25m — A：不得有人員、彈藥、器材、乾燥草木。
- 50m — B：若無掩蔽物，不得有人員、器材。
- 150m — C：訓練時的附加區域。

> 將保險鈕壓至「FIRE」位置，瞄準目標發射！

可以感覺到沉重的砲彈正往前進。

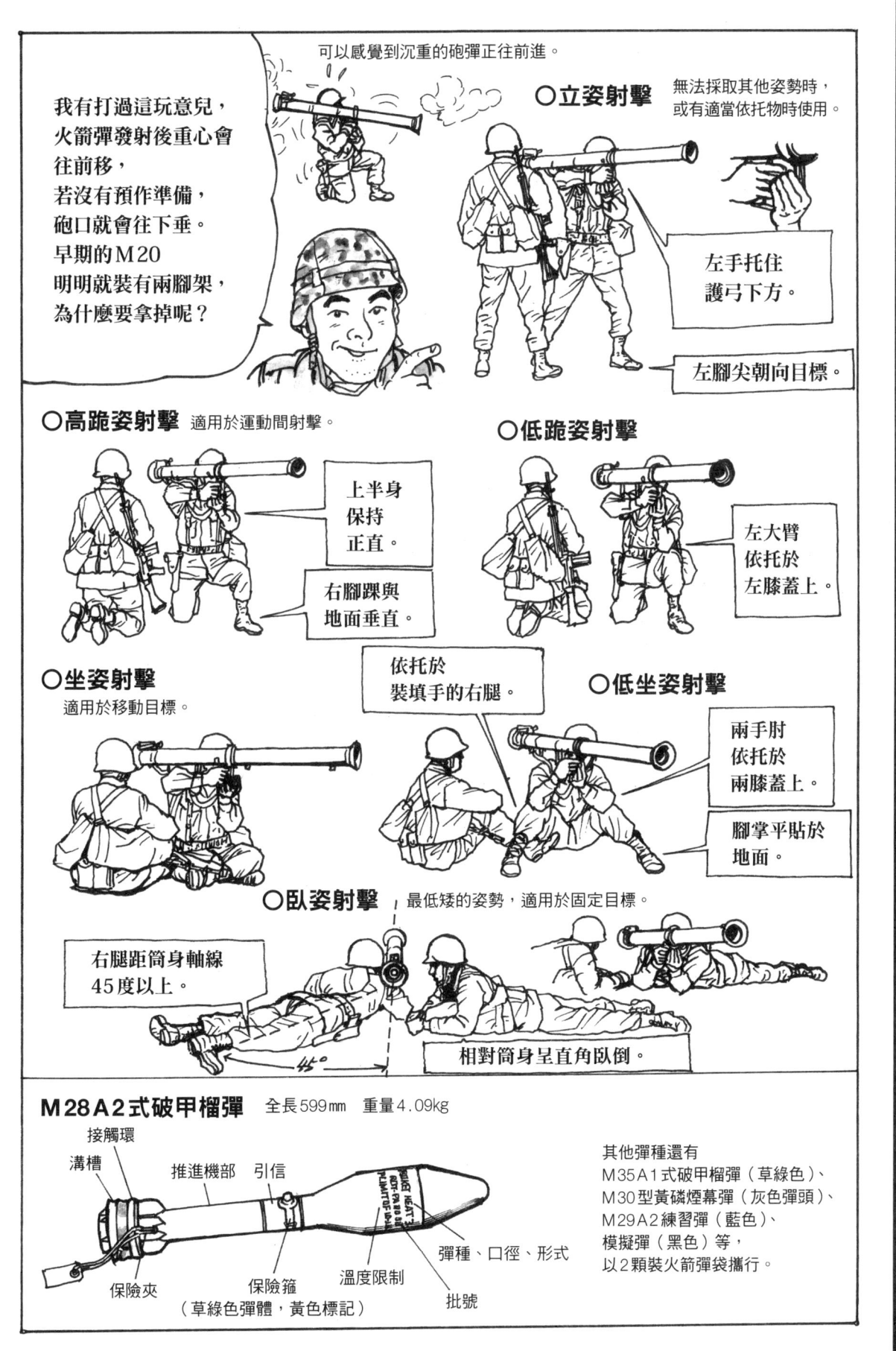

我有打過這玩意兒，火箭彈發射後重心會往前移，若沒有預作準備，砲口就會往下垂。早期的M20明明就裝有兩腳架，為什麼要拿掉呢？

○**立姿射擊** 無法採取其他姿勢時，或有適當依托物時使用。

左手托住護弓下方。

左腳尖朝向目標。

○**高跪姿射擊** 適用於運動間射擊。

上半身保持正直。

右腳踝與地面垂直。

○**低跪姿射擊**

左大臂依托於左膝蓋上。

○**坐姿射擊** 適用於移動目標。

依托於裝填手的右腿。

○**低坐姿射擊**

兩手肘依托於兩膝蓋上。

腳掌平貼於地面。

○**臥姿射擊** 最低矮的姿勢，適用於固定目標。

右腿距筒身軸線45度以上。

相對筒身呈直角臥倒。

M28A2式破甲榴彈　全長599mm　重量4.09kg

接觸環
溝槽
推進機部
引信
彈種、口徑、形式
溫度限制
批號
保險夾
保險箍
（草綠色彈體，黃色標記）

其他彈種還有
M35A1式破甲榴彈（草綠色）、
M30型黃磷煙幕彈（灰色彈頭）、
M29A2練習彈（藍色）、
模擬彈（黑色）等，
以2顆裝火箭彈袋攜行。

■ 84mm無後座力砲（八四）卡爾・古斯塔夫

附帶一提，若敲敲砲管發出的聲音是「鏗！」就代表是瑞典製造，日本製造的是「悾！」，兩者材質不一樣（原廠用的鋼材質料比較好）。

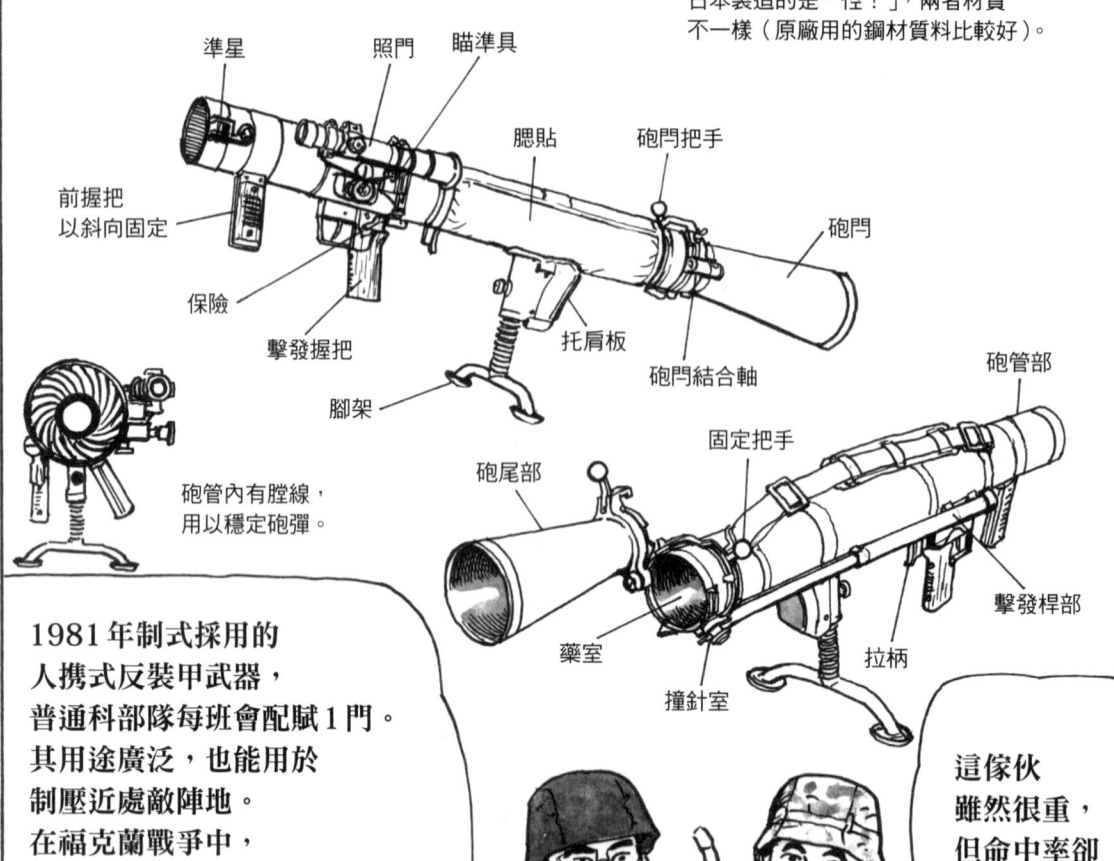

準星、照門、瞄準具、腮貼、砲門把手、前握把以斜向固定、保險、擊發握把、腳架、托肩板、砲門結合軸、砲門

砲管內有膛線，用以穩定砲彈。

砲管部、固定把手、砲尾部、藥室、撞針室、拉柄、擊發桿部

1981年制式採用的人攜式反裝甲武器，普通科部隊每班會配賦1門。其用途廣泛，也能用於制壓近處敵陣地。在福克蘭戰爭中，英軍還曾以此型砲擊落過阿根廷軍的美洲獅直升機。

這傢伙雖然很重，但命中率卻還不賴喔！

使用彈種

HEAT 破甲榴彈 FFV551
重量：3.2kg
初速：260m/s
極速：350m/s
射程：700m
鋼板貫穿力：380mm

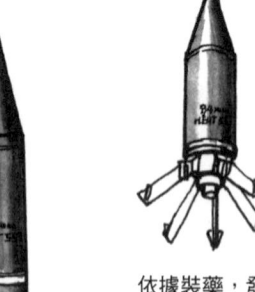

HE榴彈 FFV441B
重量：3.1kg
初速：240m/s
射程：1,000m

依據裝藥，發射後約於18m處會點燃砲彈內的火箭推進器，以縮短飛向目標的時間，相當優異。

ILLUM照明彈 FFV545
重量：3.1kg
初速：260m/s
射程：2,100m

SMOKE煙幕彈 FFV469
重量：3.1kg
初速：240m/s
射程：1,300m

發射程序

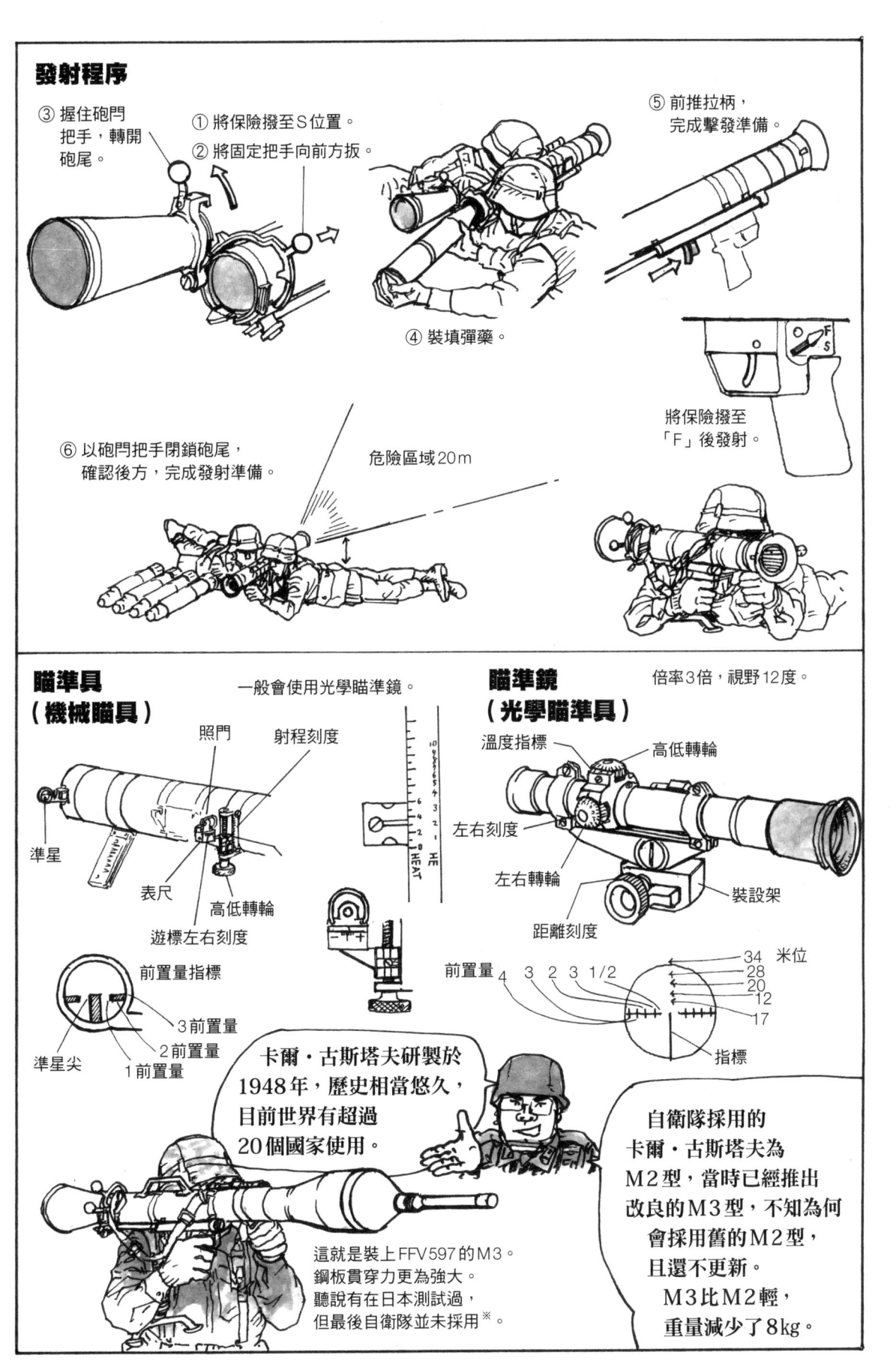

③ 握住砲門把手，轉開砲尾。
① 將保險撥至S位置。
② 將固定把手向前方扳。
④ 裝填彈藥。
⑤ 前推拉柄，完成擊發準備。
將保險撥至「F」後發射。
⑥ 以砲門把手閉鎖砲尾，確認後方，完成發射準備。
危險區域20m

瞄準具（機械瞄具）

一般會使用光學瞄準鏡。

- 準星
- 照門
- 射程刻度
- 表尺
- 高低轉輪
- 遊標左右刻度
- 前置量指標
- 準星尖
- 1前置量
- 2前置量
- 3前置量

瞄準鏡（光學瞄準具）

倍率3倍，視野12度。

- 溫度指標
- 高低轉輪
- 左右刻度
- 左右轉輪
- 距離刻度
- 裝設架
- 前置量 4 3 2 3 1/2
- 米位 34、28、20、17、12
- 指標

卡爾・古斯塔夫研製於1948年，歷史相當悠久，目前世界有超過20個國家使用。

這就是裝上FFV597的M3。鋼板貫穿力更為強大。聽說有在日本測試過，但最後自衛隊並未採用※。

自衛隊採用的卡爾・古斯塔夫為M2型，當時已經推出改良的M3型，不知為何會採用舊的M2型，且還不更新。M3比M2輕，重量減少了8kg。

※卡爾・古斯塔夫M3後來於2012年度開始引進陸上自衛隊。

■110mm人携式戰防彈（LAM／拉姆）

口徑：110mm／60mm
全長：120cm
重量：13.1kg
有效射程：固定400m
　　　　　移動300m
鋼板貫穿力：不明

發射時要將彈頭拉出，並順時針旋轉固定。

卡爾·古斯塔夫為瑞典FFV製造，LAM則是德國諾貝爾炸藥公司製造，日本由IHI航太等公司授權生產。

彈頭部火箭彈重量3.8kg
砲口蓋
發射筒（拋棄式）
塑膠材質砲尾蓋

自衛隊並不把它視為火砲等裝備，而是歸類為彈藥，裝備年鑑也將其列在彈藥類頁面。

射擊裝置：
發射後會把它裝到新的發射筒上繼續使用（交換只需5秒）。

裝卸把手

握把、托肩板只要施點力即可伸縮／展開。

LAM為普通科的反裝甲武器，由裝上110mm破甲榴彈的60mm口徑拋棄式發射筒搭配附瞄準鏡的發射器構成。

LAM的射程雖然不及卡爾·古斯塔夫，但鋼板貫穿力卻翻倍喔！

德軍迷只要聽到鐵拳火箭這個名稱就會很興奮呢！但就算用它擊毀戰車，也得不到戰車擊破章啦～

除此之外，它還利用戴維斯平衡砲彈的原理，於發射同時向後噴出塑膠顆粒，藉此減輕後座力，發射噴焰也較少。

比卡爾·古斯塔夫輕了4.1kg，但由於重量集中於前端，平衡性較差，不太容易瞄準，且會感覺很重。

最好不要進入筒後寬40m、長100m的範圍。

LAM是人携式反裝甲武器，因此步槍隊員應該可以人手1根。

另外，卡爾·古斯塔夫的砲彈會旋轉，但它則是有翼彈，比較容易受到橫風影響。一旦射程拉遠，命中率就會變得很差。

衝鋒槍

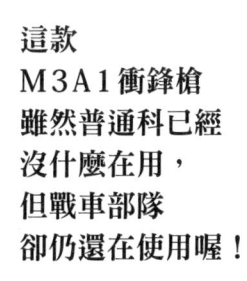

真歹勢——
都忘記有
這傢伙存在了。

DADADA!

這款
M3A1衝鋒槍
雖然普通科已經
沒什麼在用，
但戰車部隊
卻仍還在使用喔！

這款衝鋒槍的形狀
看起來很像修車時
打黃油的工具，
因此又被稱作「黃油槍」。

喔——
這不就是老電影
《火海英烈傳》中
史提夫・麥昆
拿的槍嗎？
《決死突擊隊》裡
美軍特種部隊
也是拿這個
當作主力武器。

嗯，
它既輕巧又堅固，
也沒有其他槍型
可以取代。後來
採用的9mm衝鋒槍
並不適合戰車、
裝甲車部隊使用。

90式戰車的
車組員是
拿89式
步槍喔！

■自衛隊的衝鋒槍

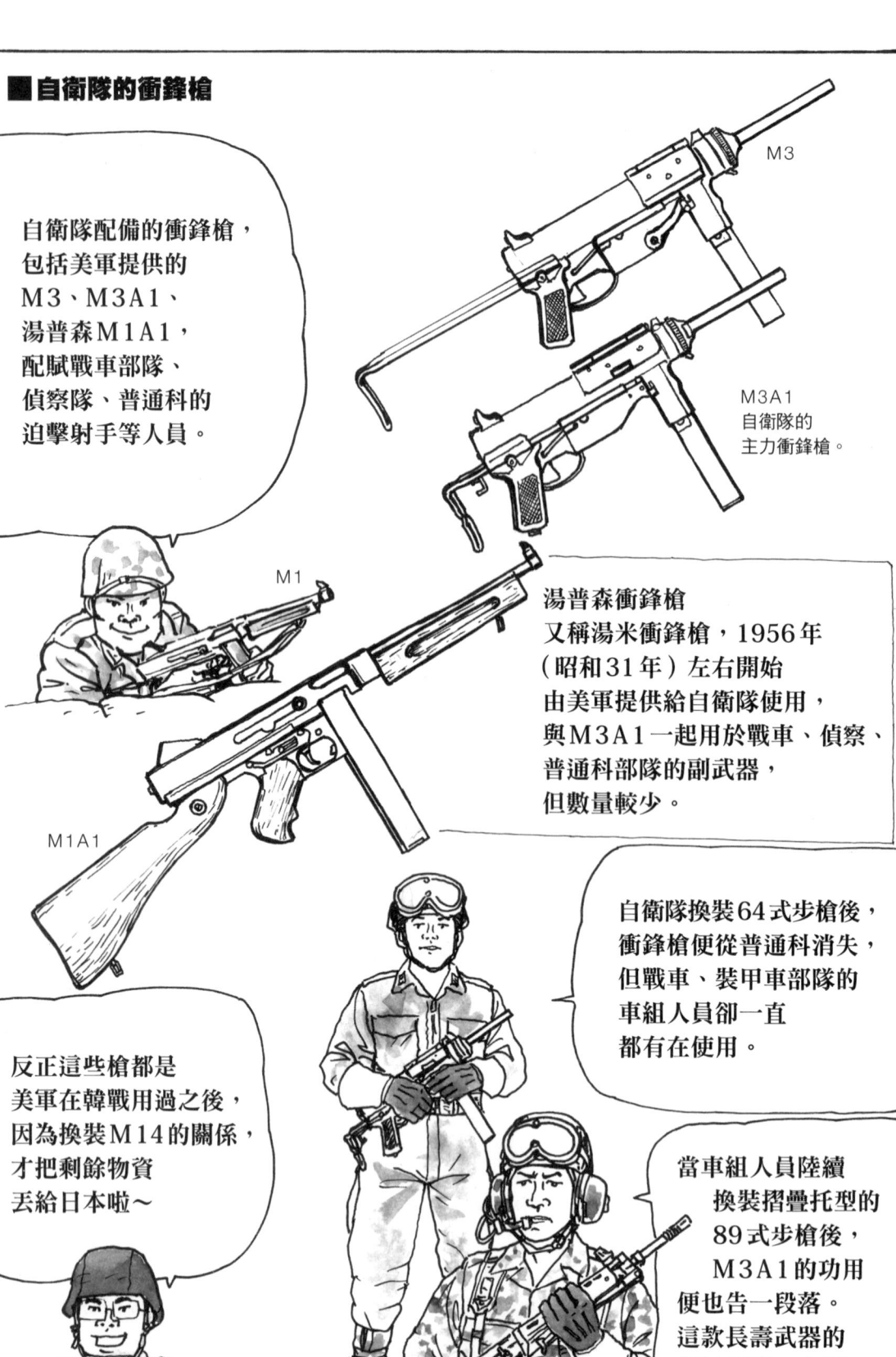

自衛隊配備的衝鋒槍，包括美軍提供的M3、M3A1、湯普森M1A1，配賦戰車部隊、偵察隊、普通科的迫擊射手等人員。

M3

M3A1
自衛隊的主力衝鋒槍。

M1

M1A1

湯普森衝鋒槍
又稱湯米衝鋒槍，1956年（昭和31年）左右開始由美軍提供給自衛隊使用，與M3A1一起用於戰車、偵察、普通科部隊的副武器，但數量較少。

反正這些槍都是美軍在韓戰用過之後，因為換裝M14的關係，才把剩餘物資丟給日本啦～

自衛隊換裝64式步槍後，衝鋒槍便從普通科消失，但戰車、裝甲車部隊的車組人員卻一直都有在使用。

當車組人員陸續換裝摺疊托型的89式步槍後，M3A1的功用便也告一段落。這款長壽武器的使用時間，大概僅次於M2重機槍吧！

■ 11.4mm衝鋒槍M3A1

M3與M3A1的差異

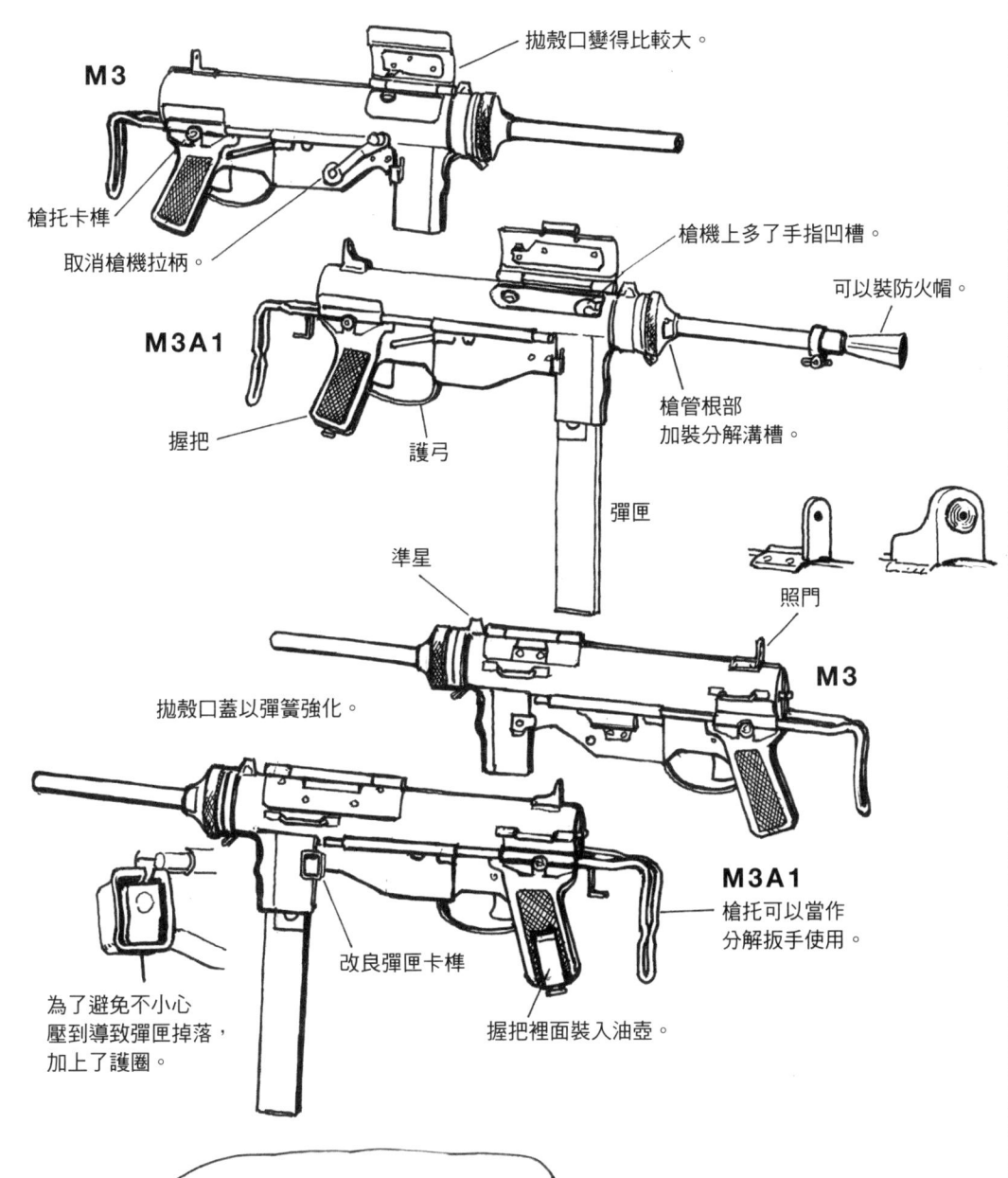

M3
- 槍托卡榫
- 取消槍機拉柄。
- 拋殼口變得比較大。

M3A1
- 握把
- 護弓
- 彈匣
- 槍機上多了手指凹槽。
- 可以裝防火帽。
- 槍管根部加裝分解溝槽。

- 準星
- 照門

M3
- 拋殼口蓋以彈簧強化。

M3A1
- 槍托可以當作分解扳手使用。
- 為了避免不小心壓到導致彈匣掉落，加上了護圈。
- 改良彈匣卡榫
- 握把裡面裝入油壺。

> 順便介紹一下M3，由於不是很清楚衝鋒槍的部件名稱，可能有些疏漏，敬請見諒。

M3A1 DATA
- 口徑：11.43mm×23（.45ACP）
- 全長：757mm（槍托收縮579mm）
- 槍管長：203.2mm
- 重量：3.63kg
- 給彈方式：30發彈匣
- 發射速度：持續40～60發／分
  　　　　　最大450發／分
- 最大射程：1,600m
- 有效射程：約100m
- 初速：280m／秒
- 作動方式：氣冷／氣動式

■使用法

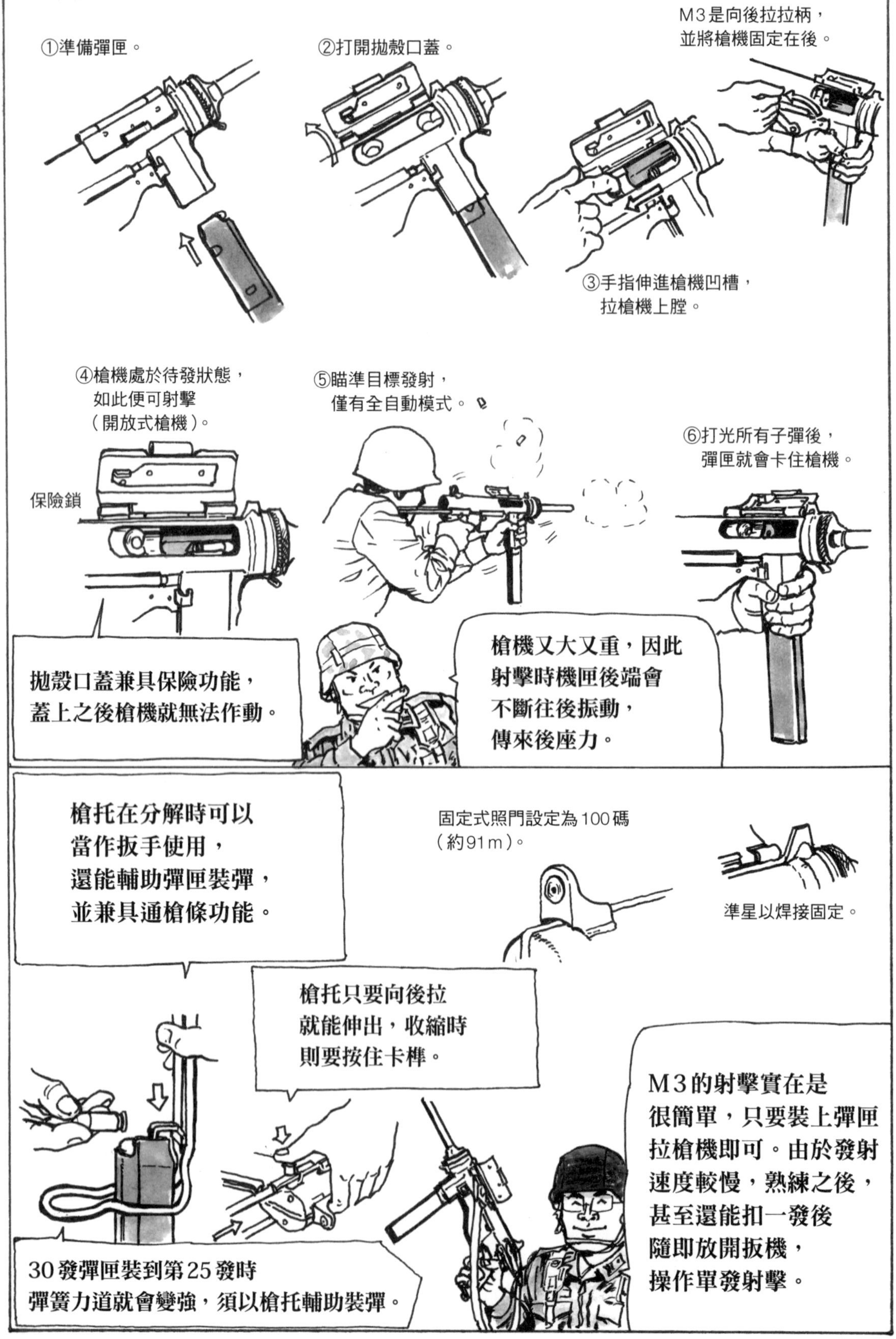

①準備彈匣。

②打開拋殼口蓋。

M3是向後拉拉柄，並將槍機固定在後。

③手指伸進槍機凹槽，拉槍機上膛。

④槍機處於待發狀態，如此便可射擊（開放式槍機）。

保險鎖

⑤瞄準目標發射，僅有全自動模式。

⑥打光所有子彈後，彈匣就會卡住槍機。

拋殼口蓋兼具保險功能，蓋上之後槍機就無法作動。

槍機又大又重，因此射擊時機匣後端會不斷往後振動，傳來後座力。

槍托在分解時可以當作扳手使用，還能輔助彈匣裝彈，並兼具通槍條功能。

固定式照門設定為100碼（約91m）。

準星以焊接固定。

槍托只要向後拉就能伸出，收縮時則要按住卡榫。

30發彈匣裝到第25發時彈簧力道就會變強，須以槍托輔助裝彈。

M3的射擊實在是很簡單，只要裝上彈匣拉槍機即可。由於發射速度較慢，熟練之後，甚至還能扣一發後隨即放開扳機，操作單發射擊。

■大部分解

①檢查藥室內部，扣扳機送上槍機。

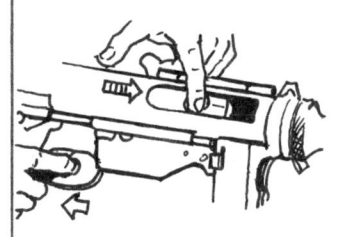

②按下槍托卡榫，將槍托自機匣抽出。

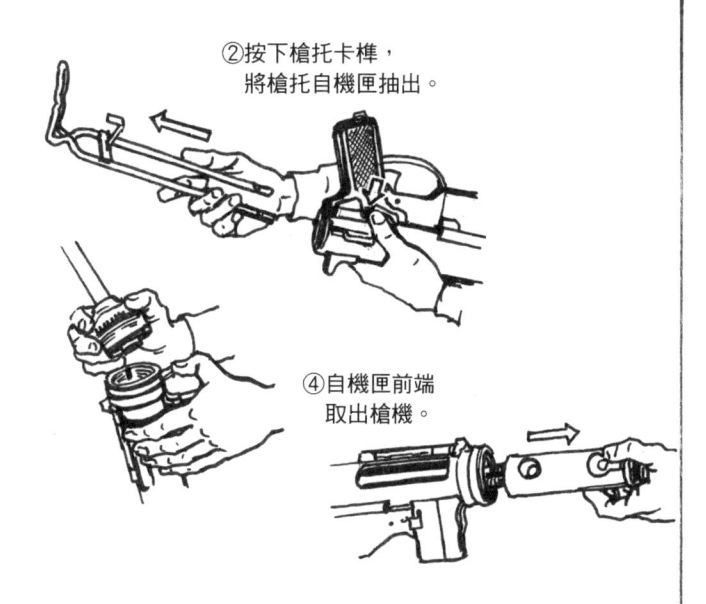

③以槍托作為扳手，拆下槍管。

此時記得壓住槍管棘輪簧。

④自機匣前端取出槍機。

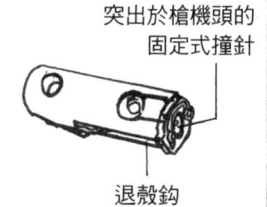

⑤利用槍托鬆開槍機總成扣箍。

⑥接著拆下導桿保持片，將扣箍自槍機總成卸下。

突出於槍機頭的固定式撞針

退殼鉤

⑦以槍托將扳機護弓移出握把溝槽。

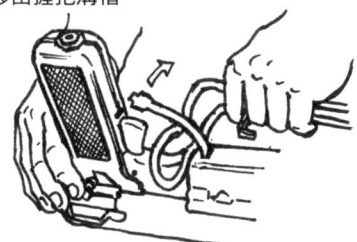

⑧自機匣取出扳機總成後便完成分解。

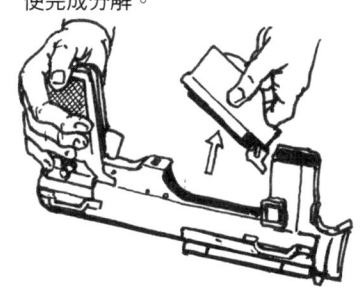

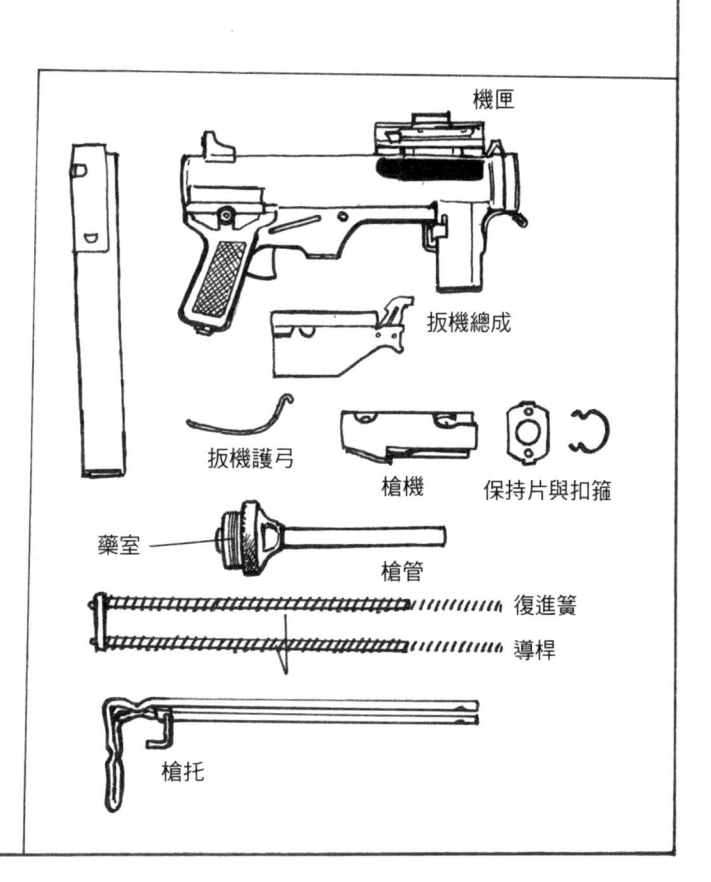

機匣

扳機總成

扳機護弓

槍機

保持片與扣箍

藥室

槍管

復進簧

導桿

槍托

■衝鋒槍的射擊

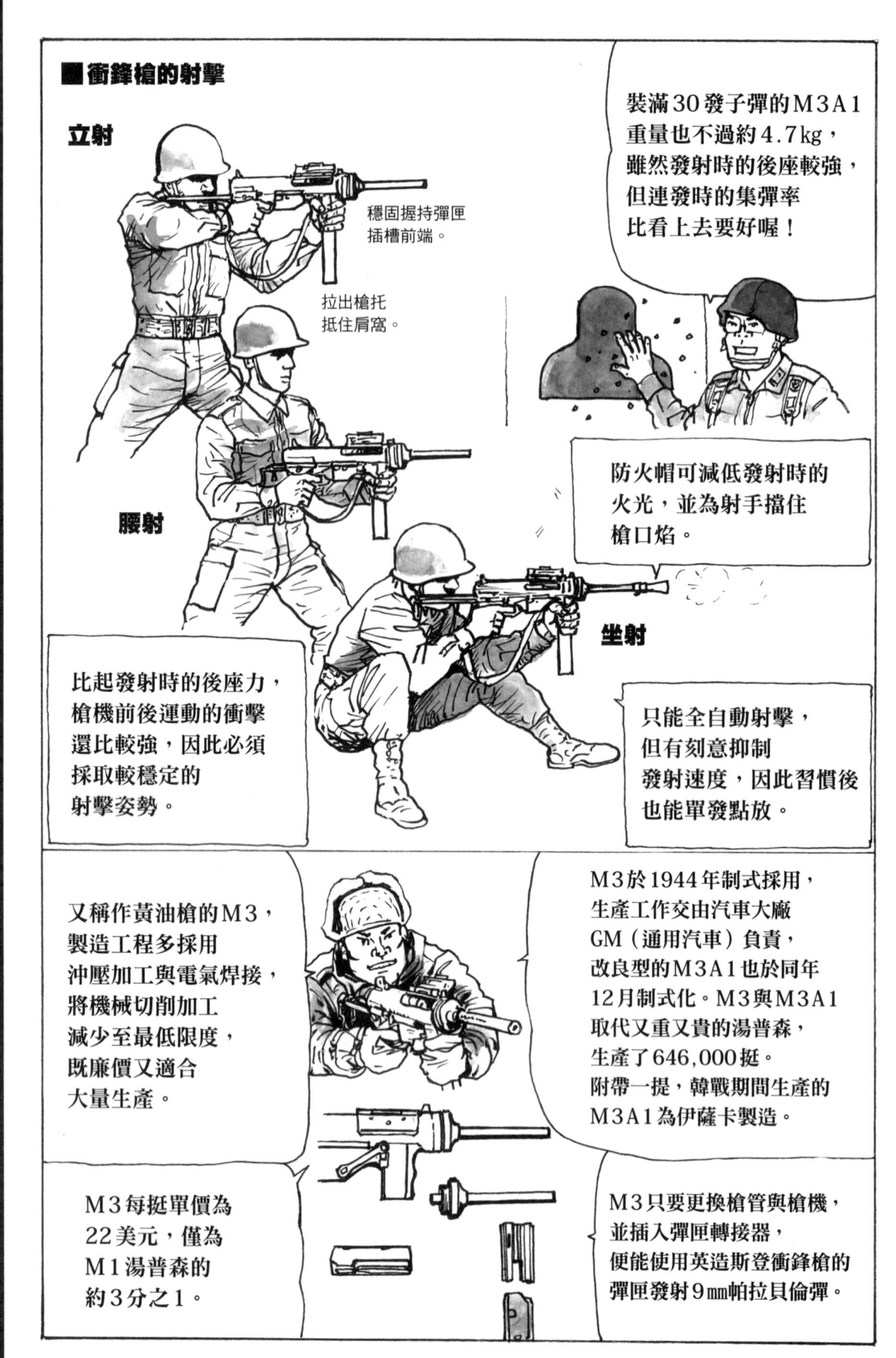

立射

穩固握持彈匣插槽前端。

拉出槍托抵住肩窩。

腰射

坐射

裝滿30發子彈的M3A1重量也不過約4.7kg，雖然發射時的後座較強，但連發時的集彈率比看上去要好喔！

防火帽可減低發射時的火光，並為射手擋住槍口焰。

比起發射時的後座力，槍機前後運動的衝擊還比較強，因此必須採取較穩定的射擊姿勢。

只能全自動射擊，但有刻意抑制發射速度，因此習慣後也能單發點放。

又稱作黃油槍的M3，製造工程多採用沖壓加工與電氣焊接，將機械切削加工減少至最低限度，既廉價又適合大量生產。

M3於1944年制式採用，生產工作交由汽車大廠GM（通用汽車）負責，改良型的M3A1也於同年12月制式化。M3與M3A1取代又重又貴的湯普森，生產了646,000挺。附帶一提，韓戰期間生產的M3A1為伊薩卡製造。

M3每挺單價為22美元，僅為M1湯普森的約3分之1。

M3只要更換槍管與槍機，並插入彈匣轉接器，便能使用英造斯登衝鋒槍的彈匣發射9mm帕拉貝倫彈。

9mm機關手槍

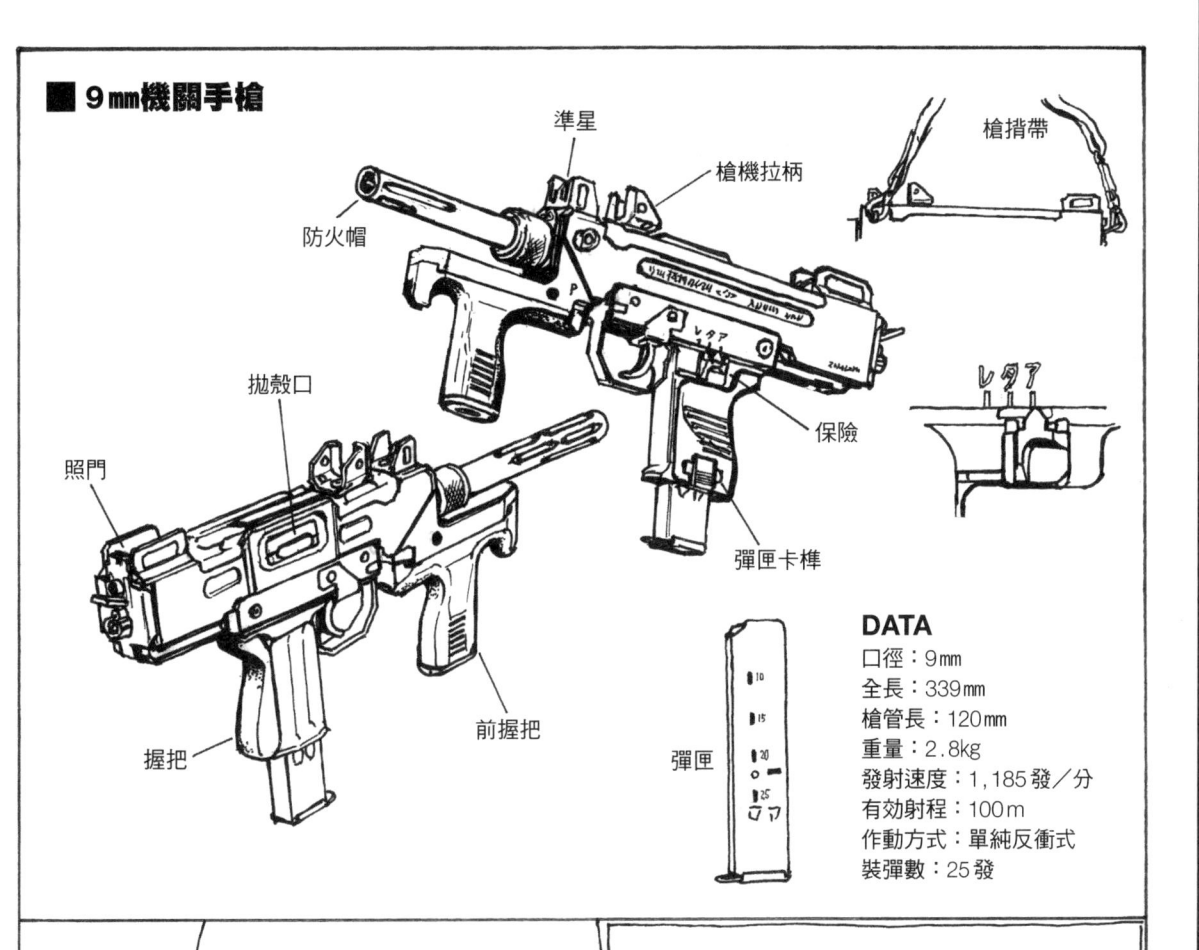

標注：準星、槍機拉柄、槍揹帶、防火帽、拋殼口、保險、照門、彈匣卡榫、握把、前握把、彈匣

DATA
口徑：9mm
全長：339mm
槍管長：120mm
重量：2.8kg
發射速度：1,185發／分
有效射程：100m
作動方式：單純反衝式
裝彈數：25發

> 1999年開始配賦，陸上自衛隊由空降部隊指揮官、反裝甲武器操作手等作為攜行武器使用，航空自衛隊的基地警衛人員等也會配賦作為個人武器。

> 這就是讓世人一度誤以為自衛隊配備迷你烏茲的國造MP（機關手槍）。

立射　腰射　跪射　臥射

自衛隊的歷史①

注意！
注意！
這回要來講咱們自衛隊的歷史，給我仔細聽好了。

自衛隊的前身為警察預備隊，成立於1950年（昭和25年）7月。

報告班長，日本被美國打敗之後，依據日本國憲法第9條，決定放棄戰爭、否認交戰權、不保持戰力，應該已經沒有軍隊了啊？

管他這麼多～當時日本仍被盟軍占領，這可是奉盟軍最高司令官麥克‧阿瑟元帥之命執行的啦！

由於當時韓戰開打，美軍全部出兵至朝鮮作戰，為了保護日本這個後方基地，只能交給日本人自己負責了。

為了維持國內治安，不以軍隊為名，而是稱作警察預備隊，奉命組成75,000人的國家警察預備隊與8,000人的海上保安廳增員。

真的是，美國自己幫日本訂出憲法第9條，然後又自顧自要日本重新武裝，日本政府只能勉為其難以警察機構的形式將之成立。

所以說，自衛隊時至今日在憲法上仍會成為論爭焦點。

哎呀～學長真是辛苦了。

所以說，時至今日，自衛隊還是會被叫成韓戰私生子。因為打從成立之時，身分就很曖昧，甚至還會被國民說成是稅金小偷，根本就上不了檯面，真害。

※當時警官的起薪為3730日圓。

● 警察預備隊

8月13日由警察開始招募隊員，打出「服役2年可領6萬日圓退職金※」的口號，對於那個就業困難的時代來說，效果相當顯著，竟有38萬人前來報名。

但由於政府準備不足，隊員的薪俸直到10月中旬才敲定，在這之前入隊的人不僅沒領到薪水，且在天氣變冷之後，也只能靠國造卡其夏裝度過第一個寒冬，真的是有夠悽慘。

應募條項

「和平日本需要你的加入」

○警察預備隊為特別職公務員。
○所有隊員將免費入住特定宿舍，接受訓練並服勤務。
○勤務薪資為每月5,000日圓左右，逐步調升。2年後可領6萬日圓左右的退職金。
○依經歷可任用為幹部，勤務成績良好者也有途徑晉升幹部。
○被服、餐食一應供給。
○年齡滿20歲以上至滿35歲之男性。
○身高156cm、裸視視力0.3以上。

嗯～那個時代還真找不到其他條件這麼好的工作呢，所以我也從警官跳槽到預備隊了。

當時的薪水比警官還要好呢，在那個看場電影60日圓、吃碗烏龍麵20日圓、喝一杯400日圓的時代，才招募3天就有一堆年輕人搶著報名。

161

自衛隊的歷史①

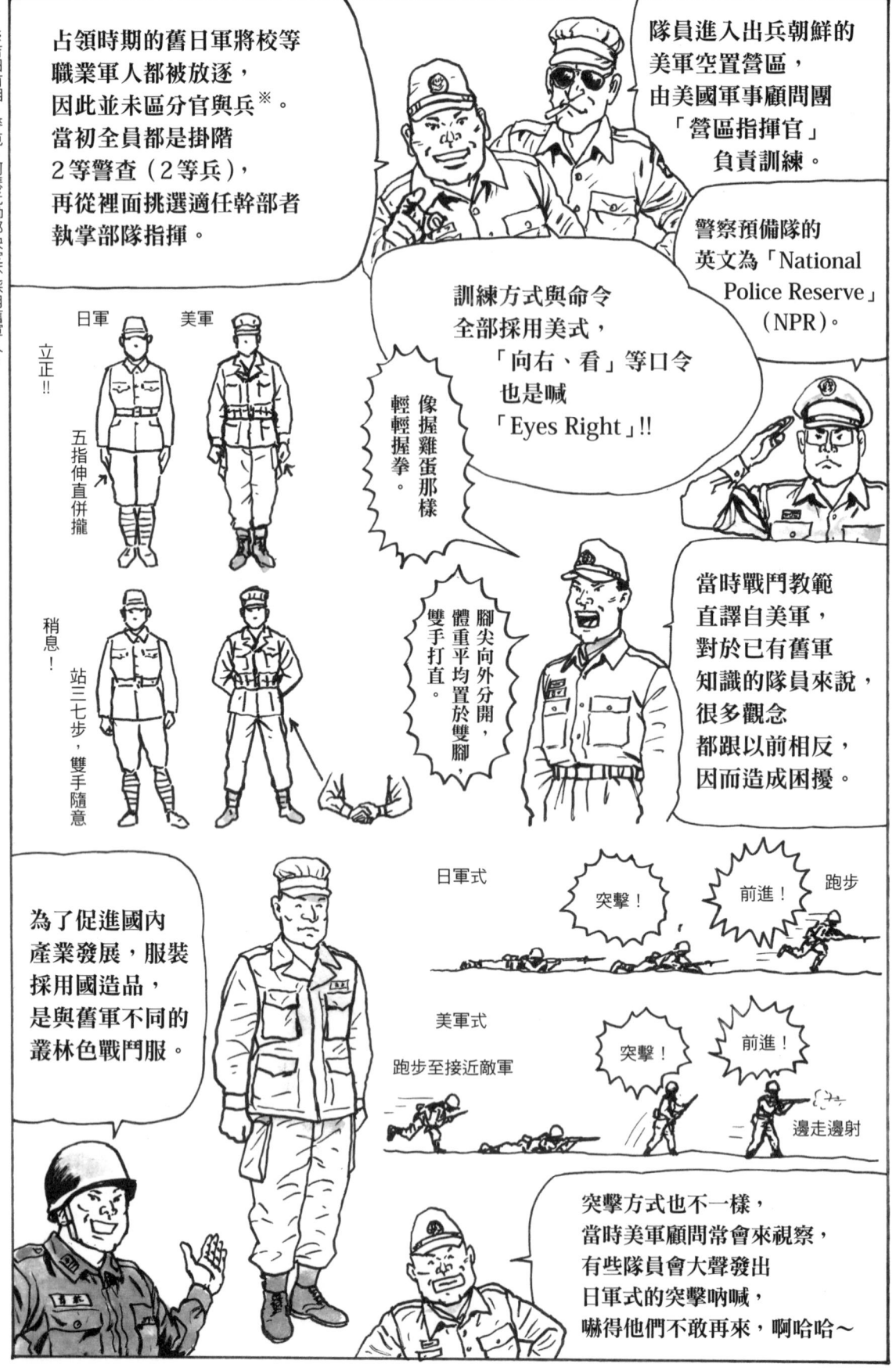

※吉田首相、麥克・阿瑟元帥都決定不採用舊軍人。

占領時期的舊日軍將校等職業軍人都被放逐，因此並未區分官與兵※。當初全員都是掛階2等警查（2等兵），再從裡面挑選適任幹部者執掌部隊指揮。

隊員進入出兵朝鮮的美軍空置營區，由美國軍事顧問團「營區指揮官」負責訓練。

警察預備隊的英文為「National Police Reserve」（NPR）。

訓練方式與命令全部採用美式，「向右、看」等口令也是喊「Eyes Right」!!

日軍　　美軍

立正!!

五指伸直併攏

像握雞蛋那樣輕輕握拳。

稍息!

站三七步，雙手隨意

腳尖向外分開，體重平均置於雙腳，雙手打直。

當時戰鬥教範直譯自美軍，對於已有舊軍知識的隊員來說，很多觀念都跟以前相反，因而造成困擾。

為了促進國內產業發展，服裝採用國造品，是與舊軍不同的叢林色戰鬥服。

日軍式

突擊！　前進！　跑步

美軍式

跑步至接近敵軍

突擊！　前進！

邊走邊射

突擊方式也不一樣，當時美軍顧問常會來視察，有些隊員會大聲發出日軍式的突擊吶喊，嚇得他們不敢再來，啊哈哈～

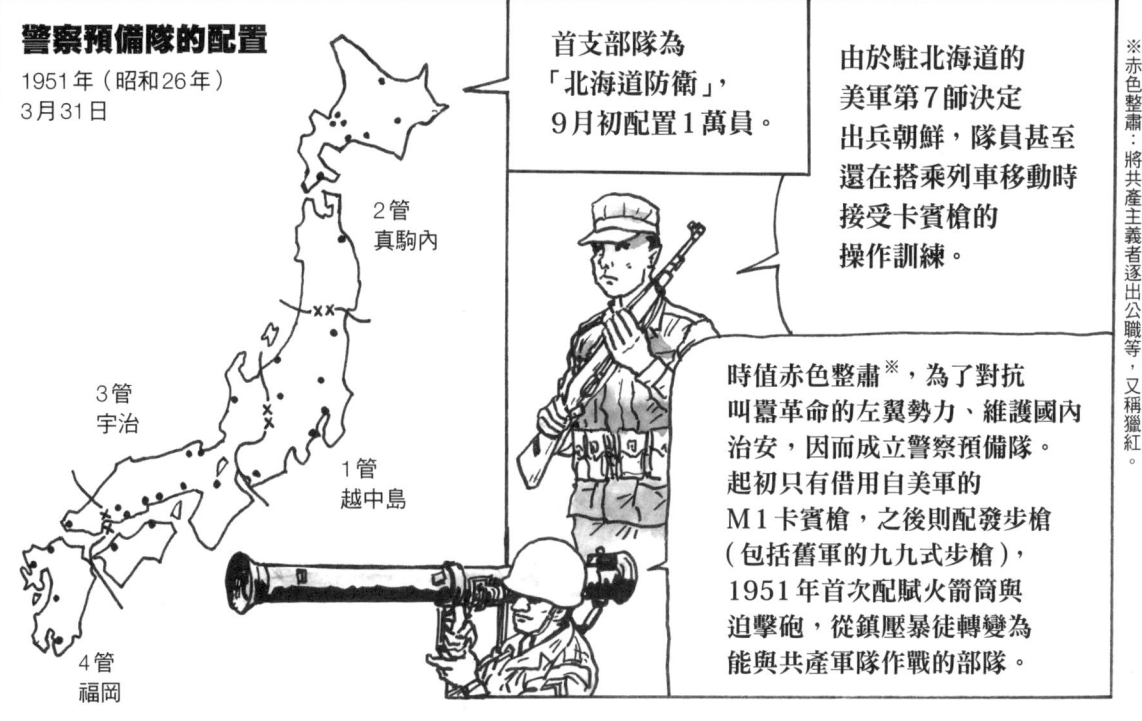

警察預備隊的配置
1951年（昭和26年）
3月31日

2管 真駒內
3管 宇治
1管 越中島
4管 福岡

首支部隊為「北海道防衛」，9月初配置1萬員。

由於駐北海道的美軍第7師決定出兵朝鮮，隊員甚至還在搭乘列車移動時接受卡賓槍的操作訓練。

時值赤色整肅※，為了對抗叫囂革命的左翼勢力、維護國內治安，因而成立警察預備隊。起初只有借用自美軍的M1卡賓槍，之後則配發步槍（包括舊軍的九九式步槍），1951年首次配賦火箭筒與迫擊砲，從鎮壓暴徒轉變為能與共產軍隊作戰的部隊。

※赤色整肅：將共產主義者逐出公職等，又稱獵紅。

到了1951年，舊軍人放逐令解除，為了補充基層幹部，採用了陸士58期、海兵74期共245員（舊軍時代的中尉），接著也開始採用佐官級幹部。

之所以能夠採用舊軍人，主要也是因為下達放逐令的麥克‧阿瑟元帥遭解任歸國，且美國也想強化與日本聯手構築的防共防波堤，因此才解除禁忌。

當時入隊的人才不管名稱如何，就是把預備隊當作軍隊看待。採用舊軍指揮官後，便開始將「帝國陸軍魂」注入警察預備隊。

「術業有專攻」，雖然號稱警察，但編成、裝備、訓練完全就是比照軍隊。有鑑於此，現場指揮當然還是得要仰賴經驗豐富的舊軍將校了。

●阪神／淡路大震災的災害派遣　1995年

1995年（平成7年）1月17日，日本發生以兵庫縣南部為震央的直下型地震。神戶市與蘆屋、西宮、寶塚市、淡路島北淡町等處遭受嚴重損害。

阪神／淡路大震災
死者約5,500人
倒塌民宅180,000戶
消失民宅7,500戶
受災者約320,000人
是場重大災害。

針對這場大地震，自衛隊首先以中部方面隊麾下所有部隊投入救災。由於災害派遣期間延長，後來所有方面隊與直轄部隊都派出增援，全力參與救災活動。這場災害派遣持續101天，投入人員2,254,700人次（其中陸自1,639,749人次）、車輛346,800輛次、艦船679艘次、航空器13,355架次。當時是自衛隊成立以來規模最大的災害派遣行動。

嗯～這場災害派遣因為地方政府太慢向自衛隊提出申請，且在都市救災也有其困難之處，再加上與相關機構之間欠缺情報交換、意見溝通，危機管理上的問題不斷浮現。大震災之後，也藉此經驗修法，並加強地方政府與自衛隊之間的防災訓練。

●日本航空123班機墜落事故　1985年

1985年（昭和60年）8月12日，日本航空波音747巨無霸客機墜毀於長野縣多野郡上野村的御巢鷹山脊，造成乘客、組員共520人罹難。陸自派遣4,100人協助處理，在險峻的山地搜索、收容遺體長達62天。這場空難有4人奇跡生還。

那個事故現場真的是有夠淒慘，連日都是超過30℃的大熱天，遺體散亂於險坡，有的沾到燃油不斷燃燒，有的則四分五裂串刺在樹枝上。

即便如此，但媒體很晚才抵達現場，對於自衛隊的報導多為輕描淡寫，電視新聞也都只顧著播映警察與消防隊員。

●緊張的災害派遣

這要說到1995年（平成7年）3月20日的地下鐵沙林毒氣事件了。誰會想到日本居然會發生這種使用猛毒沙林毒氣的恐怖攻擊事件。陸自從化學學校、第1、第12師團派遣大約160人，執行車站與車輛的消除任務。

再來是1999年（平成11年）9月30日的臨界事故，這個也很慘。東海村的民營鈾加工設施發生日本首次臨界事故核能災害，自衛隊接獲派遣命令。出動的部隊是第101化學防護隊，但發現各種裝備都不足以防護放射能。

自從這次災害派遣之後，便開始充實防護服與遮蔽器材等裝備。

穿戴防護面具與防護衣出動，真是令人心驚膽跳呢！

※波灣戰爭（1991年）時，主要是美國開始嫌說日本人只出錢而不流血流汗。

●PKO活動的海外派遣

冷戰結束後，為因應新的國際情勢，聯合國在守護國際社會和平與安全上扮演的角色日益吃重。日本除了出錢之外，也開始需要派出人力協助※。當時的政府（宮澤政權）因此通過國際和平協助法案。

1992年（平成4年）6月，日本通過「對聯合國維和活動等提供協助的相關法律」與「對派遣國際緊急援助隊的相關法律進行部分修改的法律」，使得自衛隊也能前往海外從事國際貢獻。陸自於該年9月開始對「UNTAC」派遣600人規模的柬埔寨派遣設施大隊，為期1年，有8名停戰監視員在聯合國旗下首次做出國際貢獻。

始於柬埔寨的PKO活動，陸續在非洲的莫三比克、中東的戈蘭高地、非洲的薩伊、大洋洲的東帝汶等處從事修復道路與橋梁、為難民提供醫療、給水、防疫支援等工作，一直持續至今。

前往柬埔寨的隊員須接種10種以上的預防注射，且務必接受地雷訓練。

自衛隊的歷史②

1954年（昭和29年），陸、海、空3支自衛隊皆告誕生。

到了1953年，美國為了進一步增強日本的自我防衛能力，開始增加武器援助。

此即為MDA協定（日美相互防衛援助協定），美國希望能夠建立地面兵力325,000人的體制。

1954年3月，雙方簽署MDA協定後，《防衛廳設置法》與《自衛隊法》這防衛2法也於同年6月通過，將保安廳改為防衛廳，除了之前的陸、海之外，也成立航空自衛隊，並將保安隊改為陸上自衛隊。

改成自衛隊之後，咱們的任務就變成「守護我國和平與獨立，保衛國家安全」。

以「應處直接與間接侵略，保衛國家」為主，並依據需求「維護公共秩序」。

也就是說，我軍……
更正，
是我們自衛隊
在遭逢外力攻擊時，
便有辦法出動了。

此外，依據MDA協定，美國也開始大量提供重兵器、戰車、航空器、艦艇等，還附帶相關零件。

警察預備隊的配置

美國提案
地面部隊：10個師團，32萬5千人
海上部隊：巡防艦18艘，1萬3,500人
航空部隊：作戰機800架，3萬人

日本提案
18萬人
3萬1,000人
518架，7,600人
雷達人員等，1萬3,100人

當時的世界情勢

1953年7月　朝鮮停戰
　　　　　　簽署協定
　　　8月　蘇聯聲明
　　　　　　擁有氫彈
1954年3月
　美國於比基尼環礁
　　實施氫彈試爆
　　　9月　中共解放軍
　　　　　　砲擊金門、馬祖
1955年5月　西德
　　　　　　加入NATO
　　華沙公約簽訂
1956年7月　埃及總統納瑟
　　　　　　將蘇伊士運河
　　　　　　收歸國有
　　10月　匈牙利動亂
　　第二次中東戰爭
1957年8月　蘇聯
　　　　　　成功試射ICBM
　　10月　蘇聯成功
　　　　　　發射人造衛星

自衛隊獲得美國提供的武器之後，部隊裝備愈來愈充實。後來日本逐漸脫離戰後復興期，經濟開始復甦，美國便停止無償供應。在陸上裝備方面，無償供應止於1962年（昭和37年），之後改為有償價購。

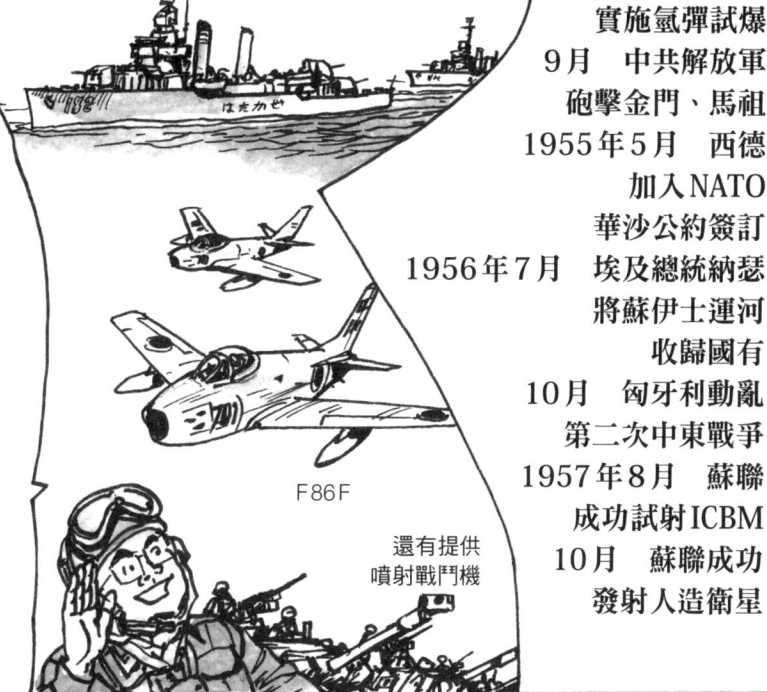

F86F

還有提供噴射戰鬥機

■第一次防衛力整備計畫（一次防）

1950年代末期（昭和30年代）開始，新型武器陸續完成，並開始配賦部隊。日本製品的水準真是世界第一呢！

美軍提供的武器大多是第二次世界大戰時期的中古品，因此後來便開始研製符合日本人體格的國造品。

1957年（昭和32年）決定了「國防基本方針」與「第一次防衛力整備計畫」（昭和33～35年度），自衛隊也開始高度成長。

一次防為3年計畫，目標是達成地面部隊18萬人、海上部隊艦艇12萬4千噸、航空部隊作戰機1,300架的戰備整備。

若能達成一次防，便可實現對美公約的地面兵力18萬人體制，藉此促使美軍地面駐軍早日歸國。

陸上自衛隊由2個方面軍、6個管區隊、4個混成團編成，並新編特車群、特科團、空降團。後來又加入機械化實驗隊，發展為機甲師團，開始實施空地聯合作戰訓練。

一次防講求自衛隊裝備的國造化，成為防衛產業（軍需產業）重整、復甦的契機。

然而，陸上自衛隊的18萬人構想卻未能於一次防達成，最後在四次防的1974年度（昭和49年）才總算達標。

■國造武器登場

60式裝甲車

60式自走106mm無後座力砲

61式戰車

64式反戰車飛彈

74式戰車

64式7.62mm步槍

在陸上自衛隊的眾多裝備當中，首先登場的純國造武器就是這款60式106mm自走無後座力砲。它是獨創的戰車驅逐車，全世界的軍事專家都頗為讚賞。

接著推出的是「中特車」，也就是61式戰車，不會輸給西德的豹1式喔！

還有反戰車飛彈64MAT喔，這是技本※參考當時該領域最先進的法國有線導引飛彈製成。

接著則是62式機槍與64式步槍等符合日本人體格的輕兵器，它們在世界各國獲得的評價都相當高呢！

海上自衛隊的艦艇也從1956年（昭和31年）以降陸續換裝國造護衛艦，1960年，以「水中高速目標艦」為名建造的潛艦「親潮」開始服役。

航空自衛隊也開始使用授權生產的F-86F，使用英造發動機的自製噴射教練機T-1A於1960年（昭和35年）首飛，後來則發展出支援戰鬥機F-1，1977年（昭和52年）首飛。

※技本：技術研究本部。自衛隊的附屬機構，負責國造兵器的研究開發工作。

■改稱保安隊

1951年（昭和26年）9月8日，日本與聯合國（49國）簽署舊金山對日和平條約，同時簽訂日美安全保障條約。條約於1952年4月28日生效，日本脫離占領狀態，成為獨立國家（此時駐日美軍也從「占領軍」改稱為「駐留軍」）。

以75,000人成立的警察預備隊也於1952年5月增員35,000人，達到11萬人。該年4月，海上保安廳也設置海上警備隊（6,000人），使得提倡建構統轄陸、海軍事功能組織的議論開始高漲。

這個組織負責保衛國家的獨立與安全和平，且應盡日美安保條約產生的防衛義務。

美國也認為日本身為自由世界的一員，不應置身事外，必須充分具備防衛能力。

1952年8月1日，日本政府為了保障獨立後的日本國安全，成立保安廳，並將其麾下的警察預備隊改稱為保安隊，海上警備隊改稱警備隊。其任務以應處間接侵略為主，大幅擴大部隊活動範圍。

成立保安廳的同時，警察預備隊的部隊總監部也改稱為第一幕僚監部。

保安隊的部隊配置

NC（北部方面隊）札幌
2管 旭川
3管 伊丹
1管 越中島 第一幕僚監部
4管 福岡

保安隊的裝備

普通科（步兵）配備特車（戰車），
特科（砲兵）則有105㎜、155㎜榴彈砲與高射砲。

保安隊的1日作息	
起床	6點
點名	6點15分
早餐	7點
課業開始	8點
午餐	12點
課業開始	13點
晚餐	17點
熄燈	22點

在核子時代的冷戰之下，不具備近代戰爭執行能力的保安隊並非軍隊，而是用來維護我國治安，擁有龐大實力的部隊（保安廳首任長官吉田首相）。

保安隊的1個連隊火力據說足以匹敵舊軍的10個聯隊，我阿公也說這種怎麼可能打得贏。

1952年首先獲得的M24輕戰車

1953年4月，成立4年制保安大學。學生為國家公務員，月俸3,000日圓。

在舊軍是無法想像的高官呢～

1952年11月，婦人保安官登場。擔任國立第一病院護理士總婦長的吉田女士為3等保安士，最低階的護理士階級則為1等保安士。

	舊軍	警察預備隊	保安隊	自衛隊
將校	大將	警察監	擔任總隊總監的警察監	將
	中將		保安監	
	少將	警察監補	保安監補	將補
	大佐	1等警察正	1等保安正	1佐
	中佐	2等警察正	2等保安正	2佐
	少佐	警察士長	3等保安正	3佐
	大尉	1等警察士	1等保安士	1尉
	中尉	2等警察士	2等保安士	2尉
	少尉		3等保安士	3尉
	准尉			准尉
下士官	曹長	士補	1等保安士補	曹長
	軍曹		2等保安士補	1曹
	伍長	1等警察士補	3等保安士補	2曹
		2等警察士補		3曹
		3等警察士補		
兵	上等兵	警查長	保查長	士長
	一等兵	1等警查	1等保查	1士
	二等兵	2等警查	2等保查	2士
				3士

■ 1950年代美軍提供的輕兵器

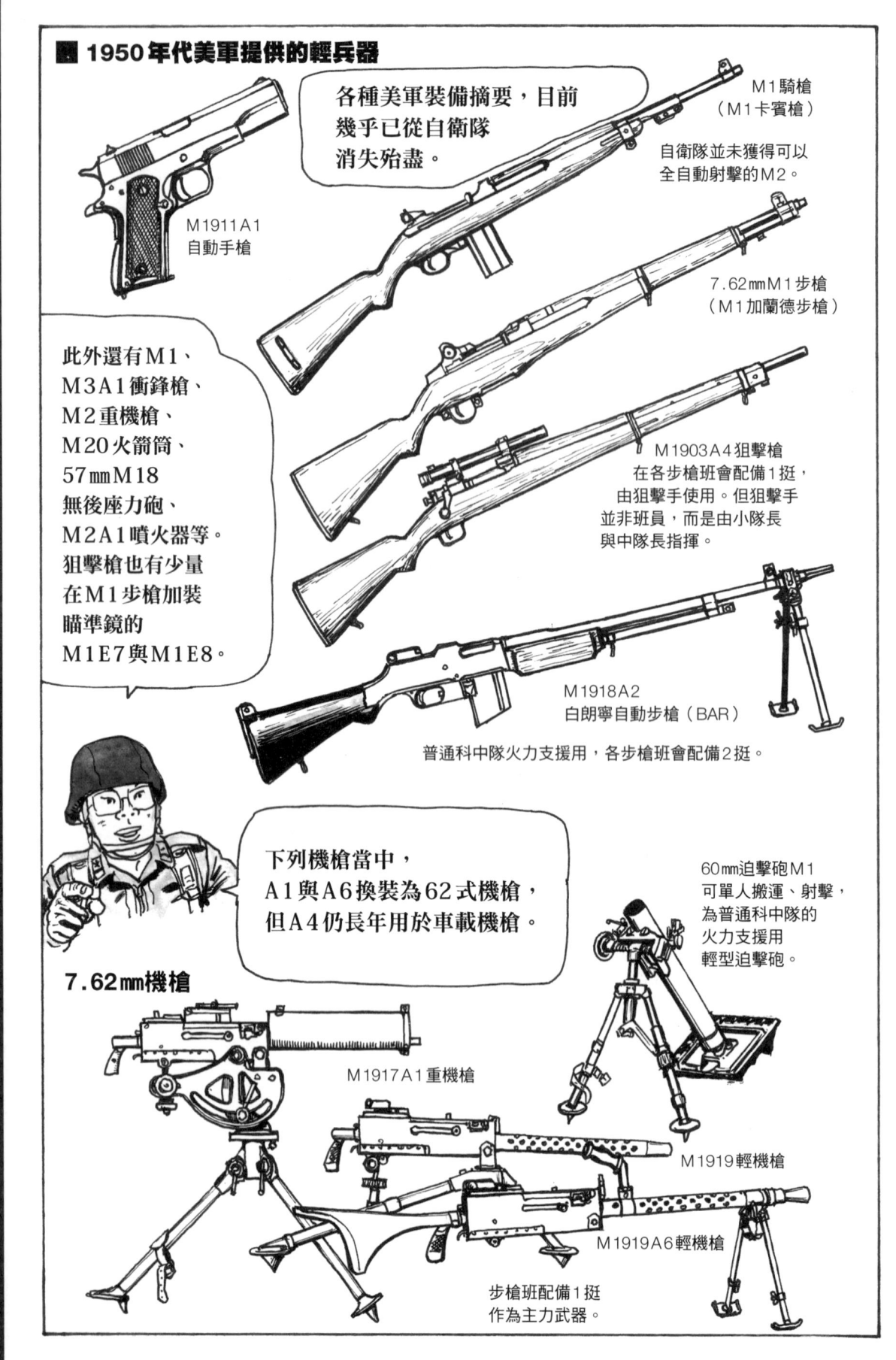

各種美軍裝備摘要，目前幾乎已從自衛隊消失殆盡。

M1911A1 自動手槍

M1騎槍（M1卡賓槍）
自衛隊並未獲得可以全自動射擊的M2。

7.62mm M1步槍（M1加蘭德步槍）

M1903A4狙擊槍
在各步槍班會配備1挺，由狙擊手使用。但狙擊手並非班員，而是由小隊長與中隊長指揮。

此外還有M1、M3A1衝鋒槍、M2重機槍、M20火箭筒、57mm M18無後座力砲、M2A1噴火器等。狙擊槍也有少量在M1步槍加裝瞄準鏡的M1E7與M1E8。

M1918A2 白朗寧自動步槍（BAR）
普通科中隊火力支援用，各步槍班會配備2挺。

下列機槍當中，A1與A6換裝為62式機槍，但A4仍長年用於車載機槍。

60mm迫擊砲M1
可單人搬運、射擊，為普通科中隊的火力支援用輕型迫擊砲。

7.62mm機槍

M1917A1重機槍

M1919輕機槍

M1919A6輕機槍
步槍班配備1挺作為主力武器。

陸上自衛隊的行動

好，你給我說說看，陸上自衛隊的使命是什麼？

報告是！
守護我國和平與獨立，保衛國家安全，應處直接及間接侵略，主要於陸地上行動，以國家防衛為主要任務，並依需要維護公共秩序。

○**防衛出動**
當我國遭受外部武力攻擊之際，或有該疑慮時，依內閣總理大臣命令出動。

○**治安出動**
一般警力無法維持治安時，依內閣總理大臣命令出動。

○**災害派遣**
遭逢天地異變等災害之際，由都道府縣知事或其他政令定訂者提出申請（緊急時則不待申請），依長官或方面總監、師團長、駐屯地司令等部隊長命令派遣。

○**部外協力**
從處理未爆彈、土木工事委託、運動賽事、部外工事等，為多方面提供協助。

好，講得不錯。
陸上自衛隊的所有任務如左表所列，各位的工作可不只是提槍打砲喔！

※出行：當時對於災害派遣的稱呼。

■災害派遣

不論是過去還是現在，讓大多數國民認可自衛隊有必要存在，且最能派上用場的，就是災害派遣行動。

去人家家裡幫忙救災時，如果被說我女兒嫁給你好了，不然你入贅來我們家啦～該如何是好呢？

對於自衛隊員來說，因為自己的行動受到歡迎感謝，且還能與國民直接互動，不少隊員都會覺得「做的真是值得」。

●首次災害派遣 1951年（昭和26年）10月20日～26日

警察預備隊時代的1951年10月14日至15日，「露絲颱風」登陸九州，造成淹水與民宅倒塌等，罹難、失蹤共943人，是場重大災害。山口縣的山區也發生災情，山口縣知事因而對當地的小月部隊（當時為第11連隊）提出救援申請。小月部隊依吉田總理的命令出動，於受災的山口縣廣瀨町派遣2,700人展開為期1週的救援活動，是為自衛隊首次災害派遣任務！

這次第1回出行※是基於田中縣知事的申請，但卻無法立刻出動。

收到申請的小月部隊立刻開始蒐集情報，並且報告第4管區總監部請求指示，但回答卻是「出行留保」（不許可），理由是沒有前例可循，且出行許可權應交由內閣總理大臣定奪。

啥——還有這樣的喔？明明縣政府就有提出申請，而且已經有災情了，居然推說沒有前例可循，還說權限在總理手上。這種逃避責任的態度，不論現在還是過去都沒兩樣呢！當差的實在是太沒肩膀了，結果最後怎樣了？

同樣是日本人卻沒辦法前去救援，哪有這種事的。

小月部隊不斷接獲情報，均顯示「死傷者多數」等，狀況不斷惡化。此時岩國的美軍已經派出直升機，開始空投食物與醫藥品。

誰知道，當天是星期六，只上半天班，出來應對的副總監居然如此說：

蠢蛋！已經決定暫時保留的事情，哪能說變就變！就算拿現場照片來給我看，不行就是不行，給我滾回去!!

果然還是得這麼幹啊！這樣上面應該也能得知事情有多麼嚴重，得趕緊派遣部隊出動。

就是說啊，被迫按兵不動的小月部隊趕緊派齊藤副連隊長前往福岡的總監部請求出行許可。

眼看如此，齊藤副團長只能無視命令系統，直接向筒井總監提出申訴。他成功見到即將下班回家的總監，並立即聯絡東京的總隊總監部。高層隨即向吉田總理提交出行申請，總理一聲令下，便決定派遣小月部隊。

如此一來，受苦的就是受災民眾了！

太過分了！這是真的事情嗎？就算看過受災照片，也不收回先前的決定，根本就是只顧自己的面子嘛，這不是跟舊軍的參謀沒兩樣嗎？

後來他好像因為讓那位副總監顏面掃地的關係，而被整了的樣子。

首次出行居然如此大費周章，齊藤副團長不屈不撓的精神終於獲得勝利了。

災害派遣的內容包括地震、風雪水災等，重視災害時的人命救助與受災者的救護活動，若碰到堤防、護岸決堤，則必須堵漏、移除道路與水路的障礙物，此外還有撲滅森林火災、防疫、給水、人員物資緊急運送、空運離島僻地的緊急患者、搜索山難人員等，可說是五花八門。

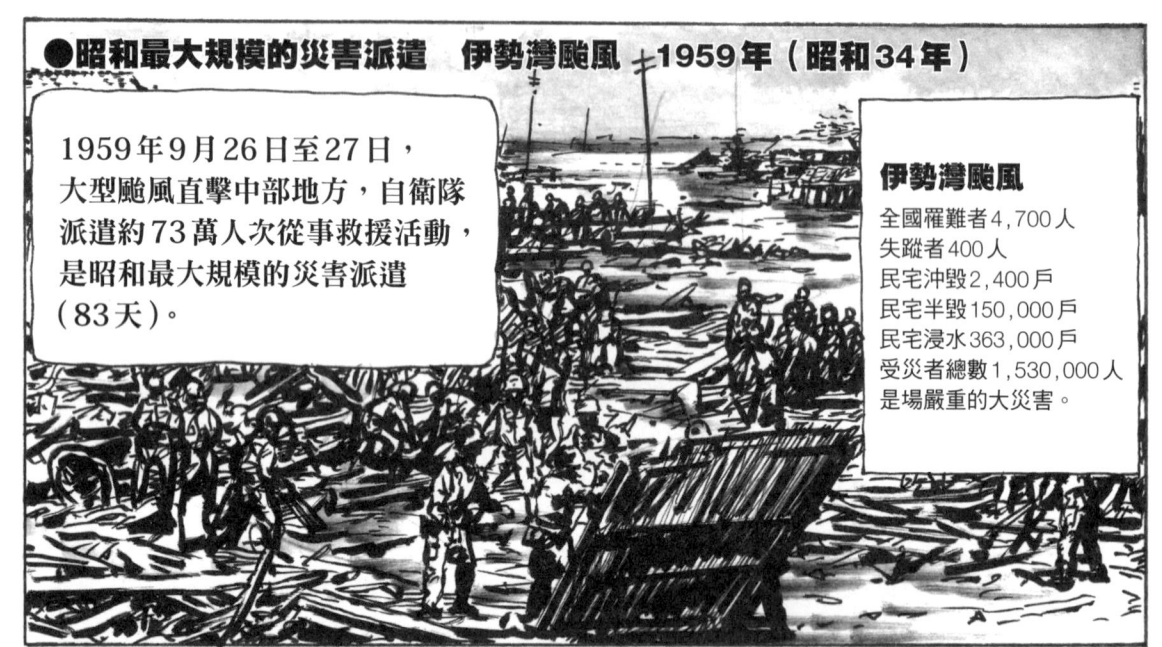

●昭和最大規模的災害派遣　伊勢灣颱風　1959年（昭和34年）

1959年9月26日至27日，大型颱風直擊中部地方，自衛隊派遣約73萬人次從事救援活動，是昭和最大規模的災害派遣（83天）。

伊勢灣颱風
全國罹難者4,700人
失蹤者400人
民宅沖毀2,400戶
民宅半毀150,000戶
民宅浸水363,000戶
受災者總數1,530,000人
是場嚴重的大災害。

●雲仙普賢岳噴火災害的災害派遣　1991年（平成3年）

1991年6月3日，雲仙普賢岳發生大規模火碎流噴發。自衛隊出動約600人搜索失蹤者，之後則編組島原災害派遣隊，持續監視火山活動，直到1995年12月16日才撤收，是有史以來最久的災害派遣，為期1,658天。派遣人力達207,280人次、車輛67,846輛次、航空器5,999架次。

裝甲車能在被火山灰覆蓋的受災地展現身手，為了清理道路，配備推土鏟與裝甲的75式推土車也派上用場。

之後自衛隊歷經
有事立法論爭、
北方領土問題、
日美安保體制。
國際上則有
美蘇軍備競賽、
古巴危機、
越戰等緊張情勢，
使得1960年代有著
飛躍性的戰力增強。

一次防
（昭和33～35年度）
二次防
（昭和37～41年度）
三次防
（昭和42～46年度）
四次防
（昭和47～51年度）
逐步增強戰力，此時的
常規戰力據說可以排到
「世界第8名」。

1980年度（昭和55年）末期的自衛隊戰力

地面部隊	18萬人	以5個方面隊13個師團編成，戰車約830輛、裝甲車約560輛、自走砲約120門，作戰用航空器340架、鷹式防空飛彈8.5群。
海上部隊	20萬1千噸	航空器約300架、護衛隊群4、掃海隊群2、潛水艦群2、航空部隊5、地方隊5。
航空部隊	作戰機約350架	戰鬥機部隊13、偵察機部隊1、運輸機部隊3、雷達站部隊28、勝利女神J部隊6群。

自衛隊的部隊編成於
1962年（昭和37年），
由管區隊、混成團改編為
13個師團，其中北海道的
第7師團為機械化部隊。
此時除了復活師團這個
名稱，也將特車改稱為
戰車。

任誰來看這
都是戰車嘛，
把特殊車輛
簡稱為特車
實在是太彆
扭了。

自衛隊不是軍隊，
因此除了
階級之外，
兵科也還是
像這樣稱呼呢，
雖然大家
好像都已經
習慣了說。

步兵＝普通科
砲兵＝特科
工兵＝設施科
登陸艦＝運輸艦
驅逐艦
巡洋艦 ＝護衛艦
攻擊機＝支援戰鬥機

總而言之，
帶有攻擊
色彩的稱呼是
絕對
不被允許的。

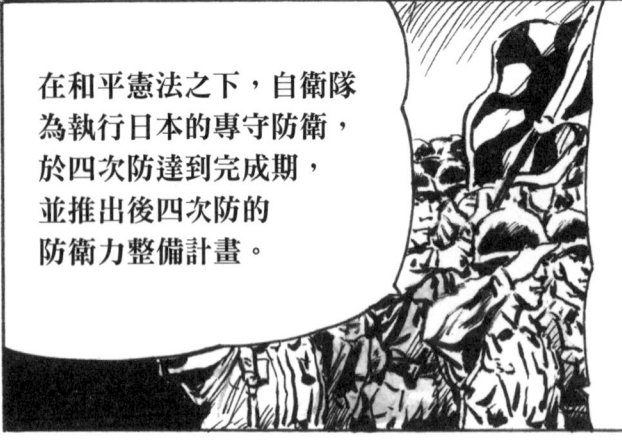

在和平憲法之下，自衛隊為執行日本的專守防衛，於四次防達到完成期，並推出後四次防的防衛力整備計畫。

新防衛力整備計畫（後四次防）：
①防止侵略於未然（嚇阻力）
②應處侵略（整備基礎防衛力）
③災害出動等的必要項目（平時型）
其中最強調的是①嚇阻力，目的是讓自衛隊成為裝備近代化的少數精銳武裝集團。

為打造「和平時的嚇阻力」，陸上自衛隊以現行13個師團強化裝備與救命訓練，並且更新主要武器。

然而，由於自衛隊的武器是世界最貴，加上通貨膨脹的關係，價格只會愈來愈高，導致更新計畫推進並不順遂。這89式步槍連我都還沒打過呢！

美蘇冷戰結束後，世界情勢日趨複雜，自衛隊的任務也新增反游擊、反恐攻、營救僑民作戰等，變得更多樣化。

除此之外，在災害出動之餘，還於波灣戰爭期間派遣海自掃海部隊前往波斯灣，開始參與聯合國的PKO活動，1990年代可說是自衛隊開始做出國際貢獻的時代。

以上就是自衛隊這50年歷史的簡短介紹，目前坊間也有許多相關書籍出版，想要進一步了解的人可以深入閱讀。

自衛隊的歷史可是包括各地災害出動以及各種事件呢！

以上文章是基於2001年7月當時的資訊寫成。

■部外協力

一般稱作「民生協力」，是利用自衛隊的組織、裝備能力，為國民生活穩定提供各種協助活動。

●土木工事、通信工事、防疫事業、僻地醫療事業、運輸事業的委託

接受國家或地方公共團體委託，實施各種事業。然而，可接受的委託僅限於符合自衛隊訓練目的之案件。

相比民間企業，委託者僅支付約3分之1的費用即可完事，有利於財務赤字的地方行政單位。

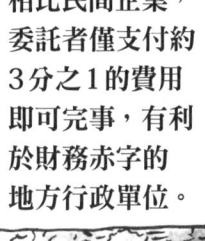

●協助奧運、亞運、國民體育大會等運動賽事

支援開閉幕典禮、通信、運輸、音樂、醫療、救急、會場內外整理、競技項目運營事務等。

唉——長野冬季奧運時的剷雪工作可真是累人啊！

●教育訓練受託

包括培訓直升機飛行員、教導急救隊員突擊兵技術等，體驗入隊也包括在此項目。

此外還有支援公共大會行事、出借帳篷、毛毯、床架等必需品、應氣象廳申請出動觀測機、協助遺骨蒐集團，1950～60年代（昭和30～40年代）甚至還會派援農部隊去幫忙種田。

●排除於陸地上發現的未爆彈等武器類

至今也常發現太平洋戰爭時期美軍飛機投下的炸彈，以及舊陸海軍棄置的槍砲彈藥等。

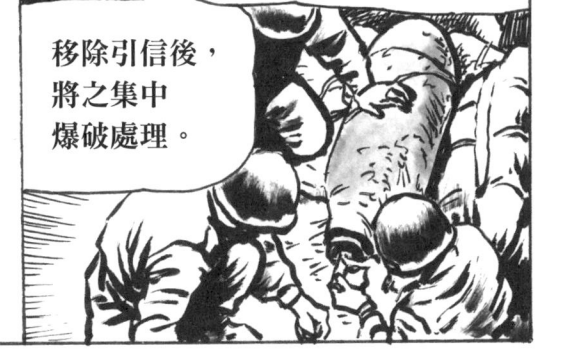

移除引信後，將之集中爆破處理。

補充

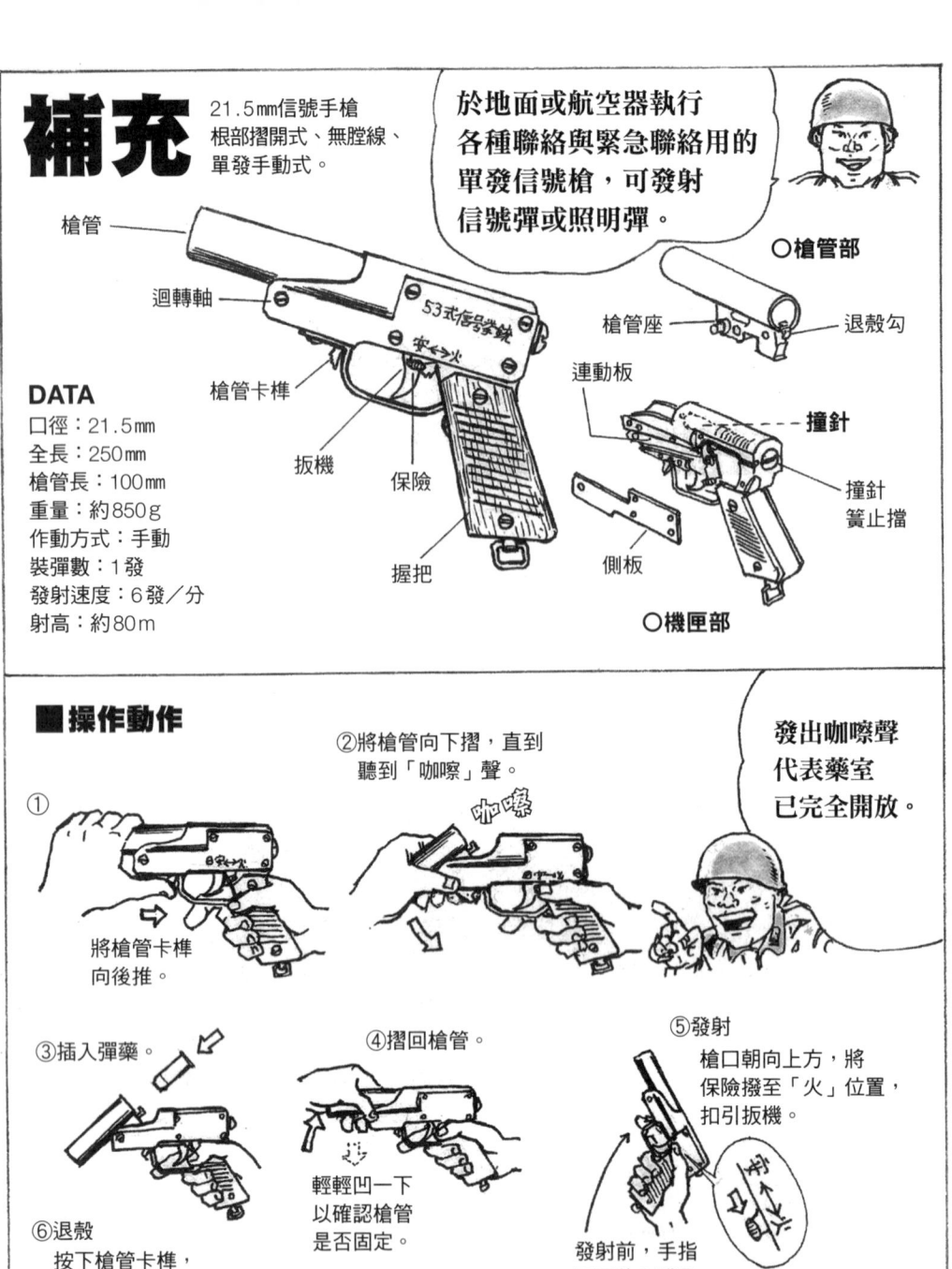

21.5mm信號手槍
根部摺開式、無膛線、單發手動式。

於地面或航空器執行各種聯絡與緊急聯絡用的單發信號槍，可發射信號彈或照明彈。

槍管部分標示： 槍管、迴轉軸、槍管卡榫、扳機、保險、握把

槍管部： 槍管座、退殼勾

機匣部： 連動板、撞針、撞針簧止擋、側板

DATA
- 口徑：21.5mm
- 全長：250mm
- 槍管長：100mm
- 重量：約850g
- 作動方式：手動
- 裝彈數：1發
- 發射速度：6發／分
- 射高：約80m

■操作動作

① 將槍管卡榫向後推。

② 將槍管向下摺，直到聽到「咖嚓」聲。

發出咖嚓聲代表藥室已完全開放。

③ 插入彈藥。

④ 摺回槍管。
輕輕凹一下以確認槍管是否固定。

⑤ 發射
槍口朝向上方，將保險撥至「火」位置，扣引扳機。
發射前，手指不要伸入護弓。

⑥ 退殼
按下槍管卡榫，將槍管向下摺。

用手抽出被退殼勾拉出來的空彈殼。

若因撞針插入底火導致槍管無法向下摺時，將保險稍微撥往「安」的方向，便能鬆開撞針。

抽出彈殼後，若不裝填下一發，要扣一下扳機以鬆開撞針簧。

■對人狙擊槍 M24 SWS

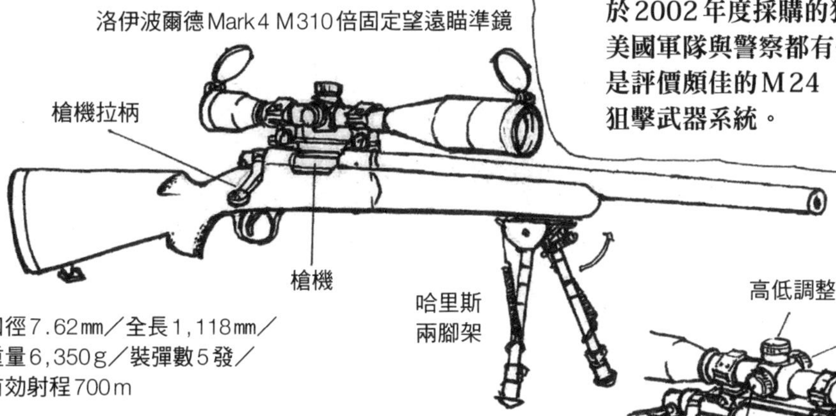

洛伊波爾德 Mark 4 M3 10倍固定望遠瞄準鏡

反游擊特攻用的裝備，於2002年度採購的狙擊槍，美國軍隊與警察都有使用，是評價頗佳的M24狙擊武器系統。

- 槍機拉柄
- 槍機
- 哈里斯兩腳架
- 高低調整
- 焦點調整
- 保險
- 左右調整

口徑7.62mm／全長1,118mm／重量6,350g／裝彈數5發／有效射程700m

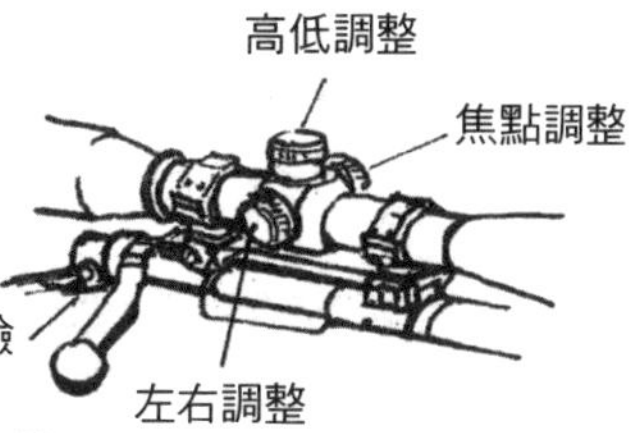

●手動槍機操作

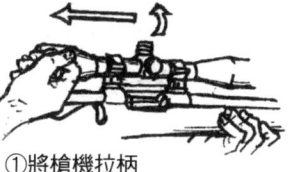

①將槍機拉柄旋轉90度並向後拉。

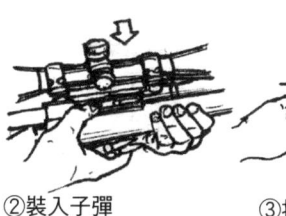

②裝入子彈（裝彈數5發）。

③推回槍機，將子彈送入藥室。

④發射。

鏡頭距離眼睛5〜7.5cm。

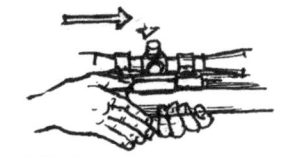

⑤退殼。以①的動作退出空彈殼

⑥裝填 以③的動作裝填下一發子彈，備便射擊。

手動槍機操作講究的是迅速流暢。

■01式輕反戰車飛彈（洞么）

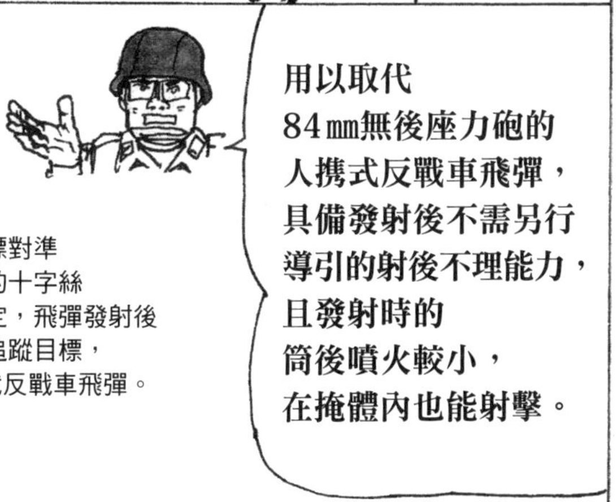

只要將目標對準瞄準器中的十字絲並加以鎖定，飛彈發射後就會自動追蹤目標，屬於第3代反戰車飛彈。

用以取代84mm無後座力砲的人攜式反戰車飛彈，具備發射後不需另行導引的射後不理能力，且發射時的筒後噴火較小，在掩體內也能射擊。

DATA
全長：約860mm
筒徑：約120mm
重量：約12kg
發射速度：4發／分
導引方式：紅外線影像導引方式
系統重量：約17.5kg
製造：川崎重工

發射後，射手可立即退避。

也能從輕裝甲機動車上發射。

城鎮戰鬥

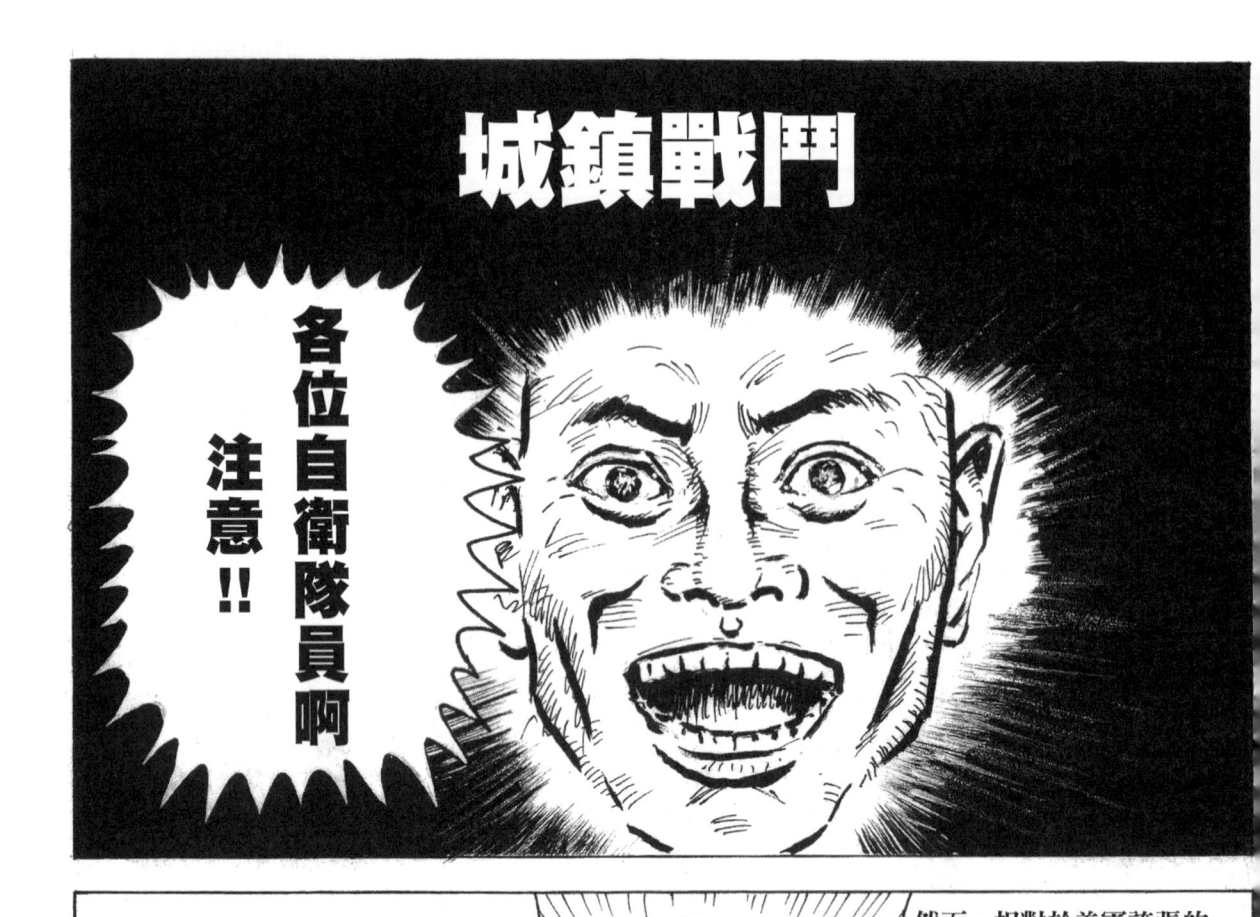

各位自衛隊員啊 注意！！

關於對恐怖分子、游擊隊、特攻作戰等新型態戰鬥的「CQB」，陸自會師法在此範疇擁有豐富經驗的美軍，實施實戰化的城鎮戰鬥訓練。

然而，相對於美軍誇張的攻堅掃蕩制壓法，陸自從以前就比較注重隱密性（自衛隊的體質比較偏向SWAT攻堅法），因此會與美軍共同訓練，學習更具實戰化的戰術。

建構於東富士演習場的最大規模城鎮戰鬥訓練場

各方面隊也設有自己的城鎮戰鬥訓練場，陸自隊員會在此歷練比照實戰的「城鎮戰」訓練，有事之際才能成為不負國民期待的戰士。

▲訓練場內有公寓、便利商店、政府機構等，完整重現整個街區。

編輯部註：在此介紹的內容為2000年代初的資訊。

至近距離射擊訓練

預備
槍口朝向下方，確保視野，等待開始口令。將射擊模式選擇器撥至「關保險」位置。

聞「舉槍」口令，開保險並出槍試瞄。

瞄準目標扣引扳機射擊。

立射時
要放低重心、稍往前傾。重點是採取能夠應處各種狀況的戰鬥姿態。

射擊模式選擇器的操作必須迅速、確實。

射擊完畢後，確認周圍安全，並將射擊模式選擇器撥回「關保險」位置，將槍口朝向下方。此即為射擊訓練的基本。

保險位置的差異

陸自89式

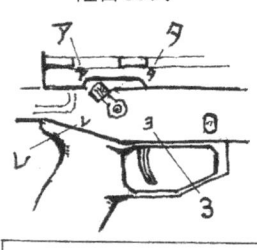

美軍的M4與M16

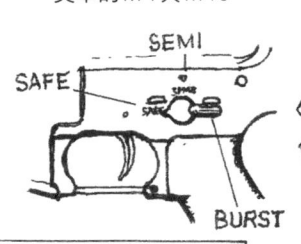

右側的射擊模式選擇器為陸自獨創設計，打出首發子彈的速度會因此產生差異。從伊拉克復興支援派遣隊開始，追加了左側射擊模式選擇器以提升槍械性能，此事仍記憶猶新。

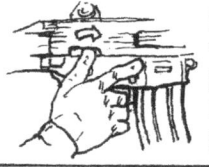

M4可以在握住握把的狀態下以大拇指操作。

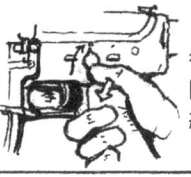

從舉槍到開保險射擊，約有1秒的時間差。

預備！

舉槍!!

射擊模式選擇器以大拇指操作，導致扣扳機的速度變慢。

射擊前與射擊後都要記得關保險。

城鎮戰鬥

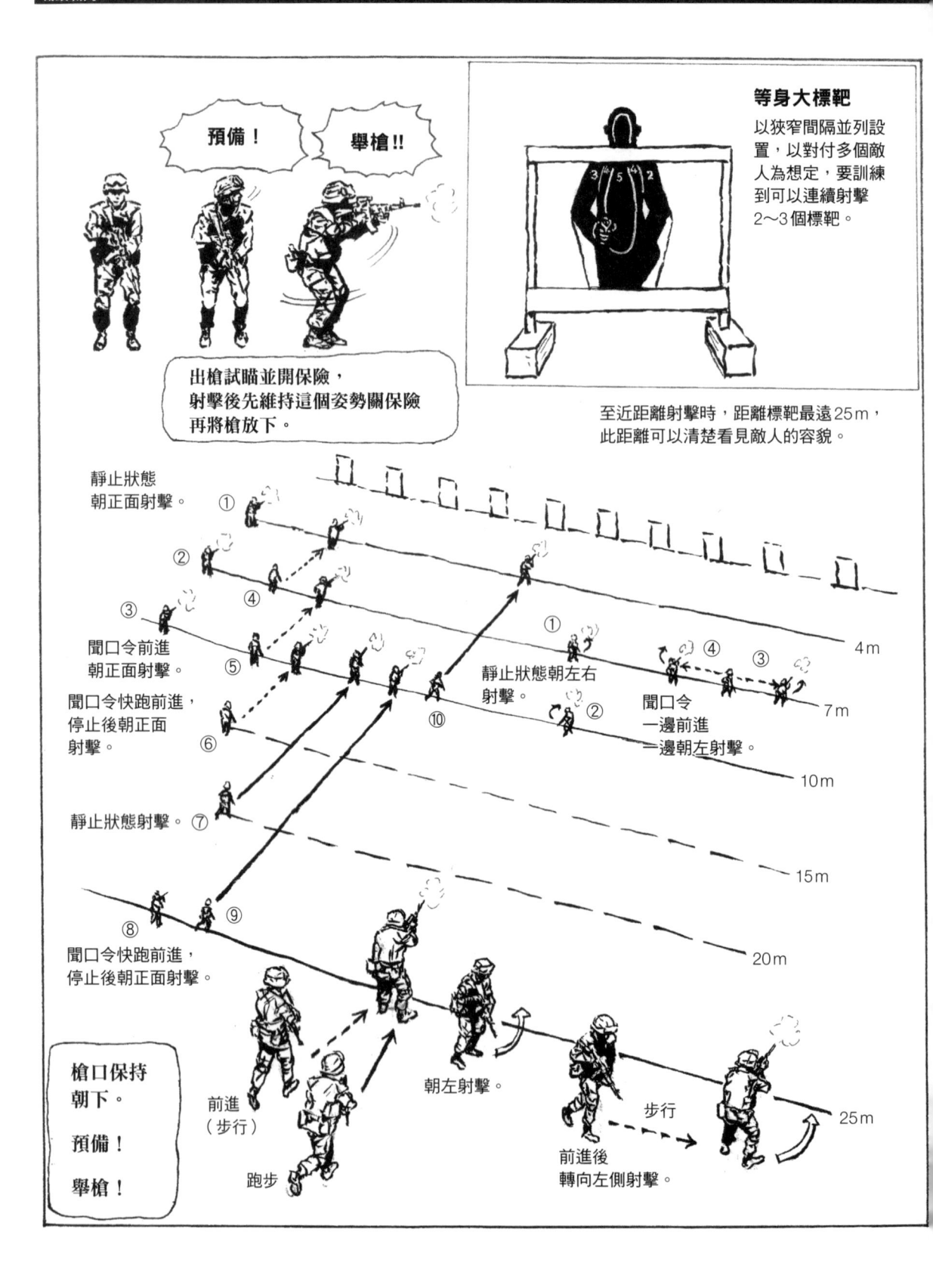

預備！
舉槍!!

出槍試瞄並開保險，射擊後先維持這個姿勢關保險再將槍放下。

等身大標靶
以狹窄間隔並列設置，以對付多個敵人為想定，要訓練到可以連續射擊2～3個標靶。

至近距離射擊時，距離標靶最遠25m，此距離可以清楚看見敵人的容貌。

靜止狀態朝正面射擊。 ①

② ④

③

聞口令前進朝正面射擊。 ⑤

聞口令快跑前進，停止後朝正面射擊。 ⑥

靜止狀態朝左右射擊。 ①
② ④ ③

聞口令一邊前進一邊朝左射擊。

— 4m
— 7m
— 10m

靜止狀態射擊。 ⑦

— 15m

⑧ ⑨

聞口令快跑前進，停止後朝正面射擊。

— 20m

槍口保持朝下。
預備！
舉槍！

前進（步行）
跑步
朝左射擊。
前進後轉向左側射擊。
步行

— 25m

至近距離射擊會使用人形標靶模擬遭遇移動之敵，射擊姿勢為立射。

今後陸自將會有許多隊員學會更具實戰性的射擊法，藉此提高戰鬥能力。

在城鎮戰鬥中，時常突然遭遇敵人，並直接展開槍戰。

此時最重要的就是識別遭遇的對手，然後迅速採取行動。

為避免誤擊友軍或民眾，必須確實識別確認。

然而，慢條斯理地去問對方是誰，就會被敵人先開槍。

實際上，據說遭遇戰時可用來識別的時間僅有0.5秒左右。

要在如此嚴苛的世界中保住小命，只能靠身體感覺去記住了。唯有不斷地訓練，才能在識別後迅速正確射擊。

射擊時的技巧

換邊
緊急時也能抵住左肩射擊，需練成能夠右、左、右、左迅速交換據槍姿勢。

用建築物的死角掩蔽，也會使用反射鏡。

攻堅時要能邊瞄邊跑。

裝在步槍槍托上的反射鏡。

裝上前握把後，手腕就能自然握持於槍身前段，也能緩衝射擊時的後座力。

維持姿勢保持跑步速度。

潛望鏡也很有用。

變姿臥射
特種部隊的技巧，可用來射擊躲在車後之敵的腳踝。

換彈匣

① ② ③ ④

緊急換彈匣
迅速更換耗盡彈匣的緊急技巧，是在按下彈匣卡榫的同時，取出新彈匣並完成裝填的高級技巧，這得勤訓精練才有辦法上手。

戰術換彈匣
射擊完後即便彈匣內還有殘餘子彈，也要換上新的彈匣以備下一次戰鬥。這是透過美國射擊大賽普及的連續射擊技巧，讓彈匣能夠常保滿彈狀態。

換下來的彈匣要收好，但為了避免與新彈匣搞混，不得將之插回彈匣袋。有空的話要把彈匣重新裝上子彈再度使用。

從美軍教範看城鎮戰的步兵戰鬥技術

雖然之前已經介紹過，但還是讓我們來復習一下吧！

移動
在城鎮戰移動時，不可欠缺機槍等火力掩護。

要移動的士兵必須先選好下一個隱蔽地點再開始行動。

擔任火力掩護的機槍手，必須身處能夠完全掌握友軍動向的位置，並依據情況向左或向右射擊。

1. 常保低姿勢，並且避免露出影子。
2. 迴避開闊地（沒有掩蔽物的暴露場所）。
3. 移動之前先決定好下一個隱蔽位置。
4. 盡可能不要暴露移動蹤跡。
5. 移動要迅速。
6. 備妥支援射擊。
7. 想定各種事態，務必準備萬全。

檢視轉角時盡量趴低，盡量不露出身體或武器，記得一定要戴頭盔。

注意頭頂
盡量貼近建築物移動，但要小心裡面可能會有敵人。採低姿態沿著牆壁前進，留意不要高過窗戶。

在巷弄中移動
即便是狹小巷弄，也千萬不要走在路中間。

就算是貼著建築物走，被太陽照到仍會很顯眼。

別忘了留意腳下的開口處，此時須大步跳躍過去，避免暴露雙腳。

若無掩蔽物，可利用建築物的陰影。

翻牆

牆壁雖然可以當作保護屏障，但也可能淪為敵人的陷阱。要盡可能保持低姿勢，與牆頭合為一體，半滾轉翻過牆去。

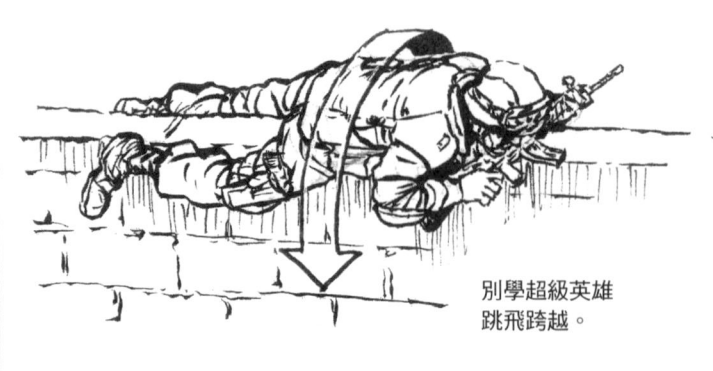

首先，盡量挑選低矮處偵察另一側。

別學超級英雄跳飛跨越。

若無法偵察，必須使用手榴彈以保安全。此時須注意別讓破片噴飛到自己這邊！

開闊地移動

移動時盡可能迴避開闊地，若無論如何都得通過，就要備妥支援火力與煙幕。
・選擇路徑
・煙幕
・支援
・迅速移動
這些都是不可或缺的條件。

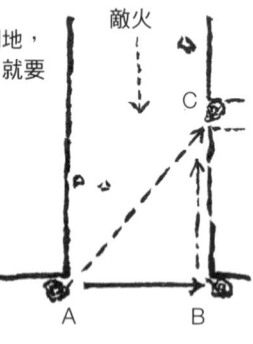

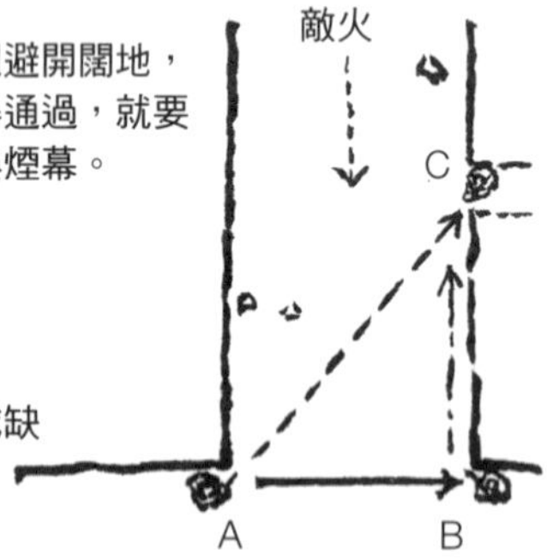

欲自A點移動至C點時，若採直接移動，便會長時間暴露於敵火之下，因此要先迅速移動至B點，然後再移動至C點，分2階段移動。

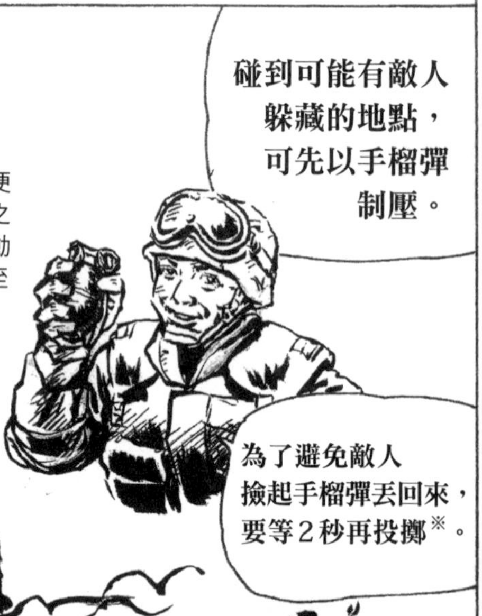

碰到可能有敵人躲藏的地點，可先以手榴彈制壓。

為了避免敵人撿起手榴彈丟回來，要等2秒再投擲 ※。

支援射擊
支援組先決定好各自的目標（區域）。

分組通過路口
各自取3～5m間隔，先選好移動地點，聽領隊指示一齊移動。抵達目標地點後，為其他夥伴提供火力支援。

盡可能派出偵察兵，並觀察路口周邊的障礙物與敵人活動徵兆。

※美軍的M67破片手榴彈鬆開保險壓板後4秒才會爆炸。

射擊位置

盡量保持低姿勢，利用任何可以隱蔽身體的物體。只要盡量減少暴露，就能避免被敵人的子彈打中。

愈是能找到既可以隱蔽自己，又能取得寬廣視野地點的士兵，能力就愈優秀。

切勿從掩蔽物出槍射擊。

窗戶與槍眼

切勿漫不經心靠近窗戶，要退到房間裡面以免被看見。

射擊時切勿伸出槍管，要從陰影處開槍。

建築物轉角

屋頂是指揮與狙擊的絕佳地點，但也容易暴露自身行蹤，必須充分注意。

若狀況許可，可挖開槍眼確保視野，但應試射看看槍口火焰會不會被敵人發現。此外，在相同位置連續射擊也容易被敵人察覺。

自地面位置進入

單手進入時要使用手槍。

以兩名隊員作為踏臺一口氣衝進去。

使用梯子進入2樓。

①雙人抬舉
2名士兵以雙手撐起1人進入屋內（最好能使用板材等）。

②單人抬舉
先進入屋內的1人伸手去拉，另1人則在底下支撐。

③雙人拉起
進入屋內的2人伸手拉起最後1人。

城鎮戰鬥

建築物攻堅制壓

直升機自屋頂進入的同時，也從1樓開始攻堅，如此便能提高奇襲效果。此外，由上而下的戰鬥會比較有利。

花點時間選擇攻堅地點，稍微遠離門口待機，盡量保持隨時可以使用炸藥，以火箭彈或炸藥打開新的破口。
進入之前，先對建築物或房間內部投擲手榴彈，手榴彈爆炸後須迅速攻進去。
常保支援射擊。

從屋頂開始向下清剿。

與其沿走廊推進，從房間穿越至另個房間會比較有效。此時要爆破牆壁後穿進去，炸藥與人攜式反戰車飛彈都可派上用場。

同時清剿多個房間，在短時間內制壓每個樓層。

雖然要逐一清剿各個房間，但為避免行動模式被察覺，應採隨機方式進行。

從多點同時開始攻堅建築物，藉此分散敵兵力，並阻斷其退路。

攻入室內時炸毀門板並丟入手榴彈，爆炸後迅速進入完成制壓。

若有人質遭挾持，須交由受過專業攻堅訓練的部隊實施。他們會以繩降方式進入，或是使用震撼彈。

若要從入口攻堅，或移動至可能有敵人潛伏的地點，要先投擲手榴彈，爆炸後再行攻堅、移動。

清剿有敵人潛伏的建築物時，必須先確認其構造與特徵再執行任務。必須先摸清楚目標出入口、樓梯位置與部屋配置等建築物構造。如此一來，清剿時才能防止敵人逃脫，並節省士兵配置，有效執行作戰。在建築物周圍也要配置部隊，用以支援攻堅人員，並攻擊逃脫之敵。

建築物內的移動方法

○自通道移動

於狹窄的走廊移動時，必須先決定好各員警戒責任範圍，以應處來自360度的攻擊。

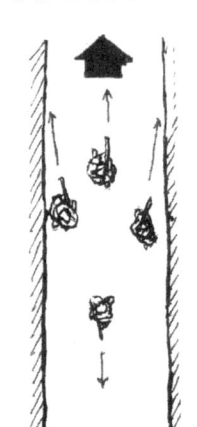

○轉角處的走位

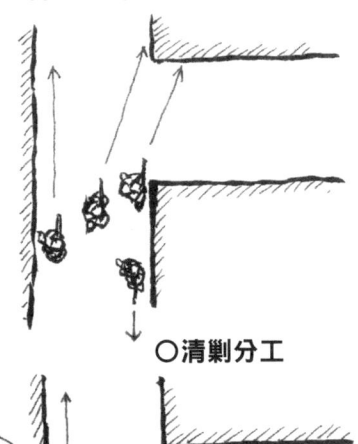

○清剿分工

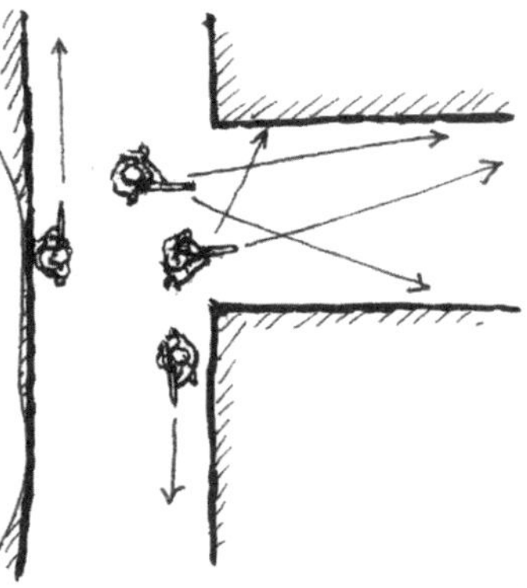

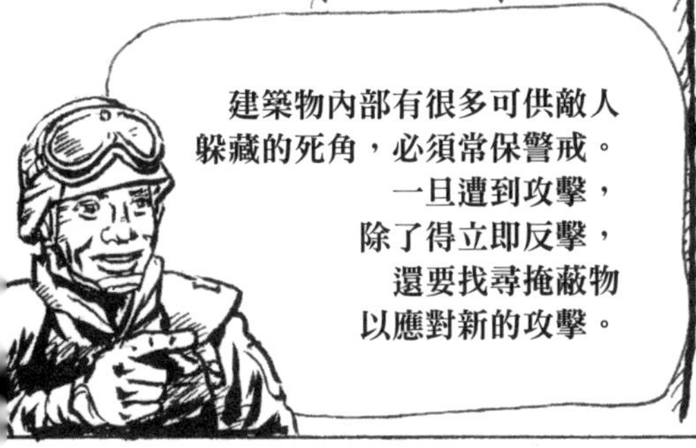

建築物內部有很多可供敵人躲藏的死角，必須常保警戒。一旦遭到攻擊，除了得立即反擊，還要找尋掩蔽物以應對新的攻擊。

清剿建築物內部（Clearing）

○門口位於中央

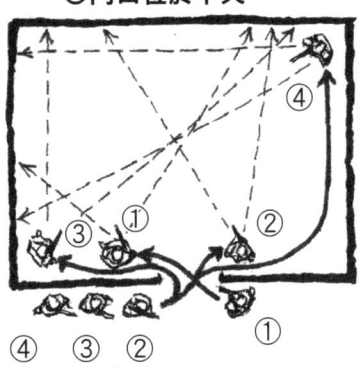

○門口偏向一側

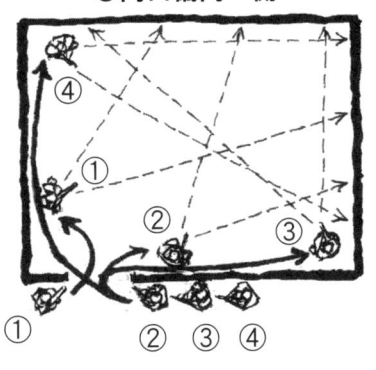

依據門口位置，攻堅方式與士兵分擔範圍會有所差異。人質營救作戰時，為了不傷害到人質，會限制射擊，但若處於戰鬥狀況下的清剿行動，目的便是打倒敵兵。為了避免誤傷友軍，須妥善分配各員的射擊責任範圍。率先進入的第1員背靠牆壁，站在可以通視房間每個角落並開火的位置，後續士兵則依自己的責任區搜索。各員之間要以大聲呼喊的方式告知並確認狀況。

建築物內的行動
玄關與走廊

盡量不利用玄關與走廊，若無法直接從房間挺進至其他房間，則要緊貼牆壁前進，避免成為敵人目標。

○老鼠洞

敵方建築物的門口通常會設下詭雷，因此要以炸藥炸開孔洞（老鼠洞），並從該處鑽入。通常會先丟顆手榴彈。

○通過窗戶

城鎮戰時，清剿建築物的行動有時從外面也可以窺見。這非常危險，必須常保低於窗框的姿勢。

城鎮戰鬥

城鎮戰鬥射擊路線（MOUT Assault Course）

此為美軍用於城鎮戰鬥訓練的模擬房舍，並有規劃索敵清剿路線。一旦確認為敵人，就必須毫不猶豫開槍，務求打倒對手。

第1路線
第2路線

各路線的通過順序。

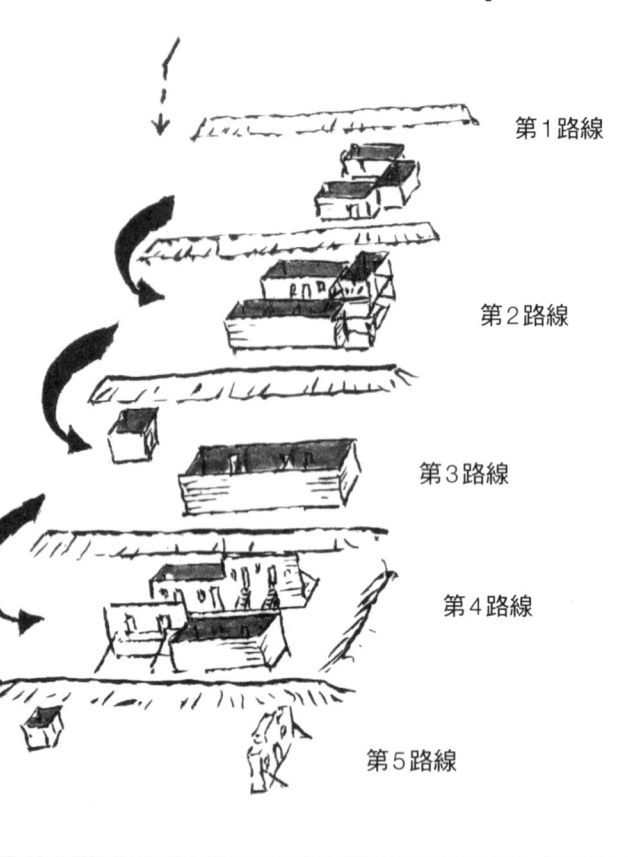

第3路線
第4路線
第5路線

索敵要領

著眼點
○務求視線與槍口指向合而為一！
○養成兩眼索敵、兩眼瞄準的習慣！
○想辦法聞出敵人躲在何處！

錯誤範例　×
視線
槍口

優良範例　○
視線
槍口

視線與槍軸線（槍口）
需合而為一，
常保同一方向。

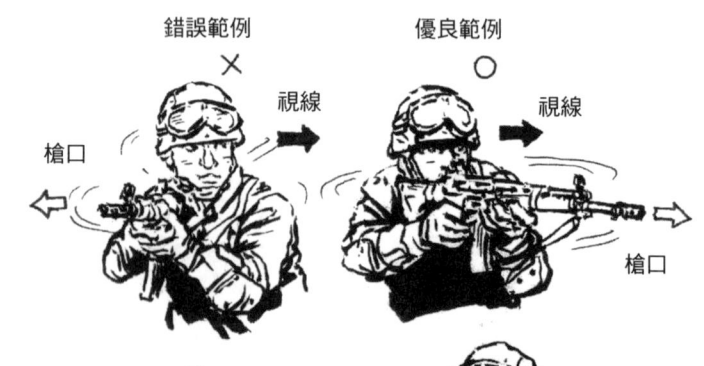

如果沒有接受訓練就跑去打城鎮戰的話……

突擊！
前進！

BUDDADA
BAM
BUDDA

搞不清楚敵人在哪裡！
RATATA
BAM

班長去掌握狀況、前進。

BUDDA
BATATA

班長陣亡！

通信士負傷！
無線電無法使用！

RATATA

後退！
後退！

開始運送傷員。

開始撤退。

在城鎮戰當中，發生近接戰鬥時擔任重要角色的人會被列為狙擊對象，因此不要自己一人掌握所有事情，而是細分各排、各班的責任區域，讓各班甚至單兵也能獨立持續作戰。為了達到這種境界，只能靠勤訓精練。

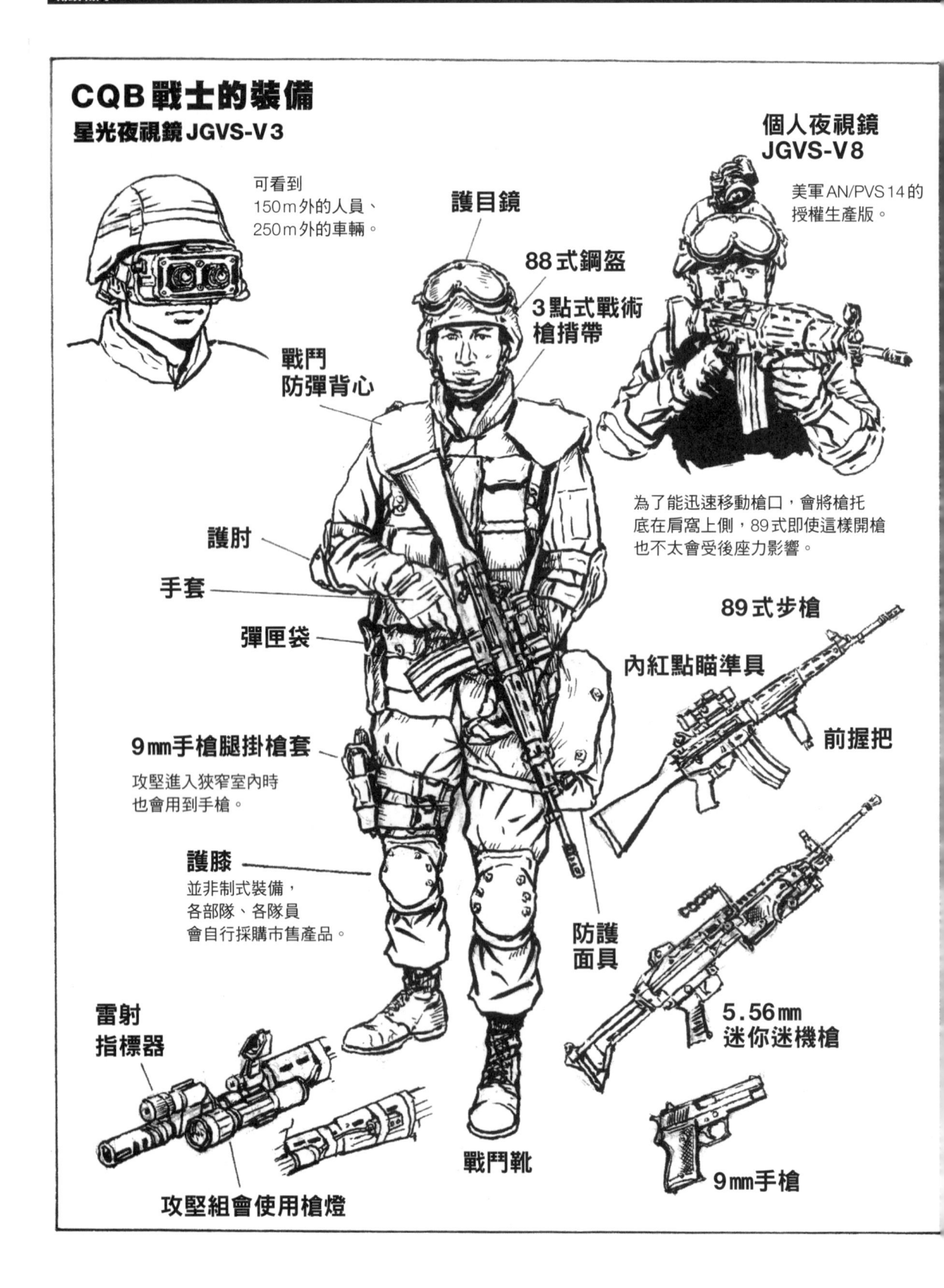

CQB戰士的裝備
星光夜視鏡 JGVS-V3

可看到150m外的人員、250m外的車輛。

個人夜視鏡 JGVS-V8

美軍AN/PVS 14的授權生產版。

為了能迅速移動槍口，會將槍托底在肩窩上側，89式即使這樣開槍也不太會受後座力影響。

- 護目鏡
- 88式鋼盔
- 3點式戰術槍揹帶
- 戰鬥防彈背心
- 護肘
- 手套
- 彈匣袋
- 9mm手槍腿掛槍套

攻堅進入狹窄室內時也會用到手槍。

- 護膝

並非制式裝備，各部隊、各隊員會自行採購市售產品。

- 防護面具
- 戰鬥靴

- 89式步槍
- 內紅點瞄準具
- 前握把
- 5.56mm迷你迷機槍
- 9mm手槍

- 雷射指標器

攻堅組會使用槍燈

對人狙擊槍

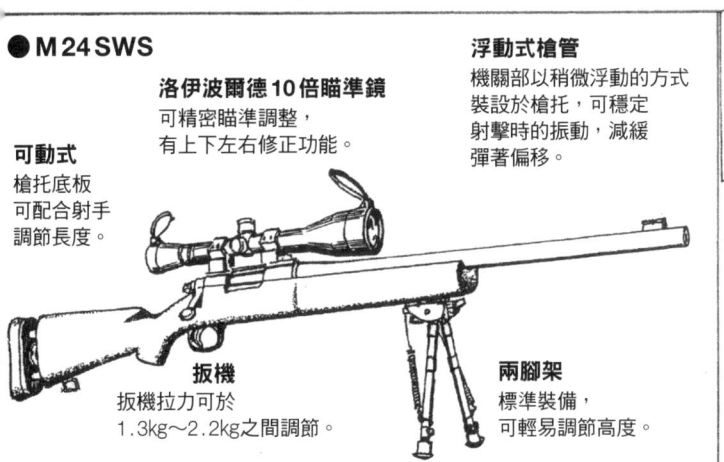

● M24 SWS

洛伊波爾德10倍瞄準鏡
可精密瞄準調整，
有上下左右修正功能。

浮動式槍管
機關部以稍微浮動的方式
裝設於槍托，可穩定
射擊時的振動，減緩
彈著偏移。

可動式
槍托底板
可配合射手
調節長度。

扳機
扳機拉力可於
1.3kg～2.2kg之間調節。

兩腳架
標準裝備，
可輕易調節高度。

塑膠槍托
木製槍托會因氣象條件膨脹收縮，
進而影響精密射擊，因此改用
塑膠槍托。

美國陸戰隊的狙擊槍並未採用
兩腳架，因為覺得沒必要。
他們基本上以背包作為依托。

陸上自衛隊於2004年度（平成16年）
引進的狙擊槍，以雷明頓M700
手動槍機步槍為基礎製成，與美國
陸軍於1987年制式採用的M24SWS
（狙擊武器系統）相同。

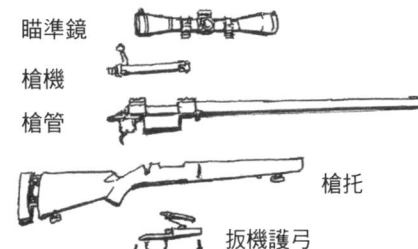

瞄準鏡
槍機
槍管
槍托
扳機護弓

DATA
使用彈：7.62mm×51彈
全長：1,092mm
槍管長：610mm
重量：6,350g（含瞄準鏡）
裝彈數：5發
膛線：5條右旋
有效射程：700m

●雷明頓M700的閉鎖系統

阻鐵銷
阻鐵簧
保險
扳機
彈匣
彈匣底板卡榫
槍機
撞針簧
撞針
藥室
閂子部
退殼鉤
彈匣簧

●狙擊槍的最低基準

狙擊最講究的
就是初速！

可靠度也很重要，
槍枝性能必須
要能保證可以
首發命中。

必須記下彈藥製造廠的生產批號，訓練與作戰時
要使用相同批號的彈藥。雖然自衛隊基本上不會
這麼做，但自行手製子彈時，若調整了彈頭、
火藥、底火、彈殼等製作要素的任何一項，
就要全部重做以統一彈藥規格。

每次射擊時都要記錄槍的資訊，
以觀測氣溫、溼度、太陽光線、
風向等因素造成的彈著變化。

步槍有手動槍機式與
半自動式，狙擊槍
選用的是命中精準度
較高的手動槍機式。

精準度可在
最短100m距離內
全彈匯集於500日圓
硬幣範圍。

●望遠瞄準鏡

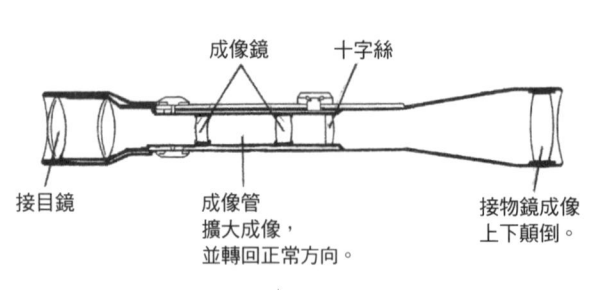

- 成像鏡
- 十字絲
- 接目鏡
- 成像管擴大成像，並轉回正常方向。
- 接物鏡成像上下顛倒。

●裝設圖／瞄準鏡外觀名稱

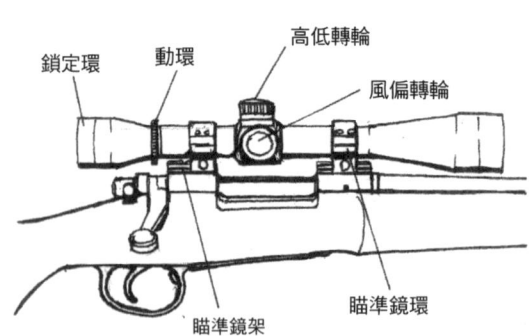

- 鎖定環
- 動環
- 高低轉輪
- 風偏轉輪
- 瞄準鏡架
- 瞄準鏡環

●瞄準調整機構

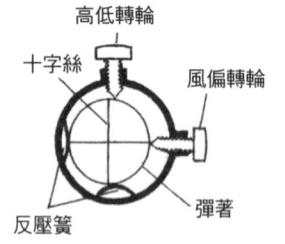

- 高低轉輪
- 十字絲
- 風偏轉輪
- 反壓簧
- 彈著

●瞄準器影子的影響

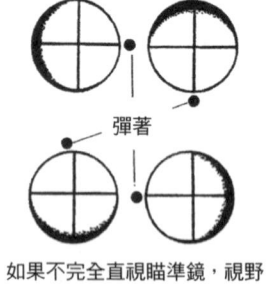

- 彈著

如果不完全直視瞄準鏡，視野就會出現陰影，進而影響彈著。

●傾斜

若槍口偏離瞄準縱軸，則稱為「傾斜」。

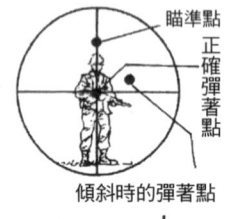

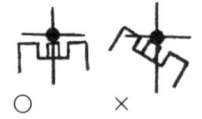

- 瞄準點
- 正確彈著點
- 傾斜時的彈著點

子彈受引力影響朝垂直方向落下，因此傾斜會使其失準。

●調整瞄準鏡

瞄準鏡相對於槍管要稍往下調。

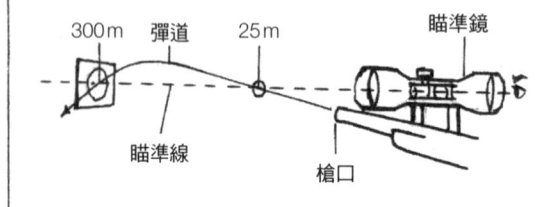

- 300m
- 彈道
- 25m
- 瞄準鏡
- 瞄準線
- 槍口

自槍口發射的子彈，與瞄準鏡的瞄準線會產生2次交叉。在調整瞄準鏡時，要讓彈道交叉點與目標重合。
子彈會受空氣阻力、風、氣溫、氣壓、濕度變化、引力及旋轉偏流（起因來自膛線使彈頭旋轉）等各種因素影響，並不會筆直飛行。
此外，子彈重量、彈頭傷痕、火藥的量與質、燃燒速度也都會造成影響。遠距離射擊就是這麼纖細的操作。

●瞄準器的使用法

為了取得最大視野，先以最小倍率搜尋目標。

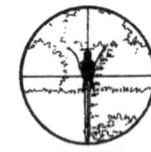

發現目標後，提升倍率並測量與目標之距離。

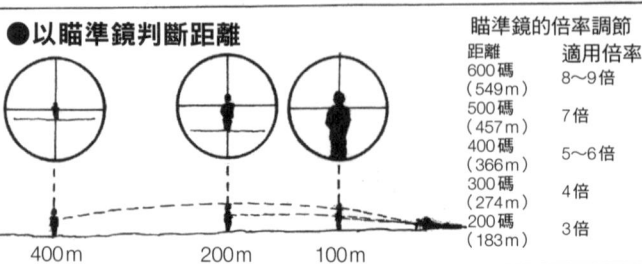

●以瞄準鏡判斷距離

瞄準鏡的倍率調節

距離	適用倍率
600碼（549m）	8～9倍
500碼（457m）	7倍
400碼（366m）	5～6倍
300碼（274m）	4倍
200碼（183m）	3倍

400m　200m　100m

各種距離下的標準男性肩寬（19吋，約48cm）。

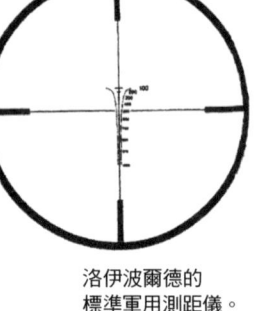

洛伊波爾德的標準軍用測距儀。

編輯部註：M24SWS的洛伊波爾德Mark 4 M3瞄準鏡為10倍固定倍率，因此倍率調節是以其他變焦瞄準鏡為例。

● 槍膛校正

確認瞄準鏡是否有正確裝到槍上。

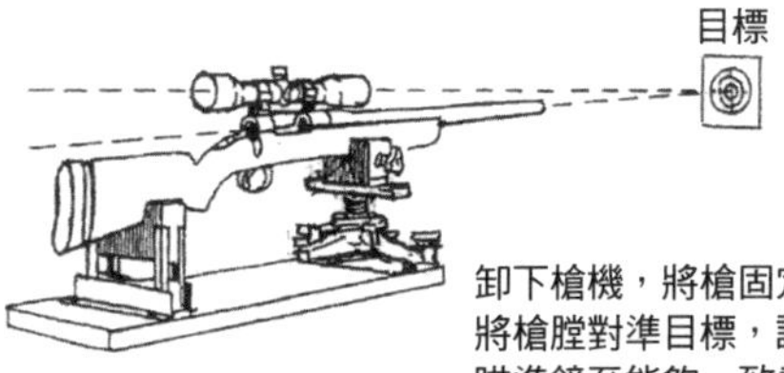

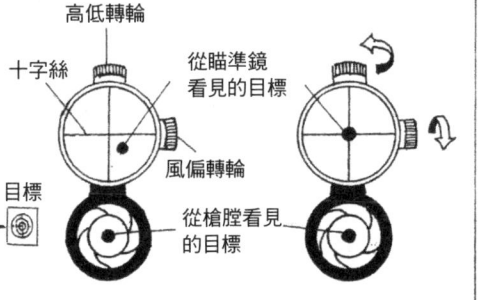

高低轉輪
十字絲
從瞄準鏡看見的目標
風偏轉輪
從槍膛看見的目標
目標

卸下槍機，將槍固定，將槍膛對準目標，調整瞄準鏡至能夠一致看見目標。

調整瞄準鏡，讓十字絲對正目標。

取下M24瞄準鏡相當容易，只要以六角扳手鬆開瞄準鏡上的螺帽即可。為了防止脫落，只轉鬆是不會掉下來的。

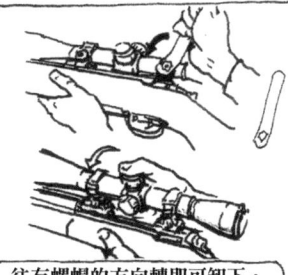

往有螺帽的方向轉即可卸下。

● 歸零

完成槍膛校正的槍，要繼續調整瞄準鏡，直到可以將子彈實際命中標靶中心，稱為歸零。

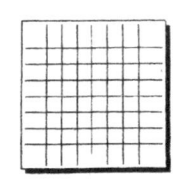

與槍膛校正一樣，要先固定槍，然後瞄準標靶中心，確認彈著後再歸零。

歸零用的標靶並非同心圓，而是只有方格線，以方便確認彈痕。若無現成標靶，也可自行製作。

通常軍隊會以25m距離歸零。

● 以實際射擊調整瞄準鏡

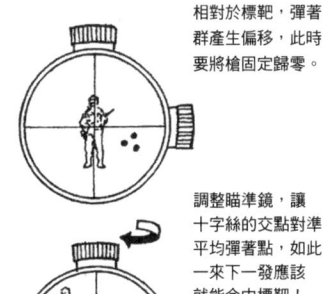

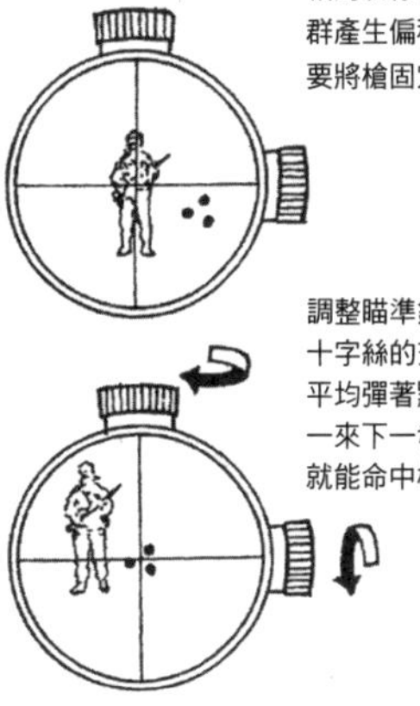

相對於標靶，彈著群產生偏移，此時要將槍固定歸零。

調整瞄準鏡，讓十字絲的交點對準平均彈著點，如此一來下一發應該就能命中標靶！

● 調整瞄準鏡

瞄準鏡的調整以1響為單位（轉動調整轉輪時，每發出1次咖嚓聲為1響），移動量依瞄準鏡種類多少會有差異，洛伊波爾德瞄準鏡單響為1/4MOA。同樣是1MOA，距離愈遠則差距愈大，須掌握因目標距離產生的偏移。

MOA（Minute of Angle），指1角分，1/60度。

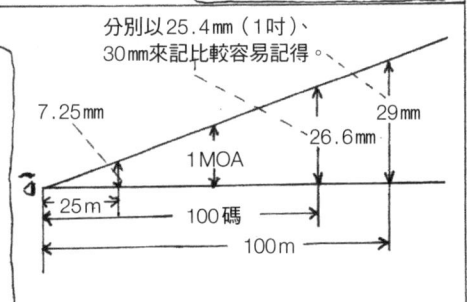

分別以25.4mm（1吋）、30mm來記比較容易記得。
7.25mm
1MOA
29mm
26.6mm
25m
100碼
100m

若瞄準鏡的說明書或瞄準鏡本體沒有響聲刻度，就要邊打邊修正。

槍膛校正與歸零都做完的狙擊槍，如果要卸下瞄準鏡，即便馬上就裝回去，彈著還是會改變，必須再度校正槍膛。可見狙擊系統有多麼纖細。

● 彈道

以25m歸零時，可於300m命中標靶。

瞄準鏡
槍
發射角
發射軸（槍管軸）
14cm
20cm
最高彈道點／最高點
彈道
瞄準標靶上方
400m 500m
25m 100m 200m 300m 命中彈著點
45～50cm
130cm
彈道基線
落點

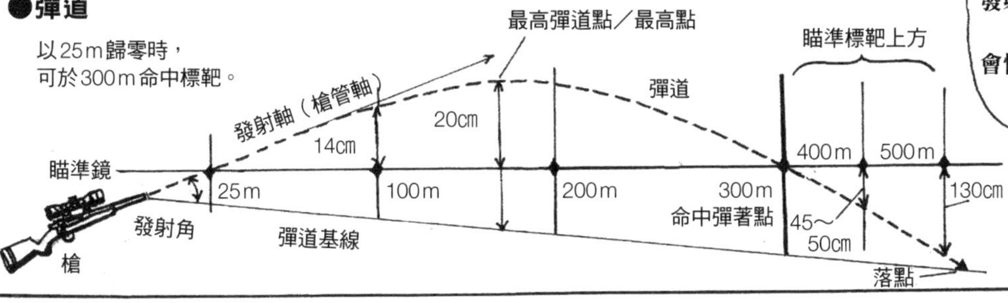

發射後的子彈受重力與空氣阻力等影響，會慢慢往下掉落，另外還有因旋轉產生的橫向偏流，所以遠距離射擊時，必須充分掌握自己槍枝的彈道特性。

197

●射擊姿勢
●臥射

臥射是最穩定的射擊姿勢，姿勢也最低，適於隱蔽，對狙擊而言可說是最佳姿勢。一般士兵只要狀況容許，也都應該採取這種射擊姿勢。

●接目距離
接目鏡與眼睛之間要取5～8cm距離，以此對準焦點。如果沒有取好距離，就會因射擊的後座而受傷。

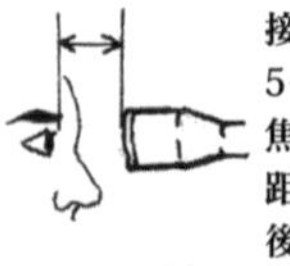

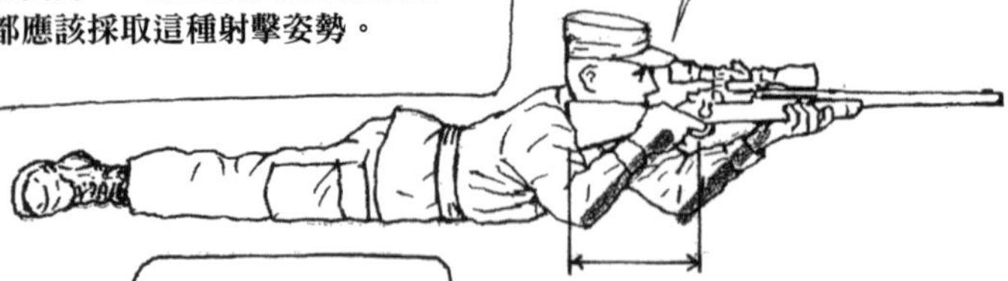

握住槍頸的力道不要太強，以手掌整個包覆，用相當於槍重的力量將槍抵住肩窩。
槍托要輕輕貼住臉頰。

自身體軸線正面觀看，兩肩與兩手肘會形成梯形。

兩肩近乎水平，左手肘盡量靠近槍枝正下方。

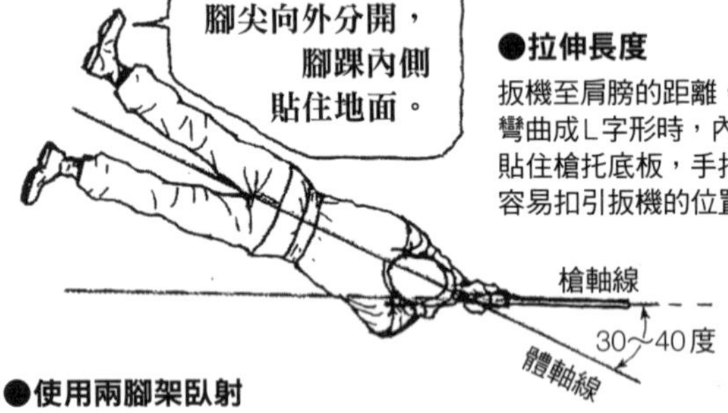

腳尖向外分開，腳踝內側貼住地面。

●拉伸長度
扳機至肩膀的距離，手臂彎曲成L字形時，內側要貼住槍托底板，手指放在容易扣引扳機的位置。

槍軸線　30～40度　體軸線

自槍軸線正面觀看，兩肩與兩手肘呈平行四邊形。

●愛沙尼亞型臥射

比一般臥射容易疲累，但可以讓左手臂擺在槍枝正下方，有不少射手偏好使用。

●使用兩腳架臥射

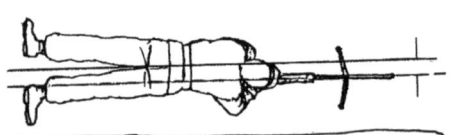

以自動步槍全自動射擊時，為了承受後座力，必須採取這種體勢，但若為單發狙擊，也可擺成像上圖那種角度。

兩手肘比肩寬略開，將體重平均分配於左右手肘。

●呼吸的影響
呼吸會使身體移動。

正確 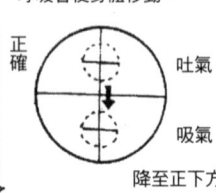
吐氣
吸氣
降至正下方。

錯誤 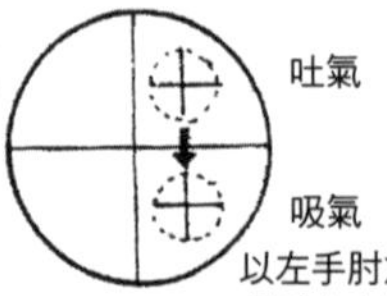
吐氣
吸氣
以左手肘為軸，身體向右傾斜調整姿勢。

●依托射擊

即便使用兩腳架或利用依托瞄準，槍口也會因呼吸而搖動。如何避免讓心臟的鼓動傳導至步槍，就是百步穿楊的要訣。

左手臂輕貼槍托下方，底板抵住肩窩。

兩腳架會傳來反彈自地面之發射衝擊力道，因此老手狙擊兵都認為還是這種依托射擊打得最準。若沒有沙包可用，也能以背包替代。但木材、頭盔等堅硬物體則不能當作槍枝依托，如果萬不得已必須使用硬物，須拿毛巾、衣服捲一捲墊在中間當作緩衝。

●精準射擊技巧
不握槍頸，以大拇指與食指夾住扳機擊發。

大拇指置於扳機護弓後方，以食指扣引。

錯誤
吐氣
吸氣
手肘並未正確支撐槍枝。

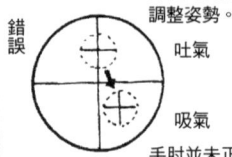

●跪射

可由步行狀態迅速變換的射擊姿勢。

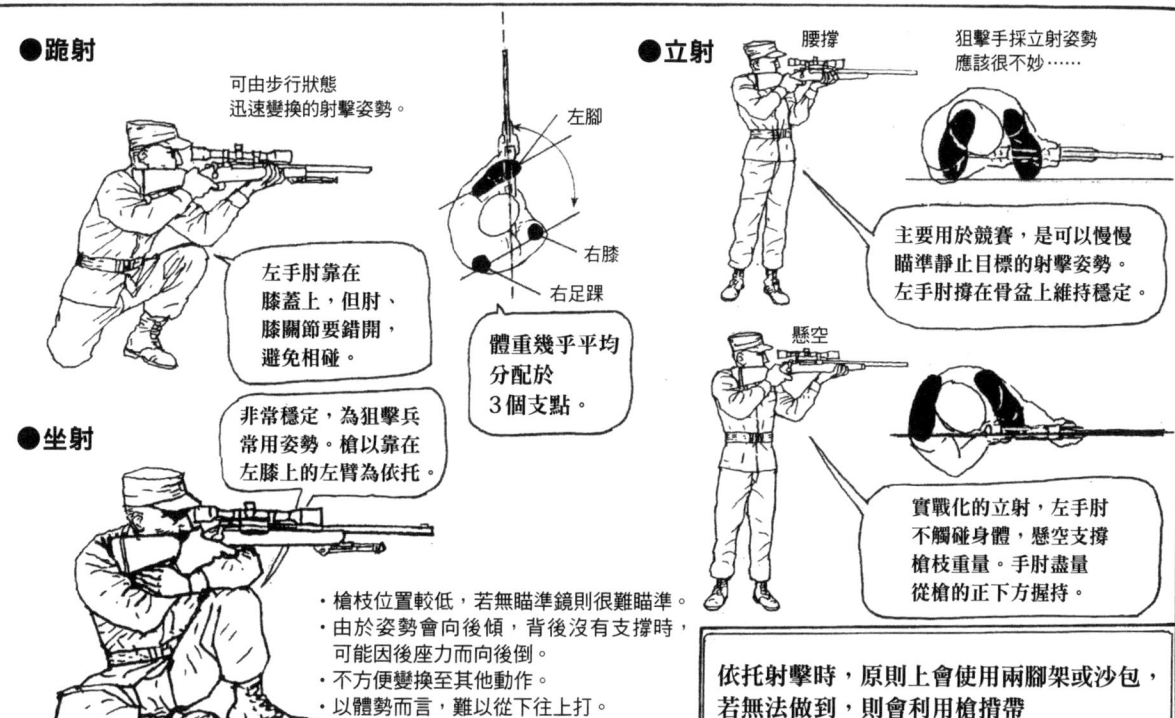

左腳
右膝
右足踝

體重幾乎平均分配於3個支點。

左手肘靠在膝蓋上，但肘、膝關節要錯開，避免相碰。

●坐射

非常穩定，為狙擊兵常用姿勢。槍以靠在左膝上的左臂為依托。

- 槍枝位置較低，若無瞄準鏡則很難瞄準。
- 由於姿勢會向後傾，背後沒有支撐時，可能因後座力而向後倒。
- 不方便變換至其他動作。
- 以體勢而言，難以從下往上打。

基於以上缺點，不建議一般士兵使用。

●立射

腰撐

狙擊手採立射姿勢應該很不妙……

主要用於競賽，是可以慢慢瞄準靜止目標的射擊姿勢。左手肘撐在骨盆上維持穩定。

懸空

實戰化的立射，左手肘不觸碰身體，懸空支撐槍枝重量。手肘盡量從槍的正下方握持。

依托射擊時，原則上會使用兩腳架或沙包，若無法做到，則會利用槍揹帶將槍固定於身體。

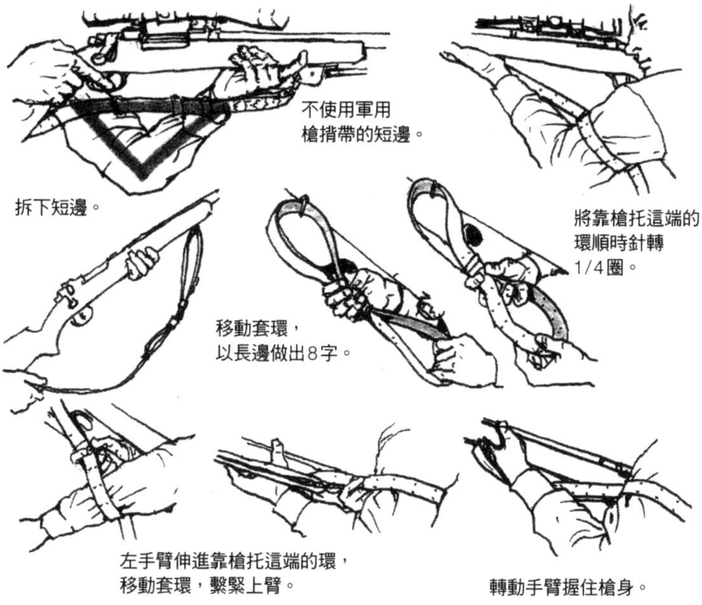

●槍揹帶的使用方法

M24的槍揹帶是美軍從M1903步槍就開始使用的設計，除了用以攜行槍枝，還能在射擊時穩定槍身，M1加蘭德等步槍也有使用。

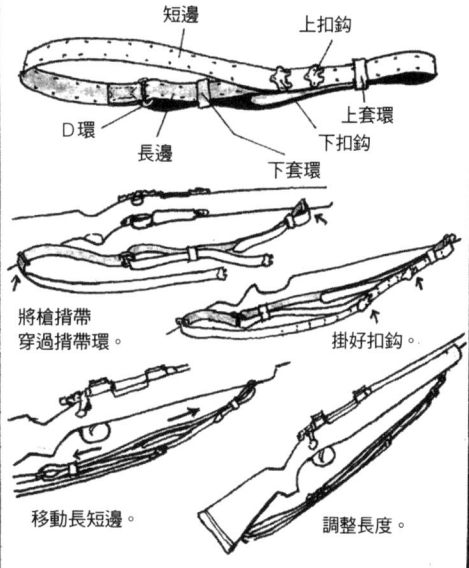

短邊
上扣鉤
D環
上套環
長邊
下扣鉤
下套環

將槍揹帶穿過揹帶環。
掛好扣鉤。
移動長短邊。
調整長度。

利用槍揹帶如圖構成三角形，藉此穩定槍身。

不使用軍用槍揹帶的短邊。

拆下短邊。

將靠槍托這端的環順時針轉1/4圈。

移動套環，以長邊做出8字。

左手臂伸進靠槍托這端的環，移動套環，繫緊上臂。

轉動手臂握住槍身。

●狙擊的練習

命中精準度由
1. 槍枝性能
2. 彈藥性能
3. 氣象條件
4. 射手技術

這4個項目綜合決定。

> 操作正確的射擊，必須在停止呼吸後10秒之內完成瞄準。

扳機拉力在一般軍用步槍約為3kg，競賽用槍則只有30～50g，輕輕一碰就會擊發。狙擊槍大多會設定為1.5kg左右，有人將之形容為「闇夜降霜」，與其說是扣引，還不如說是「收緊」。若沒有直直向後扣動扳機，槍就會產生橫搖。

> 不論採取何種姿勢，都不能將狙擊系統直接架在堅硬地面或臺座上。

關於射擊本身
1. 姿勢
盡可能依托射擊。
2. 瞄準
確保瞄準鏡內有整體視野。
3. 呼吸
射擊時要暫時停止。
4. 扳機
向後收指發射。
5. 收尾
發射後不要馬上移動槍口。
6. 確認
再次瞄準目標並確認成果。

若無法在10秒之內完成瞄準，就要再次呼吸並重新瞄準。這是遠距離射擊的作法；中距離精準射擊則要在4秒以內完成，因為在實戰中有可能被敵人發現。另外，肺部最好能保持在充氣70%的狀態。

●一般射擊練習

距離100m臥姿依托射擊1發
直徑1吋（約2.54cm）標靶

距離100m臥姿依托射擊5發
確認集彈率

距離100m射擊人形標靶頭部
　　臥射
　　跪射
　　坐射

距離200m射擊人形標靶頭部
　　臥射

距離300m射擊人形標靶頭部
　　臥射

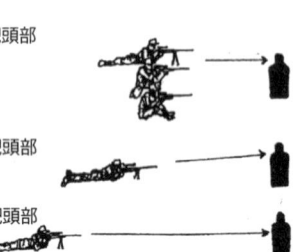

●射擊風偏修正

射程愈長，風向與風速造成的影響愈大，若射程為200m以內，弱風並不會構成太大問題。

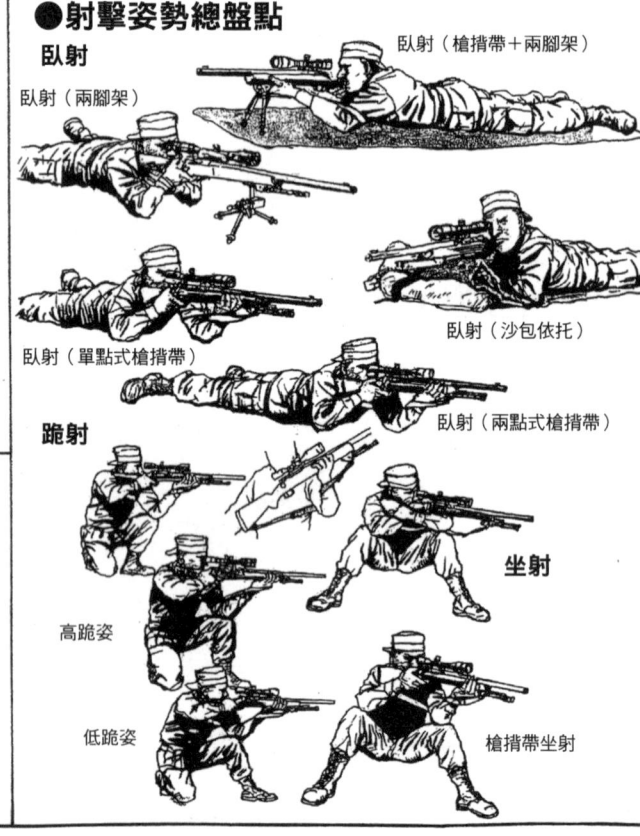

（風向圖：影響小／影響中／影響大）

●射擊姿勢總盤點

臥射
- 臥射（槍揹帶＋兩腳架）
- 臥射（兩腳架）
- 臥射（沙包依托）
- 臥射（單點式槍揹帶）
- 臥射（兩點式槍揹帶）

跪射
- 高跪姿
- 低跪姿

坐射
- 槍揹帶坐射

●偽裝

●迷彩膏
現代步兵基本上都會穿迷彩服，但對於絕對不能被發現的狙擊兵而言，卻有必要完全融入於地形。此時意外顯眼的部位就是臉和手，即便穿上迷彩服也會外露的肌膚，必須以專用色膏施塗迷彩。

為了消除肌膚的光澤，要先塗上消光膏打底，再以迷彩膏塗花眼睛、鼻子等輪廓。

●吉利服
一般會在自己的戰鬥服上加縫偽裝網，然後綁上迷彩布製作而成。

要注意的是，如果綁得太多，移動時會發出雜音，造成反效果。

自衛隊會使用攜帶式偽裝網。

●反射
不要穿戴會反光的東西，光澤面要貼上膠布處理。包括手錶、戒指、金屬裝備等。

常接觸地面的部位會以帆布補強。

●移動要領
移動之際，要以隨時都有敵人在監視作為想定採取行動。

・頻繁停止
・視覺確認
・聽覺確認
・小幅度移動

持續以上4個循環，在白天移動時要特別避免動作過快。

夜間要注意聲響與光線。即便有精心偽裝，仍有可能因移動雜音被敵人發現。

嚴禁於相同位置反覆狙擊。為了不讓敵人發現自己的位置，要邊移動邊狙擊。但白天卻無法輕易移動。

以偽裝網包覆全身。

●選擇狙擊地點

視野開闊、最適合狙擊與監視任務的地點。

能確實隱蔽於對手。

位於敵輕兵器有效射程外（300m以上）。

移動至狙擊地點的路線位於敵眼線的死角。

要有自然或人工物體阻隔，地點必須讓敵人摸不清楚狀況。

●建構狙擊地點

有些地形沒辦法向下挖掘，構工時也要充分留意聲響與光線。

數小時的作戰未必需構築陣地，只要利用地形即可。但若為期數日，就得考慮排泄、飲食以及睡眠等條件。

會依地形、場所、時間、裝備而異，盡量利用自然物，挖掘洞穴覆蓋草木掩蔽。此處也能當作祕密基地使用，構工需善加偽裝，並利於監視四周。

陣地尺寸會依人員與裝備變動，構築地點也要善加選擇。

對人狙擊槍

●行動

狙擊時，由狙擊手與觀測手2人1組行動。觀測手負責無線電聯絡、情報蒐集、狙擊時警戒四周，作為狙擊手的後援（為此會攜行自動步槍）。防禦之際，必須由2人對周圍360度全方位警戒，因此觀測手本身也得是優秀射手。依據任務，有時還會再增加1位狙擊手，以3人為1組行動。

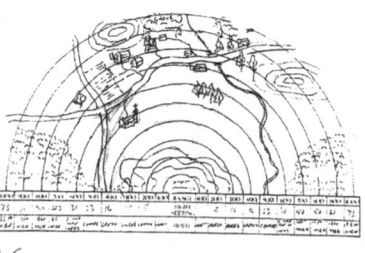

●狙擊戰術卡

狙擊小組為了掌握作戰地區的狀況而製作，戰術卡會標記目標推定距離、地形特徵等，等到目標一出現，便能迅速設定射擊距離。

●狙擊對象

狙擊手主要負責狙殺敵軍指揮官、通信手等重要人物，藉此擾亂敵軍，甚至能夠改變後續結果與作戰走向。

即便被敵人發現也不能開槍，要迅速判斷哪一個目標最為重要、何者存在危險，並依此狙擊。

至少得計算以下要素：
・距離
・風向、風速
・目標露出度
・目標鮮明度
・露出時間
・目標速度、移動方向

●重要目標
・部隊指揮官
・政治指導者
・敵狙擊手
・通信手
・偵察部隊
・警戒部隊（伴隨軍犬者）
・士官
・機槍手
・駕駛手
・通信／雷達器材
・飛彈等的管制器材

●緊急時的射擊方法

若在戰鬥時無暇裝設瞄準鏡，就以500碼為基準的射擊法。雖然難以正確射擊，但還是可以打中目標身上的某處，藉此將之癱瘓。

●瞄準移動目標

瞄準移動目標前方稱為取前置量，這屬於預測射擊瞄準法。右圖例子是將射程設定為500碼的前置量瞄準點。

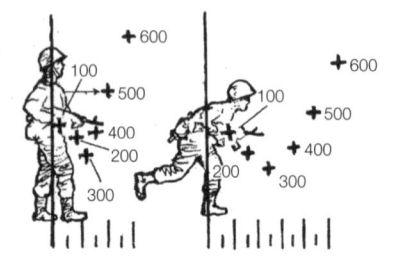

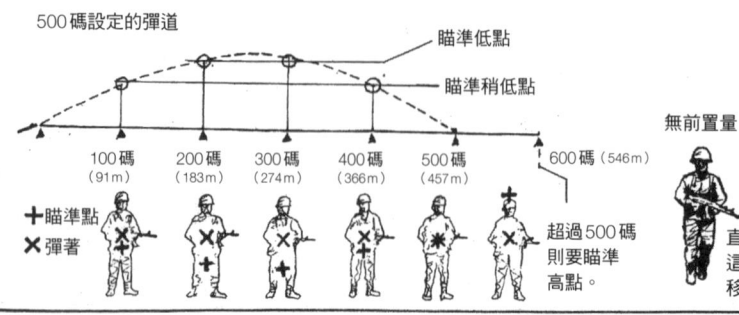

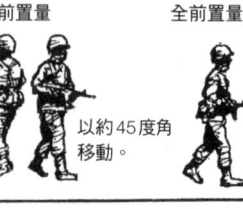

500碼設定的彈道
瞄準低點
瞄準稍低點

100碼(91m) 200碼(183m) 300碼(274m) 400碼(366m) 500碼(457m) 600碼(546m)
超過500碼則要瞄準高點。

✚瞄準點
✕彈著

無前置量：直直往這邊移動。
半前置量：以約45度角移動。
全前置量：橫切過前方移動。

野戰構工

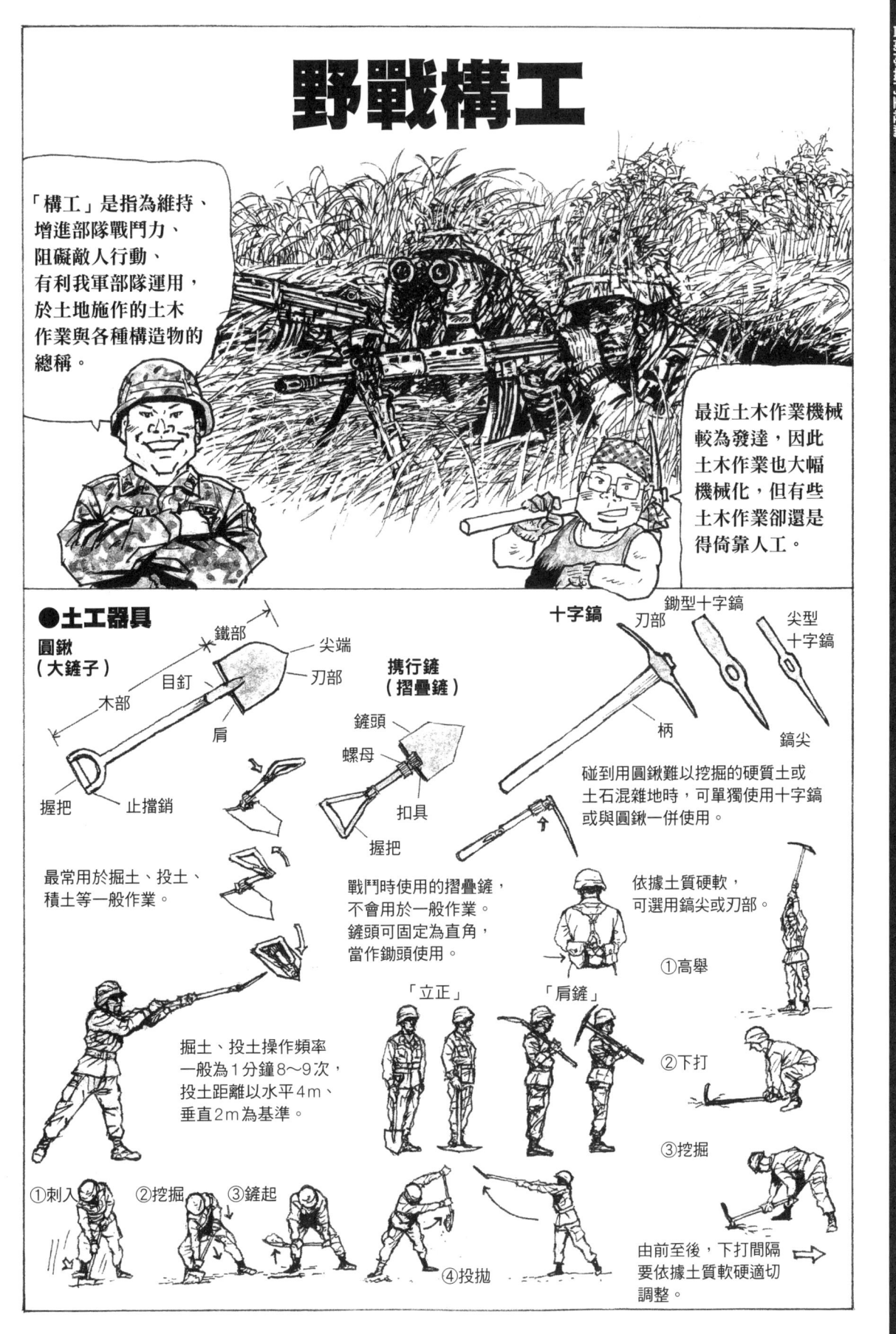

「構工」是指為維持、增進部隊戰鬥力、阻礙敵人行動、有利我軍部隊運用，於土地施作的土木作業與各種構造物的總稱。

最近土木作業機械較為發達，因此土木作業也大幅機械化，但有些土木作業卻還是得倚靠人工。

●土工器具

圓鍬（大鏟子）
鐵部、尖端、刃部、目釘、肩、木部、握把、止擋銷

携行鍬（摺疊鍬）
鍬頭、螺母、扣具、握把

十字鎬
鋤型十字鎬、尖型十字鎬、刃部、柄、鎬尖

最常用於掘土、投土、積土等一般作業。

戰鬥時使用的摺疊鍬，不會用於一般作業。鍬頭可固定為直角，當作鋤頭使用。

碰到用圓鍬難以挖掘的硬質土或土石混雜地時，可單獨使用十字鎬或與圓鍬一併使用。

依據土質硬軟，可選用鎬尖或刃部。

掘土、投土操作頻率一般為1分鐘8～9次，投土距離以水平4m、垂直2m為基準。

①刺入　②挖掘　③鏟起　④投拋

「立正」　「肩鍬」

①高舉　②下打　③挖掘

由前至後，下打間隔要依據土質軟硬適切調整。

●步槍掩體

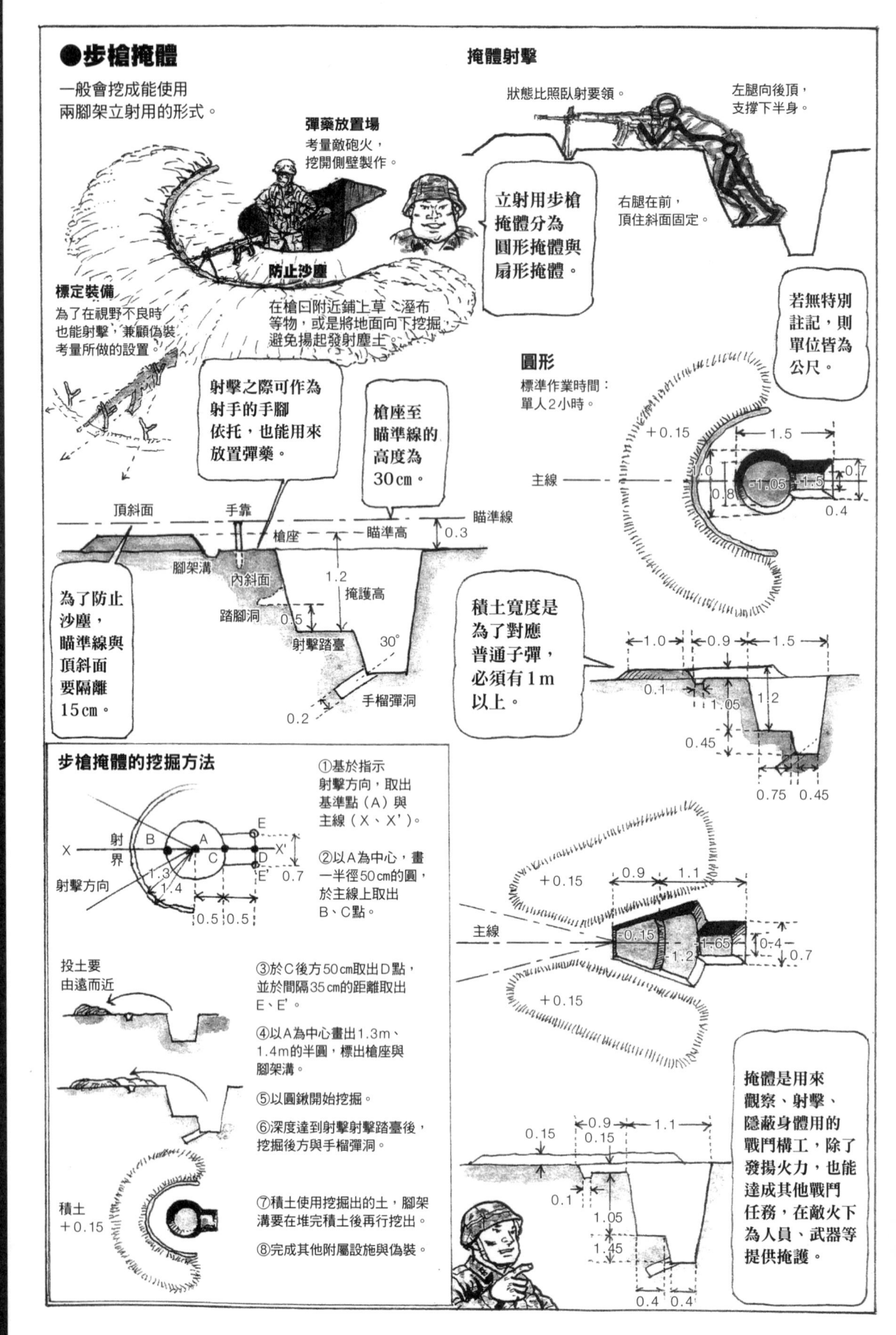

一般會挖成能使用兩腳架立射用的形式。

掩體射擊

狀態比照臥射要領。

左腿向後頂，支撐下半身。

右腿在前，頂住斜面固定。

彈藥放置場：考量敵砲火，挖開側壁製作。

防止沙塵：在槍口附近鋪上草、溼布等物，或是將地面向下挖掘避免揚起發射塵土。

標定裝備：為了在視野不良時也能射擊，兼顧偽裝考量所做的設置。

立射用步槍掩體分為圓形掩體與扇形掩體。

若無特別註記，則單位皆為公尺。

射擊之際可作為射手的手腳依托，也能用來放置彈藥。

槍座至瞄準線的高度為30cm。

圓形

標準作業時間：單人2小時。

+0.15／1.5／0.7／1.0／-1.05／-1.5／0.8／0.4

頂斜面　手靠　　　　　　　　　瞄準線
　　　　　槍座　瞄準高　0.3
腳架溝　內斜面　　1.2
　　　　踏腳洞　　掩護高
　　　　　　0.5
　　　射擊踏臺　　　30°
　　　　手榴彈洞
　　　　　　0.2

為了防止沙塵，瞄準線與頂斜面要隔離15cm。

積土寬度是為了對應普通子彈，必須有1m以上。

1.0／0.9／1.5／0.1／1.05／1.2／0.45／0.75／0.45

步槍掩體的挖掘方法

X ─ 射界 ─ B · A · C · D · X'　　E／E'
射擊方向　1.3／1.4／0.5／0.5／0.7

①基於指示射擊方向，取出基準點（A）與主線（X、X'）。

②以A為中心，畫一半徑50cm的圓，於主線上取出B、C點。

投土要由遠而近

③於C後方50cm取出D點，並以間隔35cm的距離取出E、E'。

④以A為中心畫出1.3m、1.4m的半圓，標出槍座與腳架溝。

⑤以圓鍬開始挖掘。

⑥深度達到射擊射擊踏臺後，挖掘後方與手榴彈洞。

積土 +0.15

⑦積土使用挖掘出的土，腳架溝要在堆完積土後再行挖出。

⑧完成其他附屬設施與偽裝。

+0.15／0.9／1.1／-0.15／-1.2／1.65／0.4／0.7
+0.15

掩體是用來觀察、射擊、隱蔽身體用的戰鬥構工，除了發揚火力，也能達成其他戰鬥任務，在敵火下為人員、武器等提供掩護。

0.15／0.9／0.15／1.1／0.1／1.05／1.45／0.4／0.4

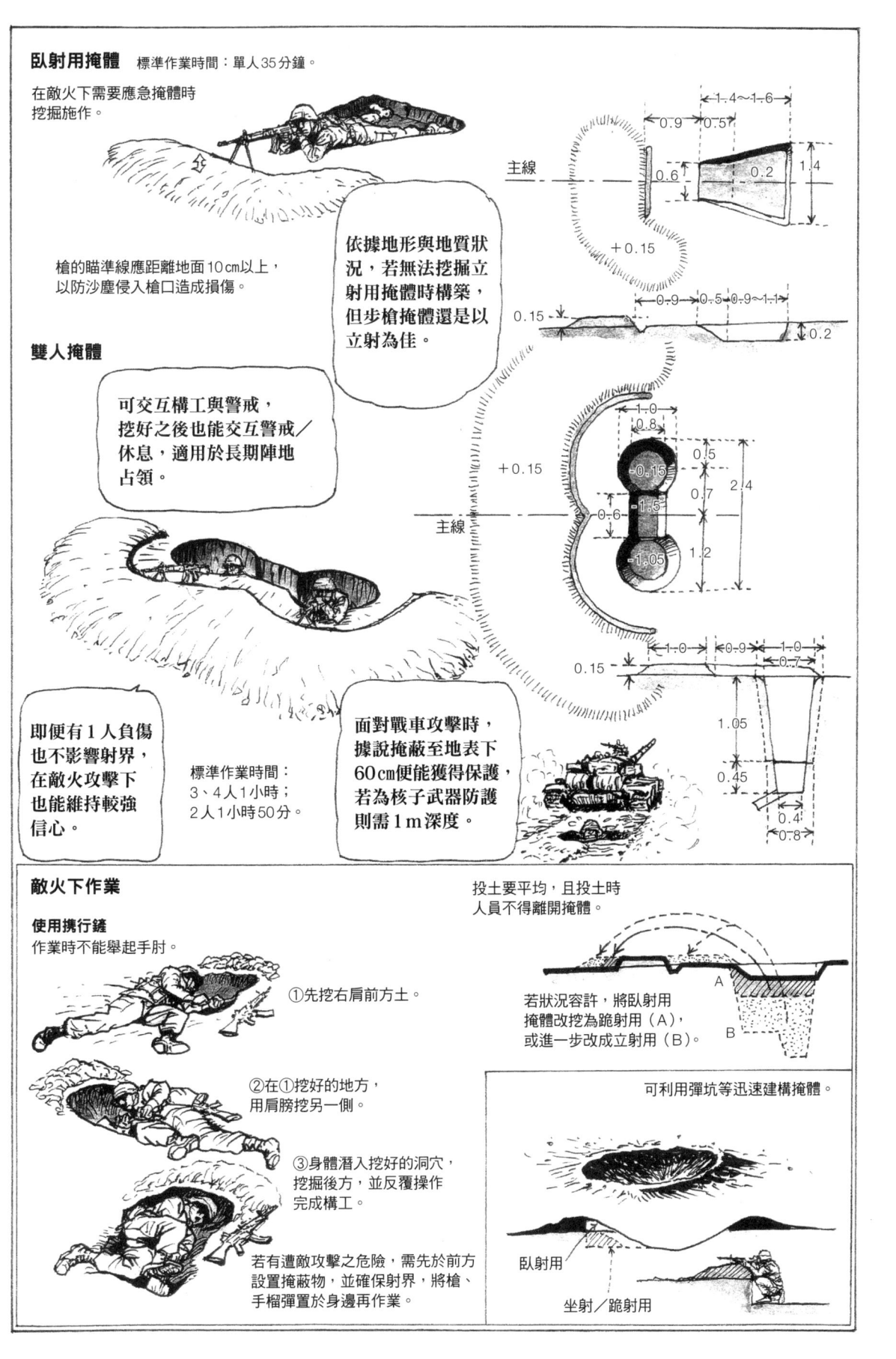

臥射用掩體　標準作業時間：單人35分鐘。

在敵火下需要應急掩體時挖掘施作。

槍的瞄準線應距離地面10cm以上，以防沙塵侵入槍口造成損傷。

雙人掩體

可交互構工與警戒，挖好之後也能交互警戒／休息，適用於長期陣地占領。

依據地形與地質狀況，若無法挖掘立射用掩體時構築，但步槍掩體還是以立射為佳。

即便有1人負傷也不影響射界，在敵火攻擊下也能維持較強信心。

標準作業時間：
3、4人1小時；
2人1小時50分。

面對戰車攻擊時，據說掩蔽至地表下60cm便能獲得保護，若為核子武器防護則需1m深度。

敵火下作業

使用攜行鏟
作業時不能舉起手肘。

①先挖右肩前方土。

②在①挖好的地方，用肩膀挖另一側。

③身體潛入挖好的洞穴，挖掘後方，並反覆操作完成構工。

若有遭敵攻擊之危險，需先於前方設置掩蔽物，並確保射界，將槍、手榴彈置於身邊再作業。

投土要平均，且投土時人員不得離開掩體。

若狀況容許，將臥射用掩體改挖為跪射用（A），或進一步改成立射用（B）。

可利用彈坑等迅速建構掩體。

臥射用

坐射／跪射用

●機槍用掩體

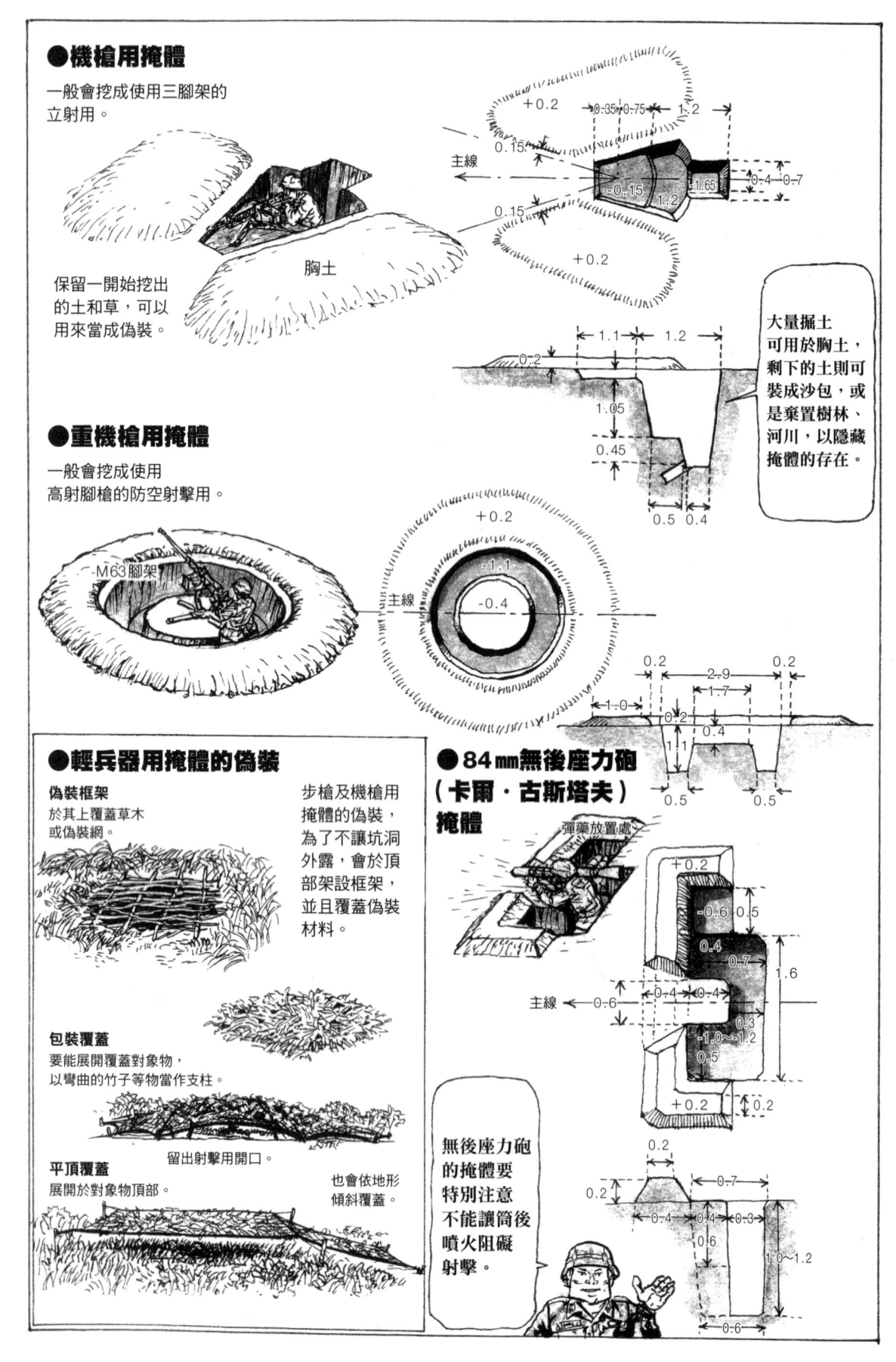

一般會挖成使用三腳架的立射用。

保留一開始挖出的土和草，可以用來當成偽裝。

胸土

大量掘土可用於胸土，剩下的土則可裝成沙包，或是棄置樹林、河川，以隱藏掩體的存在。

●重機槍用掩體

一般會挖成使用高射腳槍的防空射擊用。

M63腳架

主線

●輕兵器用掩體的偽裝

偽裝框架
於其上覆蓋草木或偽裝網。

步槍及機槍用掩體的偽裝，為了不讓坑洞外露，會於頂部架設框架，並且覆蓋偽裝材料。

包裝覆蓋
要能展開覆蓋對象物，以彎曲的竹子等物當作支柱。

留出射擊用開口。

平頂覆蓋
展開於對象物頂部。

也會依地形傾斜覆蓋。

●84mm無後座力砲（卡爾・古斯塔夫）掩體

彈藥放置處

主線

無後座力砲的掩體要特別注意不能讓筒後噴火阻礙射擊。

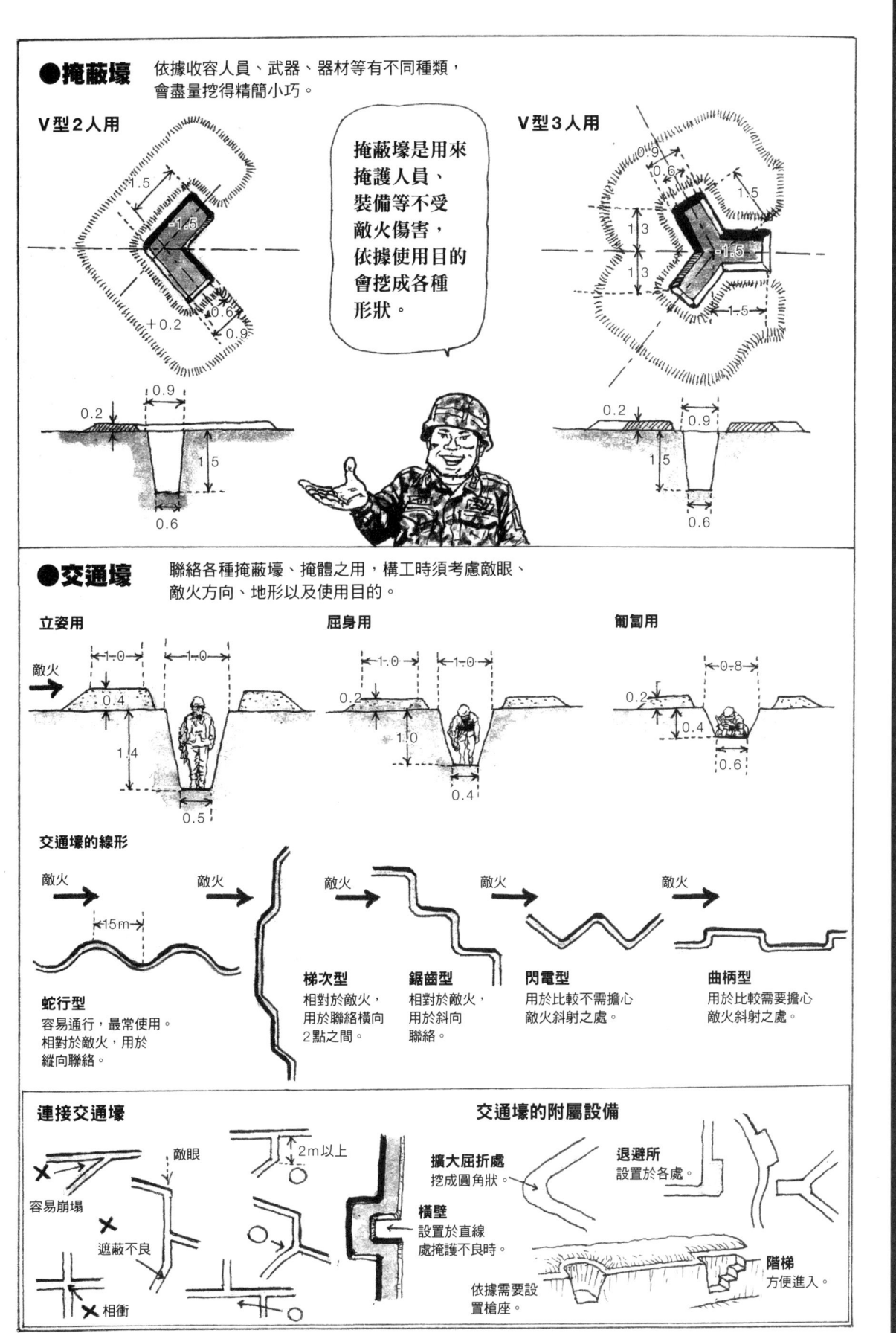

●掩蔽壕
依據收容人員、武器、器材等有不同種類，會盡量挖得精簡小巧。

V型2人用

V型3人用

> 掩蔽壕是用來掩護人員、裝備等不受敵火傷害，依據使用目的會挖成各種形狀。

●交通壕
聯絡各種掩蔽壕、掩體之用，構工時須考慮敵眼、敵火方向、地形以及使用目的。

立姿用　　**屈身用**　　**匍匐用**

交通壕的線形

蛇行型
容易通行，最常使用。相對於敵火，用於縱向聯絡。

梯次型
相對於敵火，用於聯絡橫向2點之間。

鋸齒型
相對於敵火，用於斜向聯絡。

閃電型
用於比較不需擔心敵火斜射之處。

曲柄型
用於比較需要擔心敵火斜射之處。

連接交通壕

容易崩塌
遮蔽不良
相衝

交通壕的附屬設備

擴大屈折處
挖成圓角狀。

退避所
設置於各處。

橫壁
設置於直線處掩護不良時。依據需要設置槍座。

階梯
方便進入。

●對人阻絕物

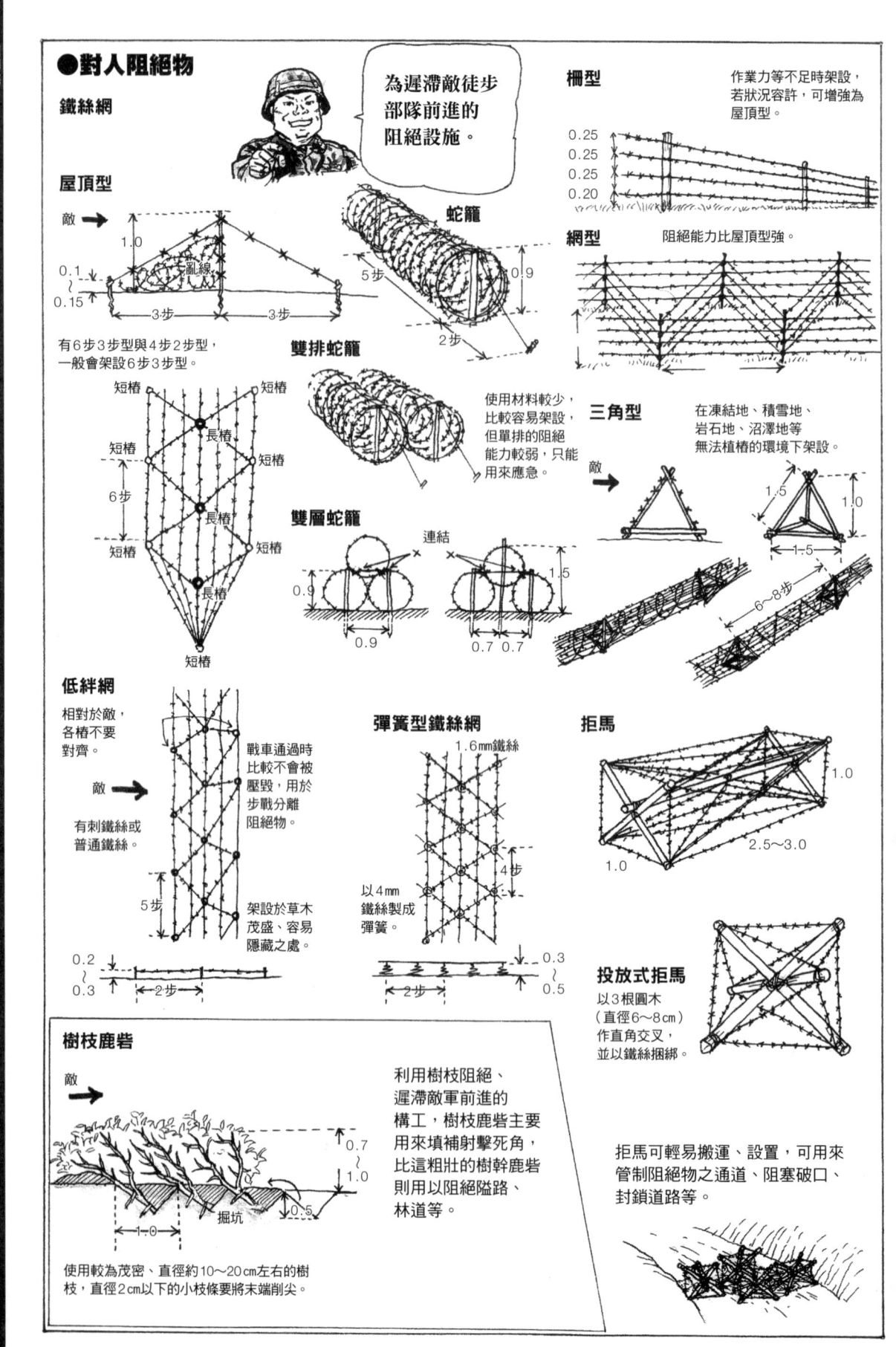

鐵絲網

為遲滯敵徒步部隊前進的阻絕設施。

屋頂型

敵 →
1.0
0.1~0.15
亂線
3步 — 3步

有6步3步型與4步2步型，一般會架設6步3步型。

蛇籠

5步
0.9
2步

雙排蛇籠

使用材料較少，比較容易架設，但單排的阻絕能力較弱，只能用來應急。

雙層蛇籠

連結
0.9　0.7 0.7
1.5

柵型

作業力等不足時架設，若狀況容許，可增強為屋頂型。
0.25
0.25
0.25
0.20

網型

阻絕能力比屋頂型強。

三角型

在凍結地、積雪地、岩石地、沼澤地等無法植樁的環境下架設。

敵 →
1.5　1.0
1.5
6~8步

短樁　長樁　短樁
短樁　　　　短樁
6步
短樁　　　　短樁
長樁
短樁

低絆網

相對於敵，各樁不要對齊。

敵 →

有刺鐵絲或普通鐵絲。

5步
0.2~0.3
2步

戰車通過時比較不會被壓毀，用於步戰分離阻絕物。

架設於草木茂盛、容易隱藏之處。

彈簧型鐵絲網

1.6mm鐵絲
4步
以4mm鐵絲製成彈簧。
2步
0.3~0.5

拒馬

1.0
2.5~3.0
1.0

投放式拒馬

以3根圓木（直徑6~8cm）作直角交叉，並以鐵絲捆綁。

拒馬可輕易搬運、設置，可用來管制阻絕物之通道、阻塞破口、封鎖道路等。

樹枝鹿砦

敵 →
0.7~1.0
掘坑　0.5
1.0

利用樹枝阻絕、遲滯敵軍前進的構工，樹枝鹿砦主要用來填補射擊死角，比這粗壯的樹幹鹿砦則用以阻絕隘路、林道等。

使用較為茂密、直徑約10~20cm左右的樹枝，直徑2cm以下的小枝條要將末端削尖。

●構工編成圖範例

考量敵眼、敵火方向，利用地形、地物，配置要能使各部隊發揮最大戰鬥力。

蛇籠鐵絲網
步槍用掩體
交通壕
MG
屋頂型鐵絲網
雷區
敵
分隊長
6火用掩壕
小隊本部
彈藥、燃料糧食用掩蔽壕
MG
分隊長
步槍用掩體
交通壕
分隊長
步槍用掩體

各掩體之間隔

	單人用	雙人用
開闊地	10m	20m
錯雜地	5m	10m

各種掩體與交通壕之連接

為減低敵火效力，掩體後方要盡量拐個直角彎。

●偽裝

構築掩體時，必須不斷施以偽裝。

平頂覆蓋
利用支柱與張線展開，高度為1m以內。

包裝覆蓋
使用支撐材料，頂部帶有圓弧。

傾斜覆蓋
利用立木等。

首先為了隱匿作業，要對敵方設下遮蔽，並以偽裝網做好對空掩蔽。

偽裝用天然材料

●盡量保留使用植物的根部，若切斷使用，則要注水或打入藥劑，並適時更換新的樹枝，藉此維持鮮度。

●直接利用樹木等當作掩蔽物。

●草葉也能直接當作偽裝材料使用，構工時應保留挖起的草葉，用於積土部分的偽裝。另外，也要注意掘土與周圍泥土的顏色是否有差異。

隱藏排土。

作業結束後，要從敵人方向反瞻檢查。

偽裝用人工材料

●利用偽裝網或布幕，這比較不會因為時間而起變化，且能事先準備。使用時要善用現地材料，並且留意光線反射。

■作者
上田信

1949年生於青森縣。1963年成為小松崎茂最後的內弟子，為期5年。1966年於月刊《少年BOOK》出道，歷任MGC宣傳部後，獨立為插畫作家。作品遍布雜誌、單行本、兒童作品角色等，作風相當多樣。以經手許多1/35 MM系列（TAMIYA）與鋼彈系列（BANDAI）等模型盒面插畫聞名。著書包括《戰車機械結構圖鑑》、《COMBAT BIBLE 戰鬥聖經》（星光出版）、《圖解第二次世界大戰 各國輕兵器》（楓樹林出版）等。

■參考文獻
「防衛白書」（防衛省）
「アームズマガジンエクストラ 20式5.56mm小銃と陸上自衛隊の精鋭」（ホビージャパン）
「アームズマガジンエクストラ 自衛隊の銃器」（ホビージャパン）
「陸上自衛隊装備百科」（イカロス出版）
「対テロ・対犯罪のセキュリティ・システム」（文林堂）
防衛省・自衛隊ホームページ
(https://www.mod.go.jp/)
自衛隊の防護マスク・ガスマスクの歴史, History of JSDF gas masks
(http://orbitseals.blogspot.com/2020/05/history-of-jsdf-gas-masks.html)
U.S. MARINES
(https://www.marines.mil/)
等

日本自衛隊戰鬥聖經

■設計
小林厚二
長谷信司

■編輯
田中建多郎
石川航平
黑澤彩香

■監修協力
神崎 大

出　　　版／楓樹林出版事業有限公司
地　　　址／新北市板橋區信義路163巷3號10樓
郵 政 劃 撥／19907596　楓書坊文化出版社
網　　　址／www.maplebook.com.tw
電　　　話／02-2957-6096
傳　　　真／02-2957-6435
作　　　畫／上田信
翻　　　譯／張詠翔
責 任 編 輯／周季瑩
校　　　對／邱凱蓉
內 文 排 版／楊亞容
港 澳 經 銷／泛華發行代理有限公司
定　　　價／550元
初 版 日 期／2025年5月

© HOBBY JAPAN
Chinese (in traditional character only) translation rights arranged with HOBBY JAPAN CO., Ltd through CREEK & RIVER Co., Ltd.